JN421525

수식으로 표현한 과학 1

고등학생과 선생님을 위한

물리학, 수식으로 표현해 보자

김 성 태 지음

재미난인연

머리말

물리학은 자연에 대한 이해와 탐구를 위한 가장 기본적인 학문이다. 지난 20C 동안 발전한 물리학은 현대 문명에 지대한 영향을 미치었음이 자명하고 21C에도 그 영향력이 적지 않으리라 생각한다.

이러한 물리학은 기본적으로 수식을 사용하는 수학적인 언어로 표현이 많이 된다. 그러나 고등학교에서 학생들이 배우는 물리학에는 수식으로 표현되는 부분과 수식을 사용하지 않고 정성적인 방법으로 이해하는 부분들이 혼재되어 있다.

본 책은 본인이 고등학교 학생들과 함께 공부하고 가르쳤던 자료들을 정리한 것으로 고등학생들이 배우는 물리학을 주로 고등학교 과정에서 배우는 수학을 사용한 수식으로 표현해 보고, 나아가 고등학교 교과서에서 표현된 특수한 경우, 예를 들면 마찰력이나 저항력이 없는 경우를 다루고 있으나 여기서는 이를 포함한 수식을 만들고 일반화하는 것에 중점을 두었다. 또한, 고등학교 수학을 좀 더 확장시켜 고등학교 물리학 교과서에 나오는 수식의 일반화에 중점을 두었다.

책의 후반부에는 자주 다루어지는 문제 즉, 도르래, 빗면, 단진동과 같은 문제를 다루고 양자역학의 기초 부분도 일부 수록하였다. 마지막 단원은 학생들과 함께 실험하였던 현수선에 관한 실험 과정과 결과를 다루었다.

자기 주도적으로 물리학을 공부하는 고등학생들이 심화 학습할 수 있고, 물리학을 가르치는 고등학교 선생님들에겐 참고 자료로 활용되기 바란다.

2020년 8월 18일

김 성 태

차 례

1장_낙하하는 물체의 운동

물리학에서 물체의 운동을 이해하고자 하는 것은 기본적인 일이며 뉴턴에 의해 물체가 왜 그렇게 운동하는지에 대한 이론 체계가 완성되었다.

기존 고등학교 물리 교과서에서는 공기와 같은 유체 속에서 물체가 운동할 때 물체의 운동을 뉴턴 운동법칙에 따라 저항을 무시하고 기술하는 경우가 많다. 하지만 물체가 공기나 물 같은 유체 속에서 운동할 때는 물체의 모양, 속력, 표면상태, 유체의 성질 등에 따라 저항력을 받는다.

물체가 운동할 때 저항력을 받으면 물체의 운동은 어떻게 될까? 다음 그림과 같이 물체가 중력에 의해 낙하하면 중력과 반대 방향으로 공기 저항력이 작용한다.

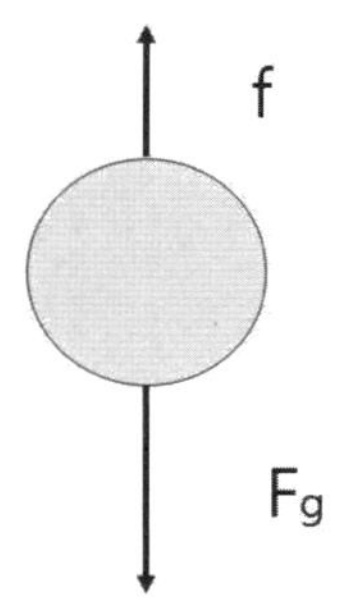

<그림1-1>

<그림1-1>에서 F_g는 중력(mg), f는 공기 저항력을 나타낸다.

만약 낙하하는 물체들에 공기 저항력이 작용하지 않으면 갈릴레이가 말했듯이 물체들은 질량에 관계없이 동시에 지표면에 떨어진다. 하지만 공기저항력 때문에 같은 크기와 모양을 지닌 물체들 중 무거운 물체가 먼저 떨어진다. 빗방울도 공기 저항력을 받으면서 떨어지기 때문에 지상에 살고 있는 사람들은 빗방울에 맞아도 다치지 않는다. 유체 속에서 운동하는 물체의 속력이 크지 않으면 물체가 받는 저항력은 속도의 크기에 비례한다.

1. 공기저항이 존재하지 않을 때 낙하하는 물체의 운동

공기저항 없이 낙하하는 물체의 속도와 변위는 어떻게 될까? 공기저항이 존재하지 않기 때문에 물체에 작용하는 알짜힘은 <그림1-1>에서 보듯이 f는 0이고 F_g만 존재하여 운동방정식을 세우면

$$F_g = ma$$

이고, 중력F_g는 mg(g는 중력 가속도$\approx 9.8\mathrm{m/s^2}$), 가속도$a$는 $\dfrac{dv}{dt}$이므로

$$mg = m\frac{dv}{dt}$$

가 된다. 이 식을 풀기 위해서 dt를 양 변에 곱해주고 양변을 m으로 나눠주면

$$dv = gdt$$

이다. v를 구하기 위해 이 식을 적분하면

$$\int dv = \int gdt$$

가 된다. $t=0$일 때 $v=0$, t초일 때 속력 v까지의 적분은

$$\int_0^v dv = \int_0^t gdt$$

이고 이를 풀면 아래 식이 나온다.

$$v = gt \quad \cdots\cdots\cdots\cdots \langle 식1\text{-}1 \rangle$$

공기 저항력 없이 낙하하는 물체의 시간-속도 그래프는 그림1-2에서처럼 속도의 크기는 시간에 비례하여 증가한다.

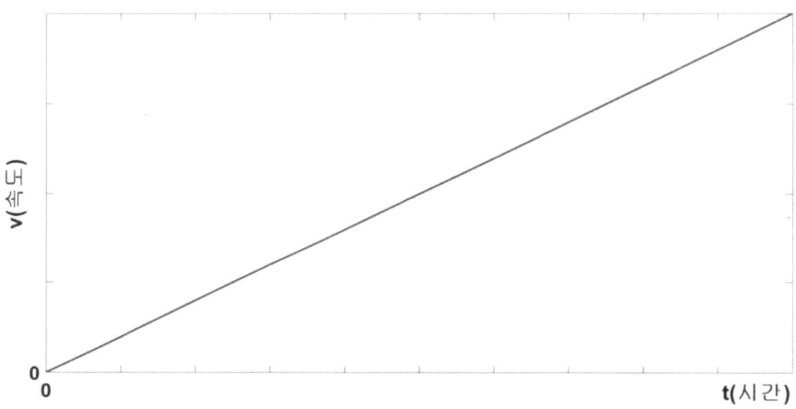

<그림1-2>

변위(s)를 구하기 위해서 $v=\frac{ds}{dt}$를 사용하여 $\frac{ds}{dt}=gt$를 적분하면

$$\int gtdt = \int ds$$

가 성립한다. $t=0$일 때 $s=0$, t초일 때 변위를 H라고 하면 적분은

$$\int_0^t gtdt = \int_0^H ds$$

이고, 이를 풀면 아래 식이 나온다.

$$H(t)=\frac{1}{2}gt^2 \quad \cdots\cdots\cdots\cdots \langle 식1\text{-}2\rangle$$

만약 지상 1km 상공에서 떨어지는 빗방울은 <식1-2>에서 시간 t를 구하고 <식1-1>에 대입하면 떨어지는 빗방울의 속도의 크기를 구할 수 있다. 먼저 <식1-2>를 적용하면

$1000\text{m}=\frac{1}{2}\times 9.8\text{m/s}^2\times \text{t}^2$에서 $t\approx 14.3$초이고 <식1-1>에 의해 $v=140\text{m/s}$로 아주 큰 속력으로 지상에 떨어지게 된다.

2. 공기저항이 존재할 때 낙하하는 물체의 운동

공기저항(f)이 존재할 때 낙하하는 물체의 속도는 어떻게 될까? 공기 저항은 속도가 크지 않을 때 속도(v)의 크기에 비례하므로 $f\propto v$이다. 상수 k를 사용하여 공기 저항력을 등식으로 바꾸면 $f=kv$이다. 이때 k를 공기저항 계수라고 한다. 낙하하는 물체의 운동방정식을 세우면

$$F=ma$$

이다. 여기서 F는 $F_g-f(F_g=mg, f=kv)$이고 가속도 a는 $\frac{dv}{dt}$이므로

$$mg-kv=m\frac{dv}{dt} \quad \cdots\cdots\cdots\cdots \langle 식1\text{-}3\rangle$$

가 되고, 양변을 m으로 나누고 $-\frac{k}{m}$로 묶어주면

$$\frac{dv}{dt}=-\frac{k}{m}(v-\frac{mg}{k})$$

가 된다. $v(t)$를 구하기 위해 이 식을 정리하면

$$\frac{dv}{v-\frac{mg}{k}}=-\frac{k}{m}dt$$

가 되고, 위 식을 적분하면

$$\int\frac{dv}{v-\frac{mg}{k}}=\int-\frac{k}{m}dt$$

가 된다. $t=0$일 때 $v=0$, t초일 때 속력 v까지의 적분은

$$\int_0^v\frac{dv}{v-\frac{mg}{k}}=\int_0^t-\frac{k}{m}dt$$

이며, 이때 $\int\frac{f'(x)}{f(x)}dx=lnf(x)$를 사용하면 $\left[ln(v-\frac{mg}{k})\right]_0^v=\left[-\frac{kt}{m}\right]_0^t$가 되고 이를 정리하면

$$ln(v-\frac{mg}{k})-ln(-\frac{mg}{k})=ln\left(\frac{v-\frac{mg}{k}}{-\frac{mg}{k}}\right)=-\frac{kt}{m}$$

$$\left(\frac{v-\frac{mg}{k}}{-\frac{mg}{k}}\right)=e^{-\frac{kt}{m}}$$

이다. 양변에 $-\frac{mg}{k}$를 곱하면

$v-\frac{mg}{k}=-\frac{mg}{k}e^{-\frac{kt}{m}}$가 되고 $-\frac{mg}{k}$를 이항시키고 $\frac{mg}{k}$로 묶으면

$$v(t)=\frac{mg}{k}\left(1-e^{-\frac{kt}{m}}\right) \cdots\cdots\cdots\cdots〈식1-4〉$$

가 된다. 〈식1-4〉를 이용하여 공기 저항이 존재할 때 낙하하는 물체의 시간-속도 그래프를 그려보면 〈그림1-3〉과 같은 형태가 된다.

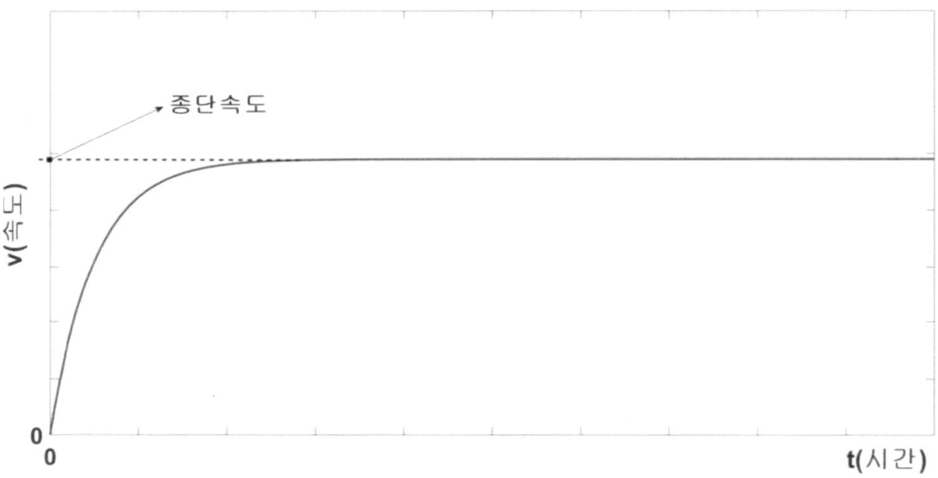

〈그림1-3〉

시간에 따라 속도의 크기가 증가하다가 일정 시간 이후 속도의 크기는 더 이상 증가하지 않고 일정하게 된다. 이때의 속도의 크기를 종단속도(v_t)라고 한다. 종단속도는 가속도가 0이 될 때의 속도로 〈식1-3〉에서 $\frac{dv}{dt}=0$을 취하면 $mg-kv=0$ 이 되고 여기서 $v_t=\frac{mg}{k}$가 된다. 또한 〈식1-4〉에서 $t\to\infty$로 취하면

$$v_t=\lim_{t\to\infty}[\frac{mg}{k}\left(1-e^{-\frac{kt}{m}}\right)]=\frac{mg}{k}$$

가 된다.

그러면 질량이 다르고 모양과 크기가 같은 물체가 동일 높이에서 떨어지면 왜 질량이 큰 물체가 먼저 떨어지는가? 이에 대한 해답은 <식1-4>에 있다. 질량이 각각 $m, M(M=2m)$인 물체의 시간-속도 그래프를 그려보면 <그림1-4>와 같다.

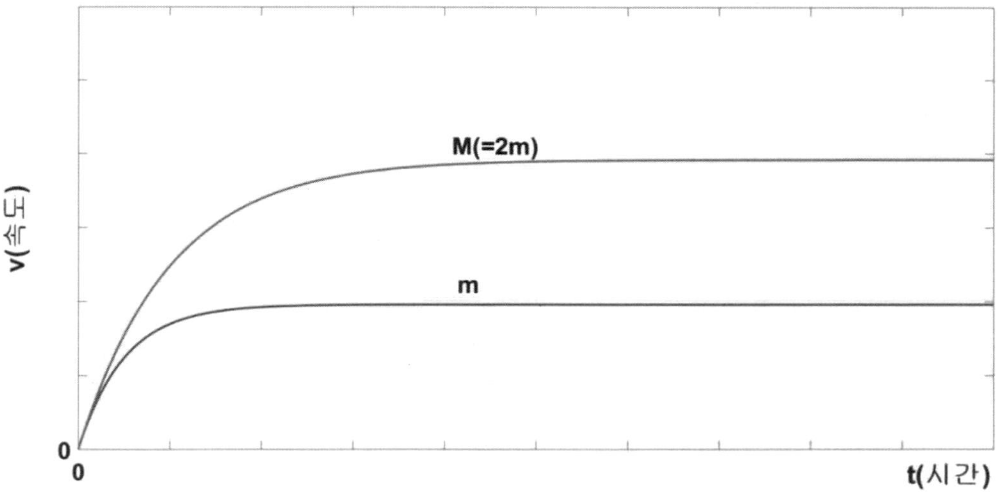

<그림1-4>

질량이 m인 물체는 M보다 빨리 종단속도에 도달하여 등속도로 운동하지만 질량이M인 물체는 이보다 늦게 종단속도에 도달하여 등속도로 운동하기 때문에 질량이 큰 M이 먼저 지면에 도달하게 된다.

3. 밀도가 같고 크기와 질량이 다른 공의 운동

물체가 낙하하면서 받는 저항력은 물체의 단면적과 속도에 비례하고 방향은 중력과 반대 방향이다. 그러면 아래 <그림1-5>처럼 밀도가 ρ로 같지만 크기와 질량이 다른 두 공 A, B를 같은 높이에서 낙하시켰을 때 어떤 공이 먼저 지면에 떨어질까?

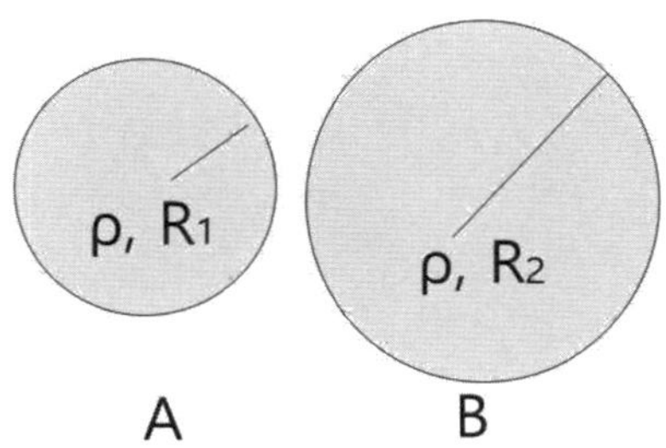

<그림1-5>

낙하하는 동안 공에 작용하는 공기 저항력(f)의 크기는 공의 단면적(A)과 속도(v)에 비례하고 구형인 공의 단면적은 $4\pi R^2$이므로, 공기 저항력은 다음과 같이 나타낼 수 있다.

$$f = kAv = k4\pi R^2 v \text{ (}k\text{는 비례상수)}$$

질량이 m, 반지름이 R인 공이 낙하하는 동안 공에 대한 운동 방정식을 세우면 다음과 같다.

$$F = F_g - f = mg - k4\pi R^2 v = \frac{4}{3}\pi R^3 \rho g - k4\pi R^2 v = ma \quad \cdots\cdots\cdots\cdots \text{<식1-5>}$$

종단속도(v_t)는 낙하하는 물체에 작용하는 알짜힘이 0이 되어 등속도 운동할 때의 속도를 의미하므로 <식1-5>의 알짜힘(F)가 0이 될 때의 속도이다.

$F = \frac{4}{3}\pi R^3 \rho g - k4\pi R^2 v = 0$를 만족 하는 $v(v_t)$는

$$v_t = \frac{R\rho g}{3k}$$

가 된다. <식1-3>을 이용하여 종단속도(v_t)를 구하면 아래와 같은 식이 된다.

$$mg - k4\pi R^2 v = ma = m\frac{dv}{dt} \Rightarrow \frac{4}{3}\pi R^3 \rho g - k4\pi R^2 v = \frac{4}{3}\pi R^3 \rho \frac{dv}{dt} \quad \cdots\cdots\cdots\cdots \text{<식1-6>}$$

<식1-3>에서의 풀이는 정적분을 이용하였지만 여기서는 부정 적분을 사용하여 보면 <식1-6>은 다음과 같다.

$$\int \frac{dv}{(v - \frac{R\rho g}{3k})} = -\int \frac{3k}{R\rho} dt$$

$$\ln(v - \frac{R\rho g}{3k}) = -\frac{3k}{R\rho}t + C$$

$t = 0$일 때, $v = 0$이므로, $C = \ln(-\frac{R\rho g}{3k})$이다. 따라서 $v(t)$는 다음과 같다.

$$v(t) = \frac{R\rho g}{3k}(1 - e^{-\frac{3k}{R\rho}t})$$

가 된다. 반지름이 각각 $R_1, R_2(R_2 = 2R_1)$인 물체의 시간-속도 그래프를 그려보면 <그림1-6>과 같다.

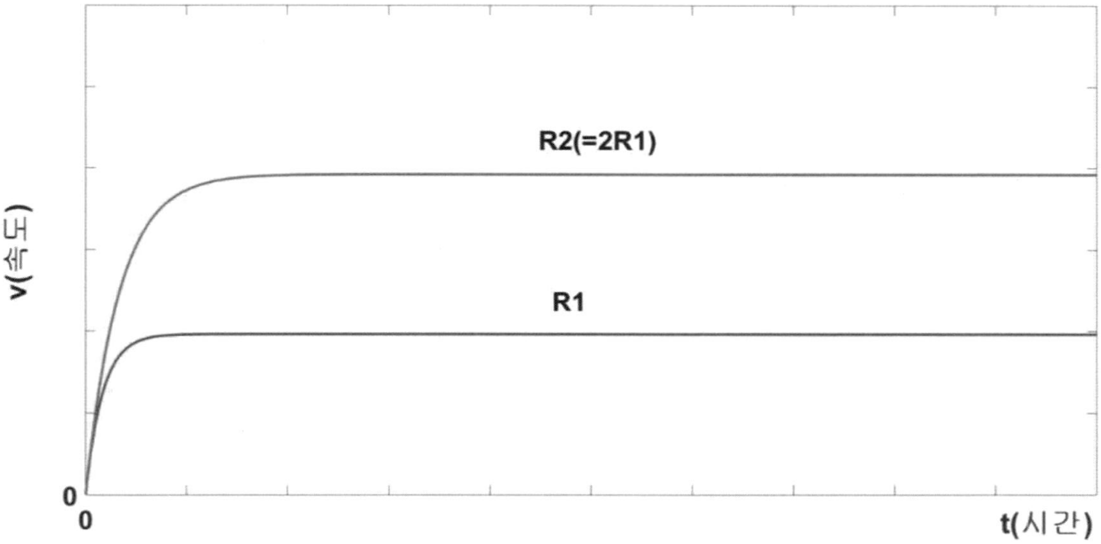

<그림1-6>

종단속도는 $t\to\infty$일 때 이므로, $v_t = \lim_{t\to\infty}[\frac{R\rho g}{3k}(1-e^{-\frac{3k}{R\rho}t})] = \frac{R\rho g}{3k}$가 되어 앞에서 구한 종단속도와 같아진다.

R이 클수록 속도의 감소 폭이 작아 종단속도에 이르는 시간이 길어져 종단속도가 커서 더 빨리 떨어진다. 따라서 같은 시간 동안 이동 거리가 R_2의 반지름을 가진 공이 R_1의 반지름을 가진 공보다 크기 때문에 R_2의 반지름을 가진 공이 더 빨리 떨어진다.

4. 공기 저항 계수를 구하기

높이가 H인 곳에서 낙하하는 물체의 공기 저항 계수(k)를 구하기 위해 <식1-4>를 이용한다. 식은 $v(t) = \frac{mg}{k}\left(1-e^{-\frac{kt}{m}}\right)$이고 여기서 식의 편의를 위해 $\alpha = \frac{mg}{k}$, $\beta = \frac{k}{m}$라고 두면

$$v = \frac{ds}{dt} = \alpha(1-e^{-\beta t})$$

가 된다. $s(t)$를 구하기 위해 이 식의 양변에 dt를 곱하면

$$ds = \alpha(1-e^{-\beta t})dt$$

이고 이 식을 적분하면

$$\int ds = \int \alpha(1-e^{-\beta t})dt$$

가 된다. $t=0$일 때 $s=0$, t초일 때 $s=H$까지의 적분은

$$\int_0^H ds = \int_0^t \alpha(1-e^{-\beta t})dt$$

이며, 이를 풀면

$$H=\alpha\int_0^t(1-e^{-\beta t})dt=\alpha[t-(-\frac{1}{\beta}e^{-\beta t})]_0^t$$이고 α, β에 각 값을 대입하면

$$H=\frac{mg}{k}\left[t+\frac{m}{k}e^{-\frac{k}{m}t}\right]_0^t=\frac{mg}{k}\left[\left(t+\frac{m}{k}e^{-\frac{k}{m}t}\right)-\frac{m}{k}\right]$$

$$=\frac{mg}{k}\left[t+\frac{m}{k}\left(e^{-\frac{k}{m}t}-1\right)\right]=\frac{mgt}{k}+\frac{m^2g}{k^2}\left(e^{-\frac{k}{m}t}-1\right)$$

이다. 여기서 m(공의 질량), g(중력가속도), t(공이 떨어지는데 걸린 시간), H(공의 높이)는 상수이므로 k에 대하여 알 수 있다. 위 식의 양변에 k^2을 곱하면

$$mgtk+m^2g(e^{-\frac{k}{m}t}-1)=k^2H$$

이고, $mgtk$를 이항시키고 양변을 m^2g로 나누면

$$e^{-\frac{k}{m}t}-1=\frac{k^2H-mgtk}{m^2g}=\frac{H}{m^2g}k^2-\frac{t}{m}k$$

이며, 양변에 1을 더하면

$$e^{-\frac{k}{m}t}=\frac{H}{m^2g}k^2-\frac{t}{m}k+1 \quad \cdots\cdots\cdots\cdots \langle 식1\text{-}7\rangle$$

이다.

그러나 좌변은 지수함수, 우변은 이차함수인 유리함수이기 때문에 기하학적으로 근삿값을 구해야 한다. <식1-7>의 좌변을 $h(k)$, 우변을 $f(k)$라 두고 그래프로 표현하면 다음 <그림1-7>과 같다.

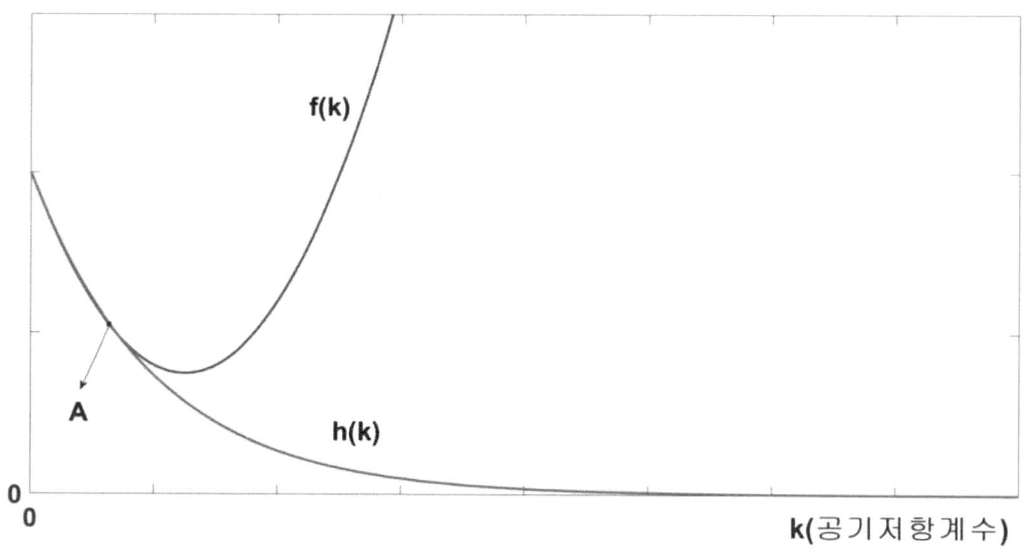

<그림1-7>

<식1-7>의 좌변과 우변이 같은 값을 가지는 만나는 점 A에서의 x축 상의 값이 공기 저항 계수가 된다.

5. 실험을 통한 공기 저항 계수 구하기

아래 <그림1-8>처럼 실험할 장소(바람이 적게 부는 곳)를 선택하고 장소의 높이, 공의 질량, 공이 떨어지는 시간을 측정하여 공기 저항 계수를 구하여 보자.

<그림1-8>

실험에서는 반지름이 250mm인 스티로폼 공으로 실험했으며, 실험한 공들의 질량은 평균질량의 $-0.6\% \sim 1.27\%$의 오차범위를 가지며 공의 평균 질량은 다음 표와 같이 $105.85g$이었다.

분류	질량(g)	분류	질량(g)
공1	105.2	공6	105.7
공2	105.3	공7	105.8
공3	105.5	공8	106.3
공4	105.5	공9	106.4
공5	106.6	공10	107.2
평균 $105.85g$			

공이 낙하하는 높이는 소출력 무선기기 [모델명 : GLM 100 C]를 이용하여 측정하였으며 평균높이는 표와 같이 17.581m이었다.

실험	높이(m)
1	17.524
2	17.647
3	17.574
평균	17.581

공이 지면에 도착할 때까지 걸린 시간은 스마트폰을 사용하였고 아래 표와 같이 평균값은 2.438s이었다.

실험	지면에 도착할 때까지 측정 시간(s)
1	2.40
2	2.42
3	2.27
4	2.52
5	2.58
평균	2.438

그러나 공기 중에서 음파의 속력과 실험 당시의 기온이 30℃임을 고려하여 실제 공이 지면에 도달하는 시간은 공기에서의 음파의 전달 시간, $\frac{\text{높이}}{\text{음파의 속력}} = 17.581 \div 349 = 0.05\text{s}$을 고려하여 2.488s (2.438s(=평균측정시간)+0.05s=2.488s)를 사용하였다.

k에 대한 식이 $e^{-\frac{t}{m}k} = \frac{H}{m^2 g}k^2 - \frac{t}{m}k + 1$ 이므로 여기에 $m = 0.10585\text{kg}$, $H = 17.581\text{m}$, $g = 9.80665\text{m/s}^2$, $t = 2.488\text{s}$를 대입하면

$$\text{식은 } e^{-\frac{2.488}{0.10585}k} = \frac{17.581}{0.10987}k^2 - \frac{2.488}{0.10585}k + 1$$

이며, 이를 간단히 하면

$$e^{-23.505k} = 160.016k^2 - 23.505k + 1$$

이 된다. 식의 좌변을 $h(k)$, 우변을$f(k)$라 두고 그래프로 표현하면 <그림1-9>과 같다.

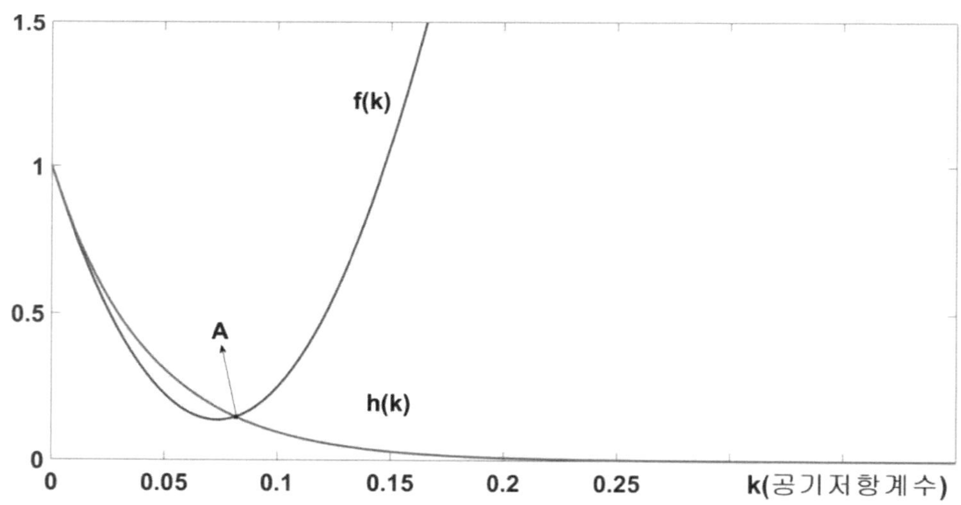

<그림1-9>

식의 좌변과 우변이 만나는 점 A의 x축 상의 값(0.0815)이 공기 저항 계수가 된다.

6. 실험에서의 종단속도 구하기

스티로폼 공이 낙하할 때의 공의 종단속도를 구해 보자. 먼저 <식1-4>처럼 시간-속도 관계식은 $v(t)=\frac{mg}{k}\left(1-e^{-\frac{kt}{m}}\right)$이다. 이 식에 실험에서 사용한 값과 측정한 값 $g=9.80665$, $m=0.10585$, $k=0.0815$를 대입하면 $v(t)=12.7366(1-e^{-0.77t})$가 되고 이를 그래프로 나타내면 <그림1-10>이 된다.

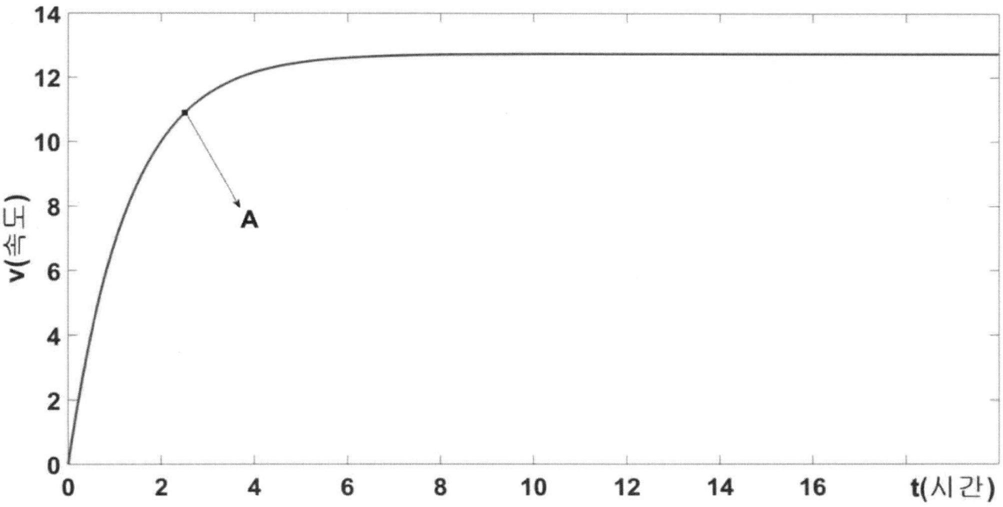

<그림1-10>

그래프에서 종단속도(v_t)는 $t\to\infty$일 때이므로 $v_t=\lim_{t\to\infty}12.7366(1-e^{-0.77t})=12.7366\mathrm{m/s}$가 되는데, 본 실험에서는 물체가 지면에 낙하하는 시간(A점)은 2.488s이므로 본 실험에서는 공이 종단속도에 도달하지 못하고 있음을 알 수 있다. 다시 말해 좀 더 높은 곳에서 실험해야 종단속도에 이르고 가속도도 0이 됨을 알 수 있다. 가속도가 본 실험에서는 존재함을 알 수 있다.

7. 낙하하는 공의 가속도 구하기

공이 낙하하는 동안 공의 가속도($a=\frac{dv}{dt}$)를 구하기 위해서는 <식1-4>의 시간-속도 관계식 $v(t)=\frac{mg}{k}\left(1-e^{-\frac{kt}{m}}\right)$를 미분하여 구할 수 있다. $v=\frac{mg}{k}\left(1-e^{-\frac{k}{m}t}\right)$를 미분하면

$$a=\frac{dv}{dt}=\frac{mg}{k}\left(\frac{k}{m}e^{-\frac{k}{m}t}\right)=g\times e^{-\frac{k}{m}t}$$

가 되고, 이 식에 $m=0.10585\text{kg}$, $H=17.581\text{m}$, $g=9.80665\text{m/s}^2$을 대입하면

$$a=9.80665e^{-\frac{0.0815}{0.10585}t}=9.80665e^{-0.77t}$$

가 된다. 이를 그래프로 나타내면 <그림1-11>과 같이 된다.

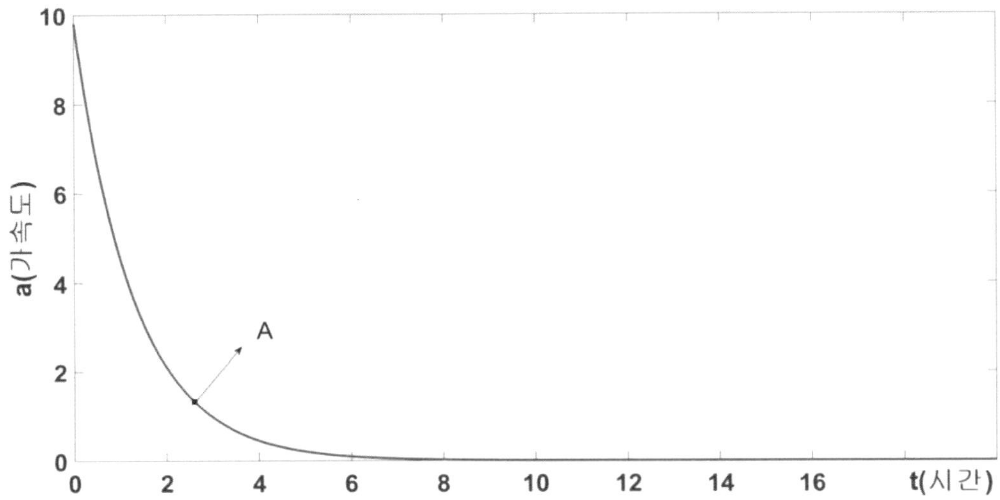

<그림1-11>

시간에 따라 낙하하는 공의 속도 증가에 따른 공기 저항력의 증가로 공에 작용하는 알짜힘이 줄어들어 가속도의 크기가 줄어듦을 알 수 있으나 본 실험은 A점까지 운동한 것이므로 등속도에 도달하기 위해서는 더 높은 곳에서 실험해야 함을 알 수 있다.

8. 스티로폼 공의 표면적을 달리하여 낙하 시킨 경우 공기 저항 계수 구하기

공의 표면적이 달라지면 공기 저항 계수는 어떻게 될까? 먼저 <그림1-12>처럼 기존의 공에 구멍을 파서 공의 표면적을 증가시킨다.

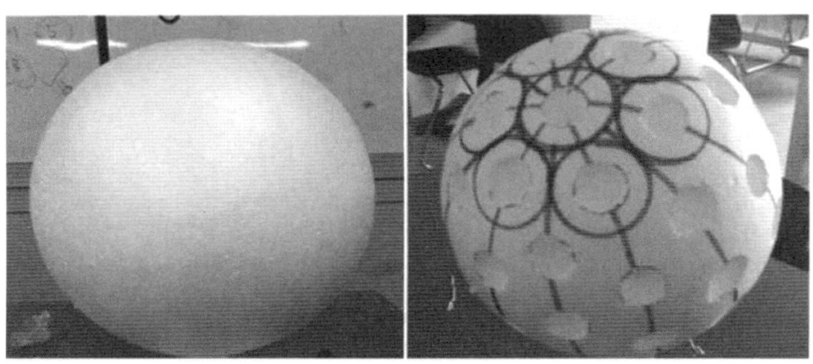

<그림1-12>

이때, 공을 파기 전 처음 사용한 스티로폼 공의 표면적은 구의 겉넓이와 같으므로 $4\pi R^2$이고 (R은 스티로폼 공의 반지름), 사용한 스티로폼 공의 반지름은 12.5cm이므로, 표면적(겉넓이)은 $625\pi\,\mathrm{cm}^2$이다.

공의 표면적을 증가시키기 위해 지름이 2.4cm 즉, 반지름(r)이 1.2cm인 반구 54개를 공에 일정한 간격으로 뚫었다. 이때 파인 반구의 표면적(겉넓이)은 $2\pi r^2$이고, 구의 본래 겉넓이의 한 부분이었던 원의 넓이는 약 πr^2이다(공이 구 형태이기 때문에 표면이 휘어져 있어 정확히 πr^2은 아니다). 반구 하나당 증가한 표면적은 약 πr^2이다.

따라서 추가된 표면적은 $(1.2)^2\pi \times 54(개) = 77.76\pi\,\mathrm{cm}^2$이고, 공의 전체 표면적(겉넓이)은 $625\pi + 77.76\pi = 702.76\pi\,\mathrm{cm}^2$가 된다.

공을 파고 난 후 감소한 질량만큼 이쑤시개와 클립을 이용하여 <그림1-13>과 같이 질량을 파기 전 공의 질량(105.85g)과 맞추는 과정을 거쳤다.

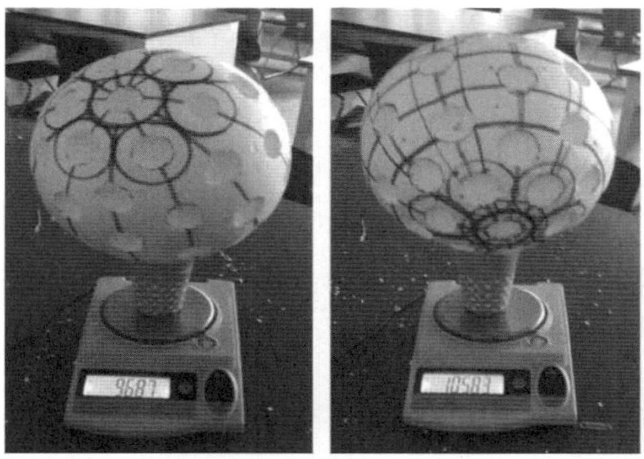

공을 판 직후의 질량 측정　　공에 질량을 추가 한 뒤 측정

<그림1-13>

이 공으로 실험한 지면에 도달하는 시간은 다음과 같다.

실험	지면에 도착할 때까지 측정 시간(s)
1	2.05
2	2.1
3	2.22
4	2.08
평균	2.113

앞 실험에서 시간을 구했던 방법으로 공이 지면에 도달할 때까지 걸린 시간(=이론에 적용할 시간)을 구하면 2.113(측정평균)+0.05(공기중에서 음파 전달시간)=2.163s이다.

표면적이 넓어진 공으로 실험했을 때의 공기 저항 계수를 알기 위해 k에 대한 <식1-7>은

$$e^{-\frac{t}{m}k} = \frac{H}{m^2 g}k^2 - \frac{t}{m}k + 1$$

이고, 식에 $m = 0.10585\text{kg}$, $H = 17.581\text{m}$, $g = 9.80665\text{m/s}^2$, $t = 2.163s$ 값을 대입하면

$$e^{-\frac{2.163}{0.10585}k} = \frac{17.581}{0.10987}k^2 - \frac{2.163}{0.10585}k + 1$$

이 된다. 이를 계산하면

$$e^{-20.43k} = 160.016k^2 - 20.43k + 1$$

이 되고 식의 좌변을 $h(k)$, 우변을 $f(k)$라 두고 그래프로 표현하면 <그림1-14>와 같이 된다.

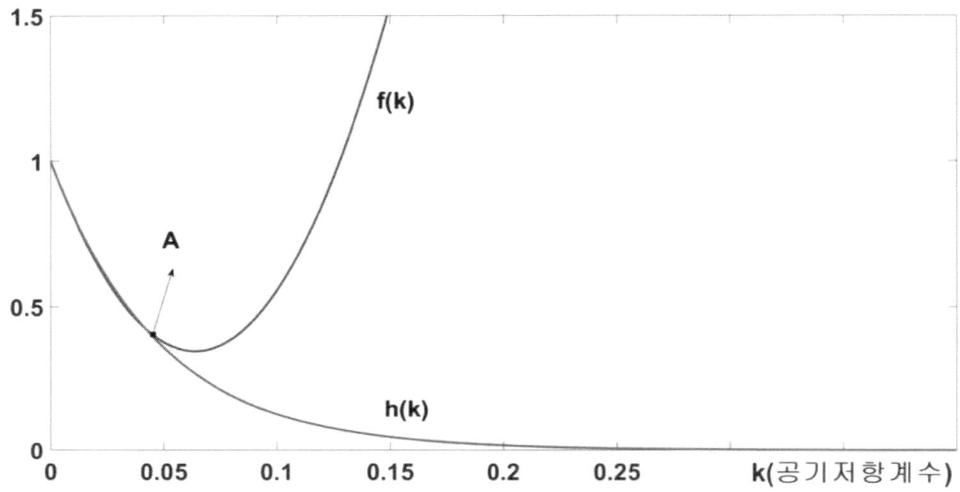

<그림1-14>

식의 좌변과 우변이 교차하는 A점의 x축 상의 좌표가 공기 저항 계수로 0.0418이다.

공의 표면적을 증가시켜서 실험을 했을 때, 공의 공기저항 계수는 감소하였음을 알 수 있다.

2장_던져진 물체의 운동

지구의 운동, 공기 저항 등을 무시하는 경우 중력장 하에서 던져진 물체는 포물선 운동을 한다. 이는 고등학교 물리 교과서에서 1, 2차원 운동으로 자주 다루어지는 운동이다. 하지만 공기 저항과 같은 요소를 고려하면 던져진 물체는 어떤 운동을 할까?

1. 공기 저항이 없는 경우 비스듬하게 쏘아 올린 물체의 운동

<그림2-1>처럼 수평면과 각 θ를 이루며 v_0의 속력으로 던져진 물체는 수평방향으로는 힘을 받지 않아 등속도 운동을 하지만 수평면과 수직인 방향으로는 중력의 영향을 받아 등가속도 운동을 한다.

이 때 물체는 x, y방향으로 각각 $v_x = v_0\cos\theta$, $v_y = v_0\sin\theta - gt$ 의 속도를 가지고 운동을 한다($g =$ 중력 가속도, $t =$시간).

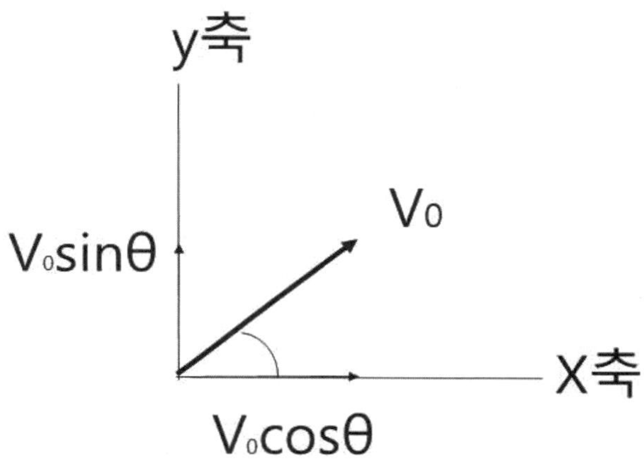

<그림2-1>

일정 시간 t일 때의 물체의 변위 X, Y는 각각 다음과 같다.

$$X(t) = v_0\cos\theta t \ , Y(t) = v_0\sin\theta t - \frac{1}{2}gt^2$$

두 식에서 t를 소거하여 정리하면 물체의 이동 궤적은 다음과 같은 식으로 표현될 수 있다.

$$Y = \tan\theta X - \frac{g}{2v_0^2\cos^2\theta}X^2$$

식은 $y = ax^2 + bx$와 같은 포물선을 나타내는 방정식이므로 물체는 포물선 운동을 한다.

$v_0 = 100$, $g = 9.8$, $\theta = 45^\circ$ 라고 했을 때, 물체의 이동 궤적은 다음 <그림2-2>와 같다.

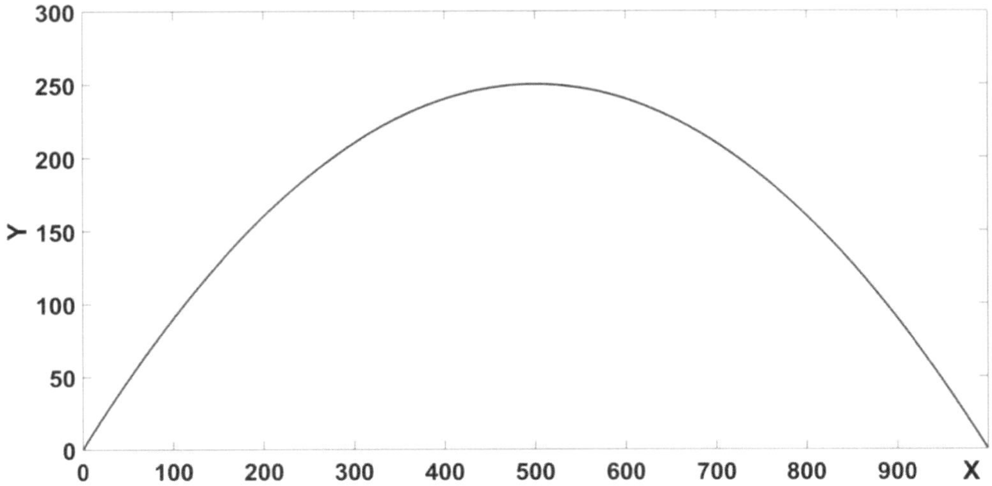

<그림2-2>

그림에서 x축 방향으로 변위가 최대가 되는 각θ는 45°일 때이다. 왜 45°인가? 이를 알아보기 위해서 x축 방향으로 변위를 θ가 포함된 식으로 나타내어 보자.

먼저 발사된 물체가 최고점까지 이동하였을 때의 시간은 y축 방향의 속도가 0이 되는 시간은 $t=\dfrac{v_0 \sin\theta}{g}$이고, 이 시간의 두 배 만큼 물체가 이동하므로 $X(t)=v_0 \cos\theta t$를 이용하면

$$X=v_0 \cos\theta \frac{2v_0 \sin\theta}{g}=\frac{v_0^2 \sin 2\theta}{g} \quad \cdots\cdots\cdots \text{<식2-1>}$$

가 된다. 즉 $\sin 2\theta$ 값이 최고가 되는 $\theta=45^\circ$일 때이다.

또 다른 방법으로는 <식2-1>의 미분값 $\dfrac{dX}{d\theta}=0$이 되는 θ일 때의 값으로

$$\frac{dX}{d\theta}=\frac{2v_0^2 \cos 2\theta}{g}=0$$

즉 $\theta=45^\circ$일 때이다.

2. 공기 저항이 존재하는 경우 수평 방향으로 던져진 물체의 운동

<그림2-3>처럼 일정 높이에서 수평면에 평행하게 던져진 물체는 어떤 운동을 할까?

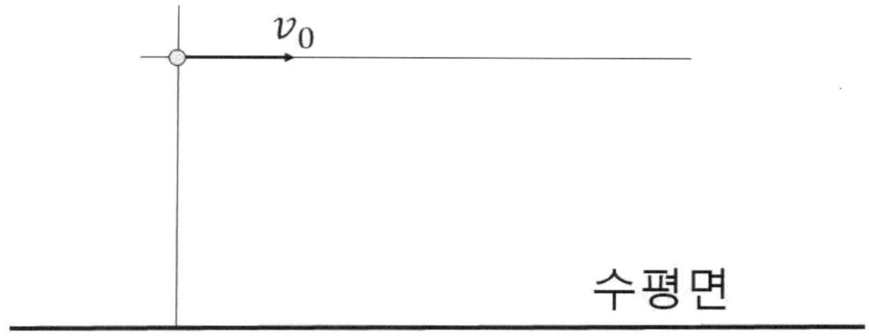

<그림2-3>

먼저 수평 방향(x)의 운동을 분석하면 공기 저항력$f_x(=k_x v_x)$가 존재하므로

$$F_x = ma_x$$

에서 $F_x =-f_x =-k_x v_x$와 $a_x = \dfrac{dv_x}{dt}$를 사용하면

$$m\frac{dv_x}{dt} =-k_x v_x$$

가 된다. 이 식에 dt를 양 변에 곱해주고 양변을 m으로 나눠주면

$$dv_x =-\frac{k_x}{m}v_x dt$$

이다. 이 식을 $t=0$일 때 $v_x = v_0$, t초일 때 속력 v_x까지 적분하면

$$\int_{v_0}^{v_x}\frac{1}{v_x}dv_x = \int_0^t -\frac{k_x}{m_x}dt$$

이고,

$$\left[\ln v_x\right]_{v_0}^{v_x} = \left[-\frac{k_x}{m}t\right]_0^t$$

가 되어, 이를 풀면

$$\ln(v_x) - \ln(v_0) =-\frac{k_x}{m}t$$

$$\ln\frac{v_x}{v_0} =-\frac{k_x}{m}t$$

$$\frac{v_x}{v_0} = e^{-\frac{k_x}{m}t}$$

가 된다. 양변에 v_0를 곱하면

$$v_x = v_0 e^{-\frac{k_x}{m}t}$$

이고, $v_x = \dfrac{dX}{dt}$ 이므로

$$\frac{dX}{dt} = v_0 e^{-\frac{k_x}{m}t}$$

식이 성립하고, 시간이 0초일 때 변위가 0에서부터 시간이 t초일 때 변위 X까지 적분은

$$\int_0^X dX = \int_0^t v_0 e^{-\frac{k_x}{m}t} dt \text{이고}$$

이를 정리하면

$$X(t) = -\frac{mv_0}{k_x}(e^{-\frac{k_x}{m}t} - 1) \quad \cdots\cdots\cdots\cdots \langle \text{식2-2} \rangle$$

이다.

다음으로 수직 방향(y)의 운동을 분석하면 공기 저항력$f_y(= k_y v_y)$이 존재하므로 다음과 같다.

$$F_y = ma_y$$

에서 $F_y = -f_y = -k_y v_y$와 $a_y = \dfrac{dv_y}{dt}$를 사용하면

$$m\frac{dv_y}{dt} = mg - k_y v_y$$

가 된다. 양변을 m으로 나눠주면

$$\frac{dv_y}{dt} = g - \frac{k_y v_y}{m} = -\frac{k_y}{m}(v_y - \frac{mg}{k_y})$$

이고, 이 식을 정리하면

$$\frac{dv_y}{v_y - \frac{mg}{k_y}} = -\frac{k_y}{m}dt$$

가 된다. 이를 시간$t = 0$일 때 $v_y = 0$, t초일 때 속력 v_y까지의 적분은

$$\int_0^{v_y} \frac{dv_y}{v_y - \frac{mg}{k_y}} = \int_0^t -\frac{k_y}{m}dt$$

이고, 이를 적분하면

$$\left[\ln(v_y - \frac{mg}{k_y})\right]_0^{v_y} = \left[-\frac{k_y}{m}t\right]_0^t$$

가 되고, 이를 풀면

$$\ln(v_y - \frac{mg}{k_y}) - \ln(-\frac{mg}{k_y}) = \ln\left(\frac{v_y - \frac{mg}{k_y}}{-\frac{mg}{k_y}}\right) = -\frac{k_y}{m}t$$

$$\frac{v_y - \frac{mg}{k_y}}{-\frac{mg}{k_y}} = e^{-\frac{k_y}{m}t}$$

이다. 양변에 $-\frac{mg}{k_y}$를 곱하면

$$v_y - \frac{mg}{k_y} = e^{-\frac{k_y t}{m}}(-\frac{mg}{k_y})$$

이고, $-\frac{mg}{k_y}$를 이항시킨 후 $\frac{mg}{k_y}$로 묶으면

$$v_y = \frac{mg}{k_y}(1 - e^{-\frac{k_y t}{m}})$$

가 된다. $v_y = \frac{dY}{dt}$이므로

$$v_y = \frac{dY}{dt} = \frac{mg}{k_y}(1 - e^{-\frac{k_y t}{m}})$$

이고, 이 식의 양변에 dt를 곱하면

$$dY = \frac{mg}{k_y}(1 - e^{-\frac{k_y t}{m}})dt$$

가 된다. 이 식을 시간이 0초일 때 변위가 0에서부터 시간이 t초일 때 변위 Y까지의 적분은

$$\int_0^Y dY = \int_0^t \frac{mg}{k_y}(1 - e^{-\frac{k_y t}{m}})dt$$

이다. 이를 풀면

$$Y(t) = \left[\frac{mg}{k_y}(t + \frac{m}{k_y}e^{-\frac{k_y}{m}t})\right]_0^t = \frac{mg}{k_y}\left[t + \frac{m}{k_y}(e^{-\frac{k_y}{m}t} - 1)\right] \quad \cdots\cdots\cdots\cdots \langle 식2\text{-}3 \rangle$$

이 된다.

물체의 궤적을 알기 위해서 〈식2-2〉와 〈식2-3〉에서 t를 소거하면 다음과 같은 식이 나온다.

$$Y=\frac{m^2g}{k_xk_y}\ln(\frac{mv_0}{mv_0-k_xX})-\frac{m^2g}{k_y^2}[(\frac{mv_0}{mv_0-k_xX})^{-\frac{k_y}{k_x}}-1] \quad \cdots\cdots\cdots\cdots 〈식2-4〉$$

분명히 〈식2-4〉는 포물선이 아니며

$k_x=1,\ k_y=1,\ m=1\mathrm{kg},\ \mathrm{g}=9.8\mathrm{m/s^2},\ \mathrm{v}_0=30\mathrm{m/s}$ 라고 두고 그래프를 그리면 〈그림2-4〉 그래프가 된다.

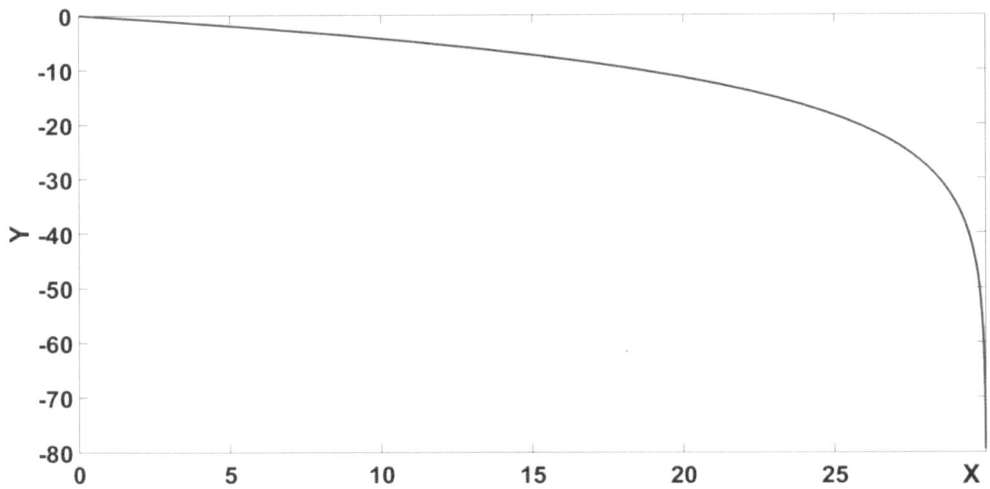

〈그림2-4〉

$v_x=v_0e^{-\frac{k_xt}{m}}$, $v_y=\frac{mg}{k_y}(1-e^{-\frac{k_yt}{m}})$에서 시간 $t=\infty$가 되면 $v_x=0, v_y=\frac{mg}{k_y}$의 속력으로 운동하게 되므로 일정 시간 후 물체는 y축 방향으로만 움직이게 됨을 알 수 있다.

3. 공기 저항이 존재하는 경우 비스듬히 쏘아 올린 물체의 운동

먼저 수평 방향(x)의 운동을 분석하면 공기 저항력$f_x(=k_xv_x)$가 존재하므로

$$F_x=ma_x$$

에서 $F_x=-f_x=-k_xv_x$와 $a_x=\frac{dv_x}{dt}$를 사용하면

$$-k_xv_x=ma_x=m\frac{dv_x}{dt}$$

가 된다. 양변을 m으로 나누면

$$-\frac{k_x}{m}v_x=\frac{dv_x}{dt}$$

이고, 이 식을 정리하면

$$\frac{1}{v_x}dv_x = -\frac{k_x}{m}dt$$

가 된다. 위 식을 시간 $t=0$일 때 <그림2-1>과 같이 속력이 $v_0\cos\theta$에서부터 시간이 t초일 때 속력 v_x까지 적분은

$$\int_{v_0\cos\theta}^{v_x}\frac{1}{v_x}dv_x = \int_0^t -\frac{k_x}{m}dt$$

이다. 이를 풀면

$$\ln(v_x) - \ln(v_0\cos\theta) = -\frac{k_x}{m}t$$

$$\ln\frac{v_x}{v_0\cos\theta} = -\frac{k_x}{m}t$$

$$\frac{v_x}{v_0\cos\theta} = e^{-\frac{k_x}{m}t}$$

이다. 양변에 $v_0\cos\theta$를 곱하면

$$v_x(t) = v_0\cos\theta \times e^{-\frac{k_x}{m}t}$$

이고, $v_x = \frac{dX}{dt}$이므로

$$\frac{dX}{dt} = v_0\cos\theta \times e^{-\frac{k_x}{m}t} \text{ 가 된다.}$$

시간 $t=0$초일 때 변위가 0에서부터 시간이 t일 때 변위 X까지 적분은

$$\int_0^X dX = \int_0^t v_0\cos\theta \times e^{-\frac{k_x}{m}t}dt$$

이고, 이를 정리하면

$$X(t) = -\frac{mv_0\cos\theta}{k_x}\left(e^{-\frac{k_x}{m}t} - 1\right) \quad \cdots\cdots\cdots\cdots \text{<식2-5>}$$

이 된다.

다음으로 수직 방향(y)의 운동을 분석하면 공기 저항력$f_y(=k_y v_y)$이 존재하므로 다음과 같다.

$$F_y = ma_y$$

에서 F_y는 $-mg - k_y v_y$이고 가속도 a_y는 $\frac{dv_y}{dt}$이므로

$$m\frac{dv_y}{dt} = -mg - k_y v_y$$

가 된다. 양변을 m으로 나누고 $-\frac{k_y}{m}$로 묶어주면

$$\frac{dv_y}{dt}=-g-\frac{k_y v_y}{m}=-\frac{k_y}{m}(v_y+\frac{mg}{k_y})$$

이다. 시간 $t=0$ 일 때 <그림2-1>과 같이 속력이 $v_0\sin\theta$에서부터 시간이 t초일 때 속력 v_y까지 적분은

$$\int_{v_0\sin\theta}^{v_y}\frac{dv_y}{v_y+\frac{mg}{k_y}}=\int_0^t-\frac{k_y}{m}dt$$

이므로

$$\left[\ln(v_y+\frac{mg}{k_y})\right]_{v_0\sin\theta}^{v_y}=\left[-\frac{k_y}{m}t\right]_0^t$$

가 되고, 이를 풀면

$$\ln(v_y+\frac{mg}{k_y})-\ln(v_0\sin\theta+\frac{mg}{k_y})=\ln\left(\frac{v_y+\frac{mg}{k_y}}{v_0\sin\theta+\frac{mg}{k_y}}\right)=-\frac{k_y}{m}t$$

$$\frac{v_y+\frac{mg}{k_y}}{v_0\sin\theta+\frac{mg}{k_y}}=e^{-\frac{k_y}{m}t}$$

이다. 양변에 $v_0\sin\theta+\frac{mg}{k_y}$를 곱하면

$$v_y+\frac{mg}{k_y}=e^{-\frac{k_y}{m}t}(v_0\sin\theta+\frac{mg}{k_y})$$

가 되고, $\frac{mg}{k_y}$를 이항시키면

$$v_y(t)=-\frac{mg}{k_y}+e^{-\frac{k_y}{m}t}(v_0\sin\theta+\frac{mg}{k_y})$$

이고, $v_y=\frac{dY}{dt}$이므로

$$\frac{dY}{dt}=-\frac{mg}{k_y}+e^{-\frac{k_y}{m}t}(v_0\sin\theta+\frac{mg}{k_y})$$

와 같이 된다. 양변에 dt를 곱하면

$$dY=dt[-\frac{mg}{k_y}+e^{-\frac{k_y}{m}t}(v_0\sin\theta+\frac{mg}{k_y})]$$

가 되고, 시간 $t=0$ 초일 때 변위가 0에서부터 시간이 t일 때 변위 Y까지 적분은

$$\int_0^Y dY = \int_0^t [-\frac{mg}{k_y} + e^{-\frac{k_y}{m}t}(v_0\sin\theta + \frac{mg}{k_y})]dt$$

가 되어

$$Y(t) = -\frac{mg}{k_y}t + \left(v_0\sin\theta + \frac{mg}{k_y}\right)(-\frac{m}{k_y})(e^{-\frac{k_y}{m}t} - 1) \quad \cdots\cdots\cdots\cdots \langle 식2\text{-}6\rangle$$

이 된다.

<식2-5>와 <식2-6>에서 t를 소거하면 다음과 같은 식이 나온다.

$$Y = \frac{m^2 g}{k_x k_y}\ln(1 - \frac{k_x X}{m v_0\cos\theta}) - \frac{m}{k_y}(v_0\sin\theta + \frac{mg}{k_y})[(1 - \frac{k_x X}{m v_0\cos\theta})^{\frac{k_y}{k_x}} - 1] \cdots\cdots\cdots\cdots \langle 식2\text{-}7\rangle$$

분명히 <식2-7>는 포물선이 아니며 $v_x(t) = v_0\cos\theta \times e^{-\frac{k_x}{m}t}$,

$v_y(t) = -\frac{mg}{k_y} + e^{-\frac{k_y}{m}t}(v_0\sin\theta + \frac{mg}{k_y})$에서 시간 $t=\infty$가 되면 $v_x = 0, v_y = -\frac{mg}{k_y}$의 속력으로 운동하게 되므로 일정 시간 후 물체는 y축 방향으로만 움직이게 됨을 알 수 있다.

$k_x = 1,\ k_y = 1,\ m = 1\text{kg},\ \text{g} = 9.8\text{m/s}^2,\ \text{v}_0 = 30\text{m/s}, \theta = 45^\circ$ 이라고 두고 그래프를 그리면 <그림2-5> 그래프가 된다. <식2-4>와 <식2-7>에서 물체는 공기 중에서 운동하므로 k_x와 k_y는 같다.

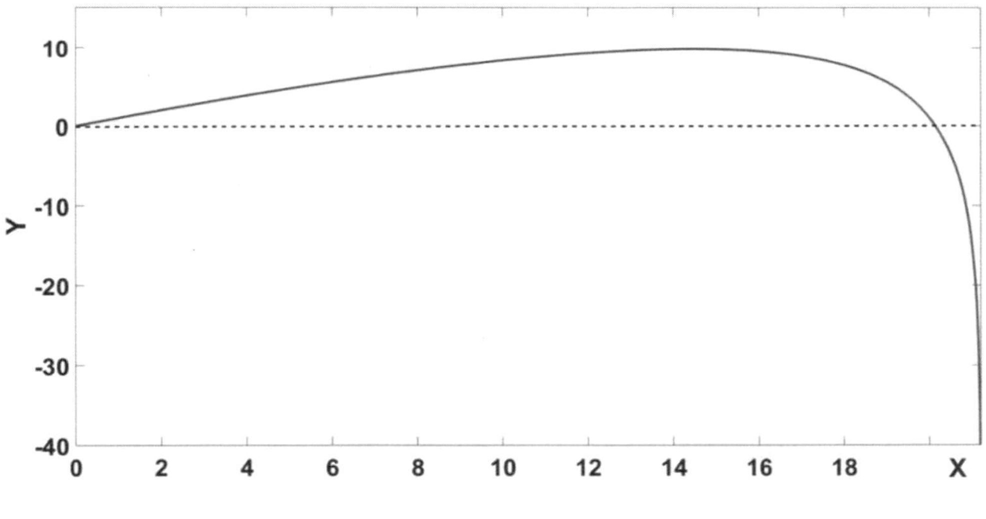

<그림2-5>

3장_구심 가속도

태양 주위를 공전하는 행성의 운동을 논할 때 주위 천체의 영향을 무시하고, 행성이 원운동(<그림3-1>)한다고 가정하면 태양과 행성 사이에 작용하는 힘을 사용하여 운동 방정식을 세울 수 있다.

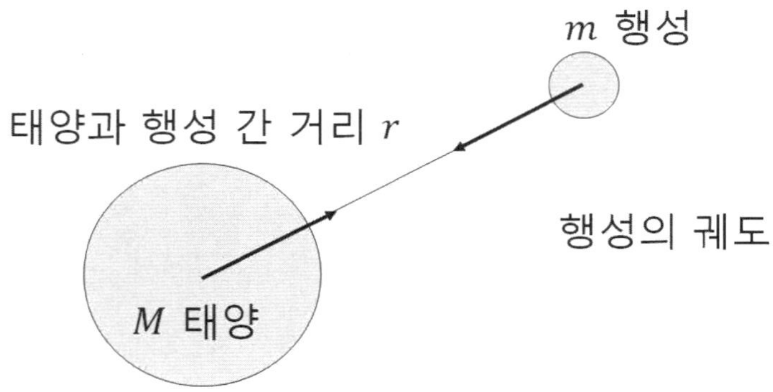

<그림3-1>

$$F = ma$$

이 식에서 F는 만유인력으로 $G\frac{Mm}{r^2}$이며 가속도 a는 $\frac{v^2}{r}$이 되어 다음과 같은 식이 성립한다.

$$G\frac{Mm}{r^2} = m\frac{v^2}{r}$$

(G:중력 상수, M:태양질량, v:행성의 공전 속도, r:태양과 행성 사이의 거리). 그러면 원운동하는 행성의 가속도의 방향은 태양을 향하고 크기는 $\frac{v^2}{r}$이 된다. 어떻게 가속도의 크기가 $\frac{v^2}{r}$인가?

등속원운동 할 때의 가속도 크기에 대한 고등학교 물리 교과서에는 다음과 같은 방법으로 설명되어 있다. <그림3-2>처럼 속도의 크기가 v로 등속원운동하고 있는 물체를 생각해 보자.

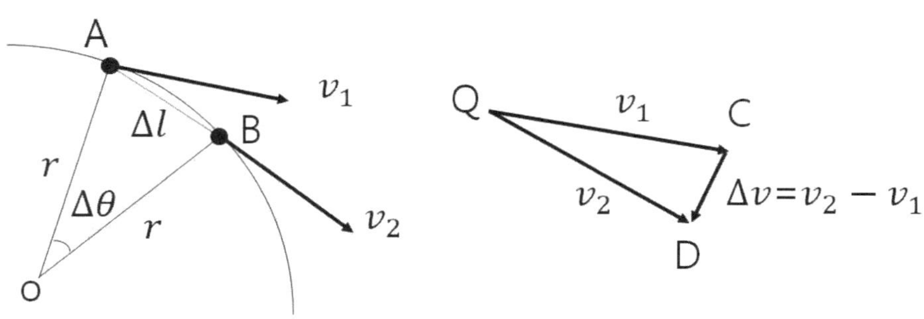

<그림3-2>

물체의 속도는 시간$t=0$에서 $v_1(=v)$, $t+\Delta t$에서는 $v_2(=v)$가 되고 Δt가 작으면 점 O, A, B를 이은 선들은 $\triangle OAB$가 된다. 이 삼각형은 속도 벡터들이 이루는 $\triangle QCD$와 닮은 삼각형이 되어 다음과 같은 식이 성립한다.

$$r : \Delta l = v : \Delta v$$

여기서 $\Delta l = v\Delta t$를 사용하여 정리하면 다음과 같은 식이 성립한다.

$$\frac{\Delta v}{\Delta t} = \frac{v^2}{r}$$

이식에 극한을 취하면 $\lim_{\Delta t \to 0} \frac{\Delta v}{\Delta t} = \frac{dv}{dt} = a$가 되므로 $\frac{v^2}{r}$은 구심 가속도의 크기가 된다. 물체가 운동하는 순간 순간마다 가속도가 원의 중심을 향하는 운동을 한다.

또 다른 방법으로 가속도를 구해 보자. 먼저 다음 〈그림3-3〉과 같이 반지름이 r로 등속원운동을 하는 물체를 생각해 보자.

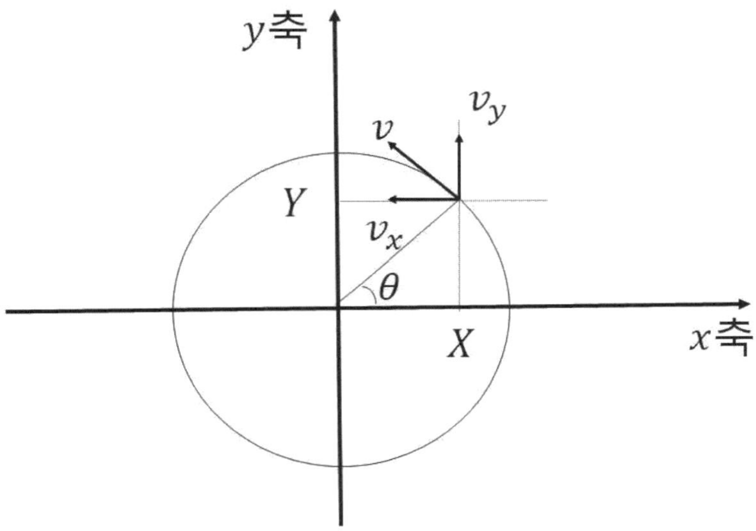

〈그림3-3〉

시간이 $t=0$에서 y축 방향으로의 변위 $Y=0$에서 출발하여 시간 t일 때 x축, y축 방향으로 변위가 각각 X, Y지점에 있을 때를 생각해 보자.

시간 t일 때 변위는 $X = r\cos\theta$, $Y = r\sin\theta$가 되며, 이 때 x축, y축 방향으로 속도의 크기 v_x, v_y는 각각 다음과 같다.

$$v_x = -v\sin\theta\,\hat{x},\ v_y = v\cos\theta\,\hat{y}$$

여기서 $\hat{x}$, $\hat{y}$는 단위 벡터이며 식에 $\sin\theta = \frac{Y}{r}$, $\cos\theta = \frac{X}{r}$를 대입하면 속도 v는 다음과 같다.

$$v=-v\frac{Y}{r}\hat{x}+v\frac{X}{r}\hat{y} \quad \cdots\cdots\cdots\cdots \langle 식3\text{-}1\rangle$$

$r, \hat{x}, \hat{y}$은 상수이다. 가속도를 구하기 위해서는 <식3-1>을 미분하면 되는데 다음과 같다.

$$a=\frac{dv}{dt}=-\frac{v}{r}\frac{dY}{dt}\hat{x}+\frac{v}{r}\frac{dX}{dt}\hat{y} \quad \cdots\cdots\cdots\cdots \langle 식3\text{-}2\rangle$$

<식3-2>에 $\frac{dY}{dt}=v_y$, $\frac{dX}{dt}=v_x$, $v_x=-v\sin\theta\hat{x}$, $v_y=v\cos\theta\hat{y}$를 대입하여 정리하면

$$a=-(\frac{v^2}{r}\cos\theta\hat{x}+\frac{v^2}{r}\sin\theta\hat{y}) \quad \cdots\cdots\cdots\cdots \langle 식3\text{-}3\rangle$$

가 된다.

가속도의 크기를 <식3-3>을 이용해서 구해 보면

$$|a|=\sqrt{a_x^2+a_y^2}=\sqrt{(\frac{v^2}{r})^2(\cos^2\theta+\sin^2\theta)}=\frac{v^2}{r} \quad \cdots\cdots\cdots\cdots \langle 식3\text{-}4\rangle$$

이 된다. 앞에서 구한 구심 가속도와 크기가 같다.

1. <그림3-4>처럼 전투기 조종사들이 약 음속의 두 배 정도 되는 속력 $v=640\text{m/s}$로 약 50초(T:주기) 동안, 반지름이 r인 원을 그리며 공중에서 수평 원운동을 한다고 하면 조종사가 받는 구심 가속도의 크기는 얼마나 될까?

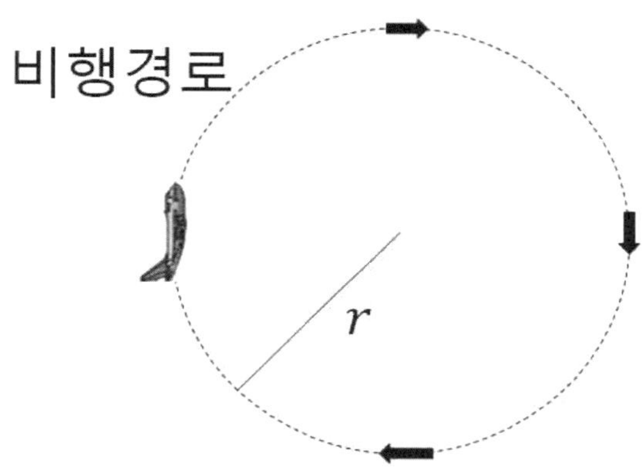

<그림3-4>

먼저 회전 반경은 $T=\frac{2\pi r}{v}$에서 $r=\frac{Tv}{2\pi}$이고 구심 가속도의 크기는

$a=\frac{v^2}{r}=\frac{v^2}{\frac{Tv}{2\pi}}=\frac{2\pi v}{T}$에 값을 대입하면 $a\fallingdotseq 80.4\text{m/s}^2$으로 중력 가속도의 약 8배가 된다. 이 정도의 가속도 크기는 잘못하면 조종사를 의식 상실의 상태로 만들 수도 있다.

2. <그림3-5>는 질량이 $5m$인 인공위성이 지구 중심으로부터 반지름이 r인 원궤도를 돌고 있는 모습을 나타낸 것이다.(만유 인력 상수는 G이고, 지구의 질량은 M이다.)

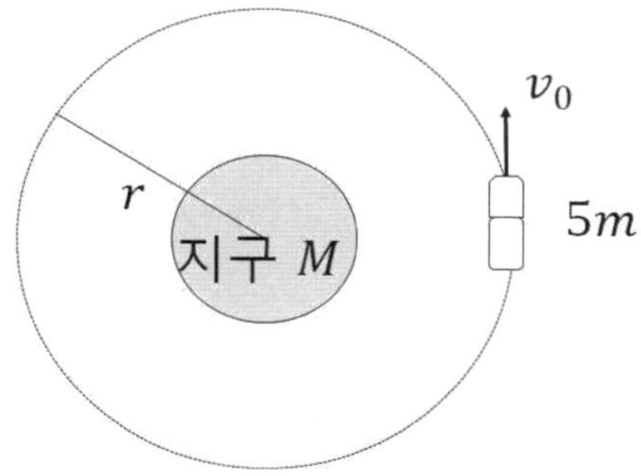

<그림3-5>

가. 반지름이 r인 원궤도를 돌고 있는 인공위성의 속력 v_0는 얼마나 될까?

질량이 $5m$인 인공위성이 반지름이 r인 원궤도를 돌 때 만유인력이 구심력으로 작용하고 있으므로 운동방정식과 <식3-4>를 사용하면

$$F = ma \Rightarrow \frac{GM(5m)}{r^2} = \frac{(5m)v_0^2}{r} \quad \cdots\cdots\cdots\cdots\langle 식3\text{-}5\rangle$$

이 되고, 이 때의 인공위성의 속력 v_0는

$$v_0 = \sqrt{\frac{GM}{r}} \quad \cdots\cdots\cdots\cdots\langle 식3\text{-}6\rangle$$

이 된다.

나. <그림3-5> 상태에서 갑작스러운 폭발로 인해 인공위성이 질량이 m, $4m$인 두 조각으로 분리되어 <그림3-6>과 같이 되었다. 폭발 직후 질량 m인 조각은 지구에 대해 정지하여 지표면을 향해 수직으로 떨어졌다면 폭발 직후 질량이 $4m$인 조각의 속력 v_i는 얼마나 될까?

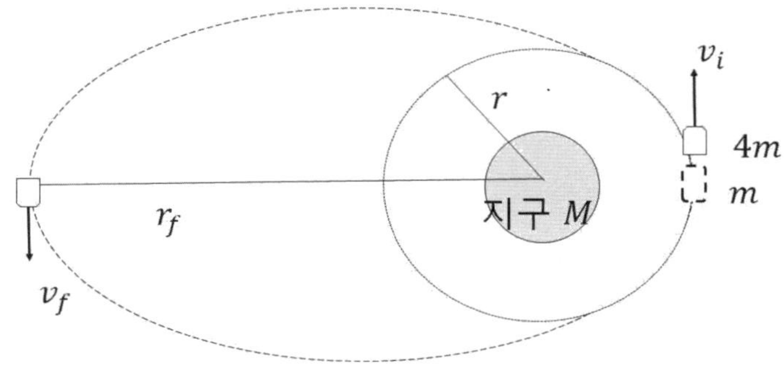

<그림3-6>

먼저 인공위성이 분리될 때 운동량 보존 법칙을 사용하면

$$5mv_0 = 4mv_i + m0$$

가 성립하고, <식3-6>에서 구한 v_0를 대입하면 v_i는

$$v_i = \frac{5}{4}v_0 = \frac{5}{4}\sqrt{\frac{GM}{r}} \quad \cdots\cdots\cdots\cdots \langle 식3\text{-}7 \rangle$$

이 된다.

다. 폭발로 인해 질량 $4m$인 조각은 새로운 타원 궤도를 돌게 되었다. 이 조각이 타원 궤도의 장반경에 도달했을 때, 지구의 중심으로부터 떨어진 거리는 얼마나 될까?

타원 궤도를 도는 질량 $4m$인 조각은 케플러 제 2법칙[면적속도 일정의 법칙= 각운동량($\vec{L} = \vec{r} \times \vec{P}$) 보존 법칙]을 만족하고, $\vec{p}$는 운동량이므로 $\vec{p} = m\vec{v}$를 적용하면

$$4mrv_i = 4mr_f v_f \quad \cdots\cdots\cdots\cdots \langle 식3\text{-}8 \rangle$$

를 만족하고 또한, 타원 궤도를 도는 동안 역학적 에너지 보존 법칙

$$\frac{1}{2}4mv_i^2 - \frac{GM4m}{r} = \frac{1}{2}4mv_f^2 - \frac{GM4m}{r_f} \quad \cdots\cdots\cdots\cdots \langle 식3\text{-}9 \rangle$$

을 만족한다.

<식3-8>에서 $v_f = \dfrac{v_i r}{r_f}$이므로 이를 <식3-9>에 대입하면

$$\frac{1}{2}v_i^2 - \frac{GM}{r} = \frac{1}{2}\frac{v_i^2 r^2}{r_f^2} - \frac{GM}{r_f} \quad \cdots\cdots\cdots\cdots \langle 식3\text{-}10 \rangle$$

이 된다.

<식3-7>의 결과 $v_i = \dfrac{5}{4}\sqrt{\dfrac{GM}{r}}$ 를 <식3-10>에 대입하면

$$\frac{25}{32}\frac{GM}{r} - \frac{GM}{r} = \frac{25}{32}\frac{GMr}{r_f^2} - \frac{GM}{r_f} \Rightarrow -\frac{7}{32r} = \frac{25r}{32r_f^2} - \frac{1}{r_f}$$

이 되고 이를 정리하면,

$$-7r_f^2 = 25r^2 - 32rr_f \ \text{혹은}\ 7\left(\frac{r_f}{r}\right)^2 - 32\left(\frac{r_f}{r}\right) + 25 = 0$$

이 된다. $\dfrac{r_f}{r}$에 대한 이차방정식을 풀면

$$\frac{r_f}{r} = \frac{32 \pm \sqrt{32^2 - 4(7)(25)}}{14} = \frac{50}{14} \ \text{or} \ \frac{14}{14}$$

이며, 여기서 $r_f = r$일 때는 출발점이므로 $\frac{r_f}{r} = \frac{50}{14}$이고 장반경 $r_f = \frac{25}{7}r$임을 알 수 있다.

3. <그림3-7>처럼 매끄러운 표면의 구를 수평 책상 위의 P점에 고정하고, 질량 m인 작은 물체를 구의 정상인 A점에서 구면을 따라 미끄러뜨렸다.

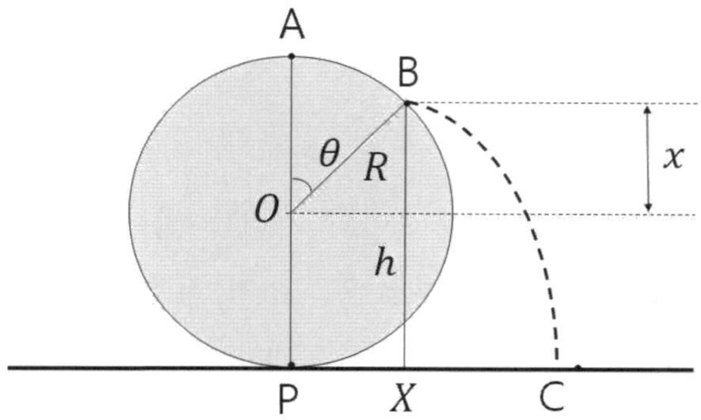

<그림3-7>

구의 반지름이 R, 중력 가속도가 g일 때 작은 물체는 구의 표면을 미끄러져 내려가다 B점에서 구의 표면을 이탈하여 수평면 상의 C점에 떨어졌다.

가. 물체가 구의 표면에서 이탈한 B점이 책상면으로 부터 떨어진 높이 h와 이탈하는 순간의 물체의 속력(v)은 얼마나 될까?

곡면에서 떨어지는 순간 수직 항력 N은 0이고, 구면에서 떨어지는 B점에서 물체의 속력을 v라고 하면 그 위치에서 역학적 에너지 보존 법칙과 힘의 평형 관계를 이용하면

역학적 에너지 보존 : $2mgR = \frac{1}{2}mv^2 + mg(R+x)$ (여기서 $x = h - R$) ……<식3-11>

가 된다. $\angle AOB$를 θ라 하면, $x = R\cos\theta$이므로 이를 식에 대입하면

$$v^2 = 2gR(1-\cos\theta) \quad \cdots\cdots\cdots\cdots \text{<식3-12>}$$

가 된다.

구면에서 떨어지는 순간 $N = 0$이고, 중력 mg의 일부가 구심력이 되어

힘의 평형 : $\frac{mv^2}{R} = mg\cos\theta$ …………<식3-13>

가 된다.

<식3-13>에 <식3-12>를 대입하면 $\cos\theta = 2(1-\cos\theta)$에서 $\cos\theta = \frac{2}{3} = \frac{x}{R}$이다. 따라서, 물체가 떨어지는 높이 h는

$$h = R + x = \frac{5}{3}R$$

이다.

<식3-12>에 $\cos\theta = \dfrac{2}{3}$을 대입하면 이탈하는 순간의 물체의 속력$v$는

$$v = \sqrt{\frac{2}{3}gR}$$

이 된다.

나. 물체가 책상면에 떨어졌을 때 P점과 C점 사이의 거리는 얼마나 될까?

이탈하는 순간의 물체의 속도 v의 수평 성분을 v_x, 수직 성분을 v_y라고 하면 다음과 같다.

$$v_x = v\cos\theta,\ v_y = v\sin\theta$$

구면에서 물체가 떨어지는 높이 h는 $h = R(1+\cos\theta)$이고 수직 방향으로 등가속도 운동을 하므로, 낙하 시간을 t라고 하면, y방향 운동은 v_y를 초속도로 한 낙하 운동이므로

$$v_y t + \frac{1}{2}gt^2 = R(1+\cos\theta) \cdots\cdots\cdots\cdots \text{<식3-14>}$$

가 성립하고 식은 시간 t의 2차 함수이므로 근의 공식을 이용하면

$$t = \frac{-v_y \pm \sqrt{v_y^2 + 2gR(1+\cos\theta)}}{g} \cdots\cdots\cdots\cdots \text{<식3-15>}$$

이다. 식에서 $t > 0$인 값을 선택하고 $v = \sqrt{\dfrac{2}{3}gR}$, $\cos\theta = \dfrac{2}{3}$, $\sin\theta = \dfrac{\sqrt{5}}{3}$를 <식3-15>에 대입하고 t를 구하면 다음과 같다.

$$t = \frac{1}{9}(10\sqrt{3} - \sqrt{30})\sqrt{\frac{R}{g}}$$

따라서, P점에서 C점까지의 거리 D는 B점을 수직으로 내린 점을 X라고 할 때, $D = \overline{PX} + \overline{XC}$이다.

$$\begin{aligned} \therefore D &= R\sin\theta + (v\cos\theta)\cdot t \\ &= \frac{\sqrt{5}}{3}R + \sqrt{\frac{2}{3}gR} \times \frac{2}{3} \times \frac{1}{9}(10\sqrt{3} - \sqrt{30})\sqrt{\frac{R}{g}} \\ &\fallingdotseq 1.46R \end{aligned}$$

이 된다.

4장_전류에 의한 자기장

고등학교 물리 교과서에서 직선 전류에 의한 자기장과 원형 전류에 의한 자기장에 대한 내용을 기술할 때 자기장의 세기(B)와 전류의 세기(I) 관계를 간단한 실험을 통하여 이들 사이의 관계식을 유도하고 있다.

직선 전류에 의한 자기장은 전류의 세기에 비례하고 도선으로부터의 거리(r)에 반비례하므로 $B \propto \frac{I}{r}$로 표현하고 비례상수를 도입하여

$$B = k\frac{I}{r}$$

($k : 2\times10^{-7}\mathrm{N/A^2}$, N : 힘의세기, A : 전류세기(ampere), r : m, $B=$ T(테슬라))로 표현한다.

원형 전류에 의한 자기장은 전류의 세기에 비례하고 원형 도선의 반지름(R)에 반비례하므로 $B \propto \frac{I}{R}$로 표현하고 비례상수를 도입하여

$$B = k'\frac{I}{R}$$

(k' : $2\pi\times10^{-7}\mathrm{N/A^2}$, R: m)로 표현되어 있다.

위의 두 식에서 비례상수 값 $k' = 2\pi\times10^{-7}$과 $k = 2\times10^{-7}$이 왜 π배 만큼 차이가 나는지 어떻게 두 식이 유도되었는지를 알아보자

1. 두 벡터의 곱과 방향

먼저 두 벡터의 곱과 방향을 알아보자. 다음 두 벡터를 도입하고 두 벡터의 곱(외적)을 계산하자.
$\vec{A}(A_x, A_y, A_z)$, $\vec{B}(B_x, B_y, B_z)$ 의 외적은 $\vec{C} = \vec{A}\times\vec{B}$ 이고
$\vec{C} = \vec{A}\times\vec{B} = (A_yB_z - A_zB_y)\hat{x} + (A_zB_x - A_xB_z)\hat{y} + (A_xB_y - A_yB_x)\hat{z}$ 와 같이 정의되므로

$$C^2 = (A_yB_z - A_zB_y)^2 + (A_zB_x - A_xB_z)^2 + (A_xB_y - A_yB_x)^2$$

이 되고, 우변을 정리하면

$$C^2 = (A_x^2 + A_y^2 + A_z^2)(B_x^2 + B_y^2 + B_z^2) - (A_xB_x + A_yB_y + A_zB_z)^2$$

$$= \left(\sum_{i=1}^{3} A_i^2\right)\left(\sum_{j=1}^{3} B_j^2\right) - \left(\sum_{k=1}^{3} A_kB_k\right)^2$$

$$= A^2B^2 - (\vec{A}\cdot\vec{B})^2 \text{............} < \text{식}4-1 >$$

가 된다.

〈그림4-1〉처럼 $\vec{A}$, $\vec{B}$ 두 벡터가 이루는 각이 θ일 때 $\vec{A} \cdot \vec{B}$의 크기는

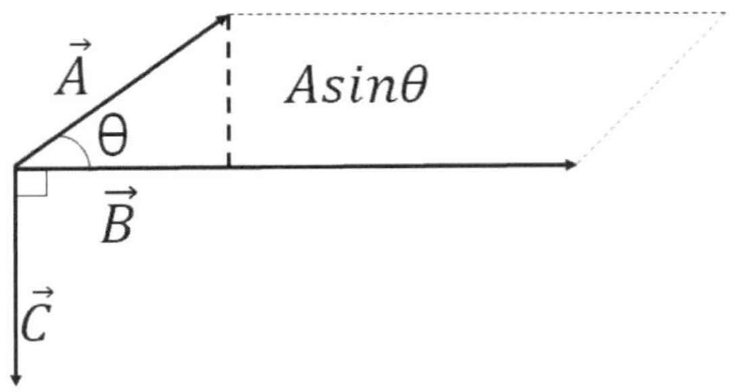

〈그림4-1〉

$|A||B|\cos\theta$이므로 〈식4-1〉은 다음과 같이 표현된다.

$$C^2 = A^2B^2 - A^2B^2\cos^2\theta = A^2B^2\sin^2\theta$$

즉 $C = AB\sin\theta$를 얻게 된다.

따라서 두 벡터 외적의 크기는 두 벡터의 크기 곱에 두 벡터가 이루는 각(θ)의 사인값을 곱한 것이라는 사실을 알 수 있게 된다. 이 값은 〈그림4-1〉에서 보는 바와 같이 $\vec{A}$와 $\vec{B}$로 만들어지는 평행사변형의 넓이와 같고 방향은 $\vec{A}$와 $\vec{B}$가 만드는 평면에 수직이다.

2. 오른 나사 법칙과 비오사바르의 법칙(Biot-Savart's Law)

전류가 흐르는 직선 도선 주위에는 도선을 중심으로 하는 원 모양의 동심원인 자기장이 생기는데 이 자기장의 방향은 〈그림4-2〉에서 보는 바와 같이 오른손 엄지손가락을 전류가 흐르는 방향으로 하고 나머지 네 손가락이 전류를 감싸고 있을 때 네 손가락이 돌아가면서 가리키는 방향이 자기장의 방향이 되며 이는 오른 나사가 회전할 때의 방향과 같다. 이를 오른나사 법칙이라고 한다.

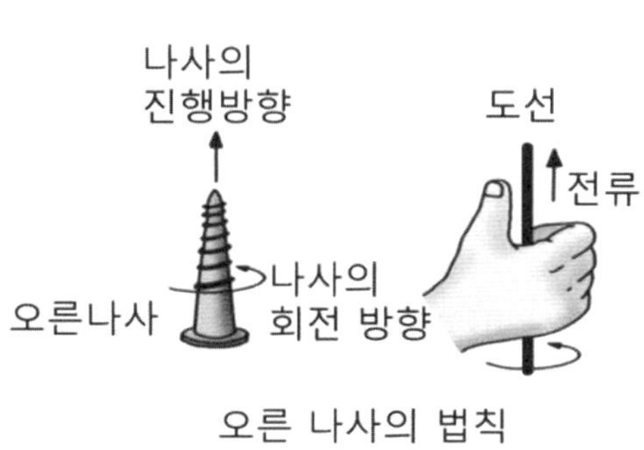

〈그림4-2〉

비오사바르의 법칙이란 정상전류가 흐르고 있는 도선 주위의 자기장의 세기를 구하는 법칙으로 이 법칙을 이용하면 도선 밖의 한 점에서의 자기장의 세기는 도선의 미소 전류가 만드는 자기장을 벡터 합으로써 구할 수 있다는 법칙이다. 관계식은 다음과 같다.

$$\overrightarrow{dB}=\frac{\mu_0}{4\pi}\frac{I\overrightarrow{ds}\times\overrightarrow{r}}{r^3}=\frac{\mu_0}{4\pi}\frac{I\overrightarrow{ds}\times\hat{r}}{r^2}\quad \cdots\cdots\cdots\cdots \text{〈식4-2〉}$$

〈식4-2〉에서 r은 도선에서 떨어진 거리, $\hat{r}$은 $\overrightarrow{r}$방향의 단위벡터, ds는 도선의 미소 길이를 나타내며 μ_0는 투자율($\mu_0 \fallingdotseq \mu_{\text{진공}} = 4\pi\times10^{-7}\text{N/A}^2$)이라고 하는데 이는 자기장의 영향을 받아 자화할 때에 생기는 자기력선속 밀도와 진공 중에서 나타나는 자기장 세기의 비를 말하며 진공의 투자율($\mu_{\text{진공}}$)은 매우 작은 값으로 거의 0에 가까우며, 공기의 투자율(μ_0)도 이와 근사하여 이 값을 사용한다. 〈식4-2〉의 나머지 요소들은 다음 내용에서 자세히 설명하기로 한다.

3. 무한히 긴 직선전류에 의한 자기장

〈그림4-3〉처럼 무한히 긴 직선 도선에서 x축 방향으로 거리가 R만큼 떨어진 점 P에서의 자기장의 세기는 어떻게 될까?

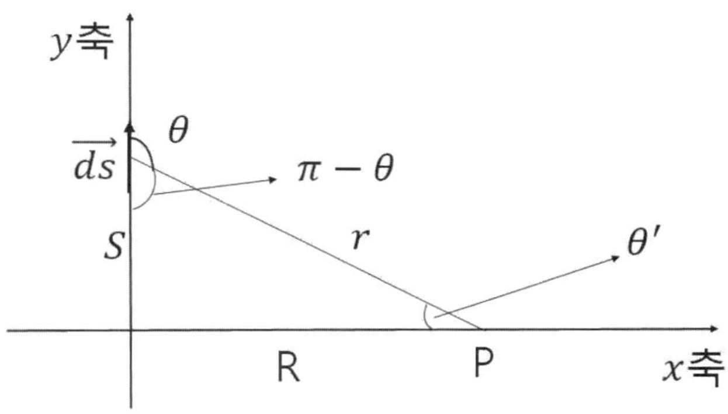

〈그림4-3〉

y축 방향으로 흐르는 미소 전류 $I\overrightarrow{ds}$가 점 P에 만드는 자기장은 〈식4-2〉를 사용하면

$\overrightarrow{dB}=\frac{\mu_0}{4\pi}\frac{I\overrightarrow{ds}\times\hat{r}}{r^2}$이고 방향은 〈그림4-1〉에 의해 점 P에 수직으로 들어가는 방향$\otimes$이다.

직선상의 모든 미소 전류$I\overrightarrow{ds}$가 점 P에 만드는 자기장의 방향이 같으므로 모든 미소 전류가 만드는 자기장을 더하면 점 P에서의 직선 전류가 만드는 자기장을 구할 수 있다.

〈식 4-2〉를 다시 표현하면

$$dB=\frac{\mu_0}{4\pi}\frac{Ids}{r^2}\sin\theta$$

이며, $r=\sqrt{s^2+R^2}$, $\sin\theta=\dfrac{R}{\sqrt{s^2+R^2}}$을 대입하면

$$dB=\frac{\mu_0}{4\pi}\frac{Ids}{(s^2+R^2)}\frac{R}{\sqrt{s^2+R^2}}=\frac{\mu_0 I}{4\pi}\frac{R}{\left(s^2+R^2\right)^{\frac{3}{2}}}ds \quad \cdots\cdots\cdots\cdots \text{<식4-3>}$$

가 된다.

<식 4-3>을 s가 $-\infty$에서 $+\infty$까지 적분하면 점 P에서의 자기장의 세기를 구할 수 있는데 s를 0에서 $+\infty$까지 적분한 값의 두 배를 취하면

$$B=2\times\frac{\mu_0 I}{4\pi}\int_0^{\infty}\frac{R}{(s^2+R^2)^{\frac{3}{2}}}ds$$

이다. 식에 $s=R\tan\theta', ds=R\sec^2\theta' d\theta'$로 하고 $s=0$일 때 $\theta'=0$, $s=+\infty$일 때 $\theta'=\dfrac{\pi}{2}$임을 사용하면

$$B=\frac{\mu_0 I}{2\pi}\int_0^{\frac{\pi}{2}}\frac{R}{(R^2\tan^2\theta+R^2)^{\frac{3}{2}}}R\sec^2\theta d\theta=\frac{\mu_0}{2\pi}\frac{I}{R}\int_0^{\frac{\pi}{2}}\frac{1}{\sec\theta}d\theta$$

가 된다. 이를 적분하면

$$B=\frac{\mu_0}{2\pi}\frac{I}{R} \quad \cdots\cdots\cdots\cdots \text{<식4-4>}$$

이다. 이 식은 앞에서 표현한 $B=k\dfrac{I}{r}$식과 같은 식이 되어 $k=\dfrac{\mu_0}{2\pi}$가 된다.

또 다른 방법으로 무한 직선 전류에 의한 자기장을 구해보자. 다음 <그림4-4>처럼 무한히 긴 직선 도선이 거리가 R만큼 떨어진 곳 점 P에 만드는 자기장의 세기는 <식4-2>를 적용하면

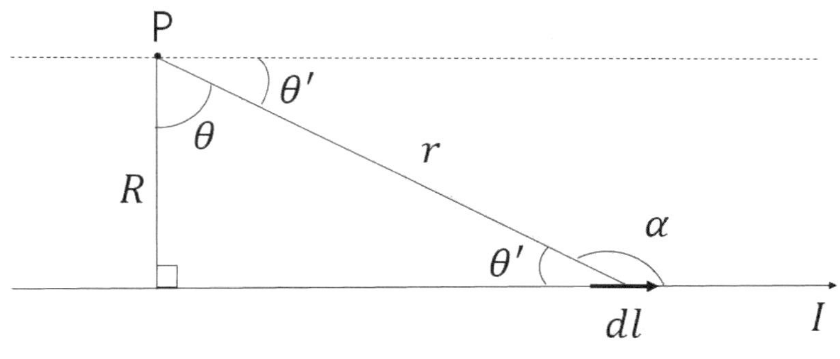

<그림4-4>

$\vec{dB}=\dfrac{\mu_0}{4\pi}\dfrac{I\vec{dl}\times\hat{r}}{r^2}$이고 방향은 <그림4-1>에 의해 점 P에 수직으로 나오는 방향 ⊙이다. 직선상의 모든 미소 전류 $I\vec{dl}$이 점 P에 만드는 자기장의 방향이 같으므로 모든 미소 전류가 만드는 자기장을 더하면 점 P에서의 직선 전류가 만드는 자기장을 구할 수 있다.

$$B=\frac{\mu_0}{4\pi}\int\frac{I\vec{dl}\times\hat{r}}{r^2}=\frac{\mu_0 I}{4\pi}\int\frac{dl\sin\alpha}{r^2} \quad \cdots\cdots\cdots\cdots\langle 식4\text{-}5\rangle$$

가 된다.

$dl\sin\alpha=dl\sin(\pi-\theta')=dl\sin\theta'=dl\sin(\frac{\pi}{2}-\theta)=dl\cos\theta,\qquad l=R\tan\theta\Rightarrow dl=R\sec^2\theta d\theta=\dfrac{R}{\cos^2\theta}d\theta,$

$R=r\cos\theta\Rightarrow\dfrac{1}{r^2}=\dfrac{\cos^2\theta}{R^2}$를 사용하고 적분 구간도 전류가 $-\infty$쪽에는 $\theta=-\frac{\pi}{2}$, $+\infty$쪽에는 $\theta=+\frac{\pi}{2}$이므로 <식4-5>를 정리하면

$$B=\frac{\mu_0 I}{4\pi}\int\frac{\cos\theta\cos^2\theta}{R^2}\frac{R}{\cos^2\theta}d\theta=\frac{\mu_0 I}{4\pi}\int_{-\frac{\pi}{2}}^{\frac{\pi}{2}}\frac{\cos\theta}{R}d\theta \quad \cdots\cdots\cdots\cdots\langle 식4\text{-}6\rangle$$

가 되고, 적분하면

$$B=\frac{\mu_0 I}{4\pi}\frac{1}{R}[\sin\theta]_{-\frac{\pi}{2}}^{\frac{\pi}{2}}=\frac{\mu_0}{2\pi}\frac{I}{R} \quad \cdots\cdots\cdots\cdots\langle 식4\text{-}7\rangle$$

가 된다. 이 식은 <식4-4>와 같은 식이 된다.

4. 원형 전류에 의한 자기장

<그림4-5>처럼 xy평면에 놓여진 원형 도선의 중심에서 z축 방향으로 거리가 Z만큼 떨어진 점 P에서의 자기장의 세기는 어떻게 될까?

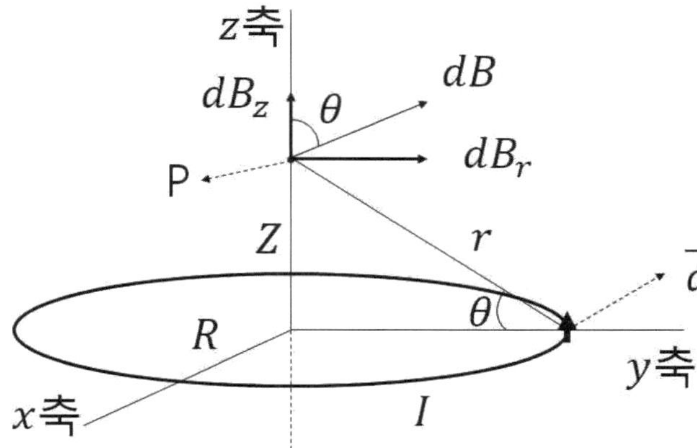

<그림4-5>

xy평면에 흐르는 미소 전류 $Id\vec{l}$이 점 P에 만드는 자기장은 <식4-2>를 사용하면

$d\vec{B}=\dfrac{\mu_0}{4\pi}\dfrac{Id\vec{l}\times\hat{r}}{r^2}$이고 방향은 $d\vec{B}$이고 이를 분해한 것이 $d\vec{B_r}$, $d\vec{B_z}$이다. 원형 도선상의 모든 미소 전류가 점 P에 만드는 자기장의 $d\vec{B_r}$ 성분은 대칭성 때문에 없어지고 $d\vec{B_z}$만 남는다. 그러므로 미소 전류$Id\vec{l}$이 만드는 $d\vec{B_z}$만 모두 더하면 점 P에서의 전류가 만드는 자기장을 구할 수 있다.

$d\vec{B_z}=d\vec{B}\cos\theta$이고 최종적으로

$$B_z=\frac{\mu_0 I}{4\pi}\int\frac{\cos\theta}{r^2}dl \quad \cdots\cdots\cdots\cdots \text{<식4-8>}$$

이 된다. 식에 $\cos\theta=\dfrac{R}{r}=\dfrac{R}{\sqrt{R^2+Z^2}}$, $r^2=R^2+Z^2$을 대입하여 정리하면

$$B_z=\frac{\mu_0 I}{4\pi}\frac{R}{\sqrt{R^2+Z^2}}\frac{1}{R^2+Z^2}\int dl$$

이고, $\int dl=2\pi R$을 사용하면

$$B_z=\frac{\mu_0 I}{4\pi}\frac{R}{(R^2+Z^2)^{\frac{3}{2}}}2\pi R=\frac{\mu_0 I}{2}\frac{R^2}{(R^2+Z^2)^{\frac{3}{2}}} \quad \cdots\cdots\cdots\cdots \text{<식4-9>}$$

이 된다.

원형 도선 중심에서의 자기장은 $Z=0$일 때 이므로 이를 <식4-9>에 적용하면 $B_z\equiv\dfrac{\mu_0}{2}\dfrac{I}{R}$가 되어 앞에서 설명한 식$B=k'\dfrac{I}{R}$와 비교하면 $k'=\dfrac{\mu_0}{2}$가 된다.

직선 도선에 의한 $k=\dfrac{\mu_0}{2\pi}$와 원형 전류에 의한 $k'=\dfrac{\mu_0}{2}$를 비교하면 $k'=\pi k$가 된다.

5장_전하에 의한 전기장

<그림5-1>처럼 두 전하 사이에 작용한 전기력의 크기는 프랑스의 물리학자 쿨롱(Coulomb)에 의해 측정되었다.

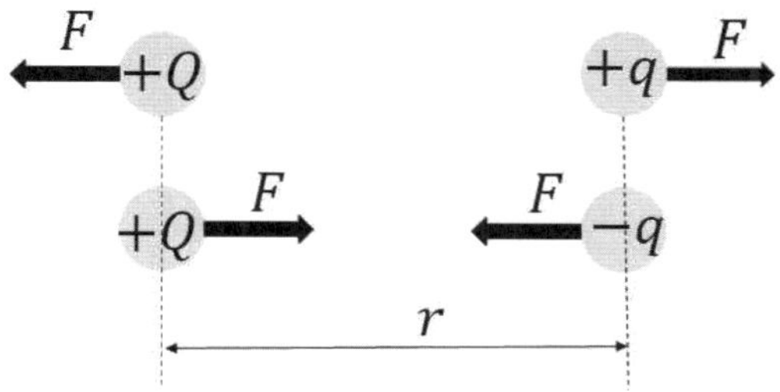

<그림5-1>

두 전하 사이에 작용하는 전기력 F의 크기는 두 전하 사이의 거리r의 제곱에 반비례하고 두 전하의 곱에 비례하므로

$$F \propto \frac{qQ}{r^2} \Rightarrow F = k_e \frac{qQ}{r^2} \quad \cdots\cdots\cdots\cdots \text{<식5-1>}$$

가 된다. 여기서 비례상수 $k_e = 9 \times 10^9 \mathrm{Nm/C^2}$(N : 힘, C : 쿨롱)이다.

이처럼 전기력이 미치는 공간을 전기장이라고 한다. 전하 q가 있는 곳의 전기장은 벡터량으로 전기장 내의 단위 전하가 받는 힘의 크기와 방향이 같으므로 전기장의 크기는

$$E = \frac{F}{q} = k_e \frac{qQ}{r^2 q} = k_e \frac{Q}{r^2} \quad \cdots\cdots\cdots\cdots \text{<식5-2>}$$

가 된다.

1. 점전하에 의한 전기장

<그림5-2>처럼 자유공간 상에서 점전하 q가 받는 전기력은 <식 5-2>에 의해

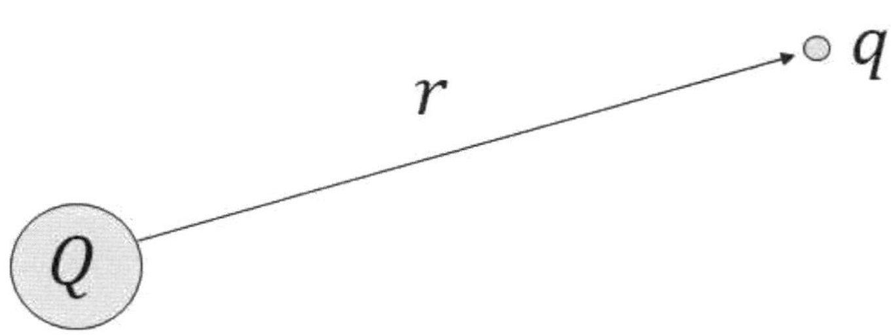

<그림5-2>

$$\vec{E} = k_e \frac{Q}{r^2}\hat{r} \quad \cdots\cdots\cdots\cdots〈식5\text{-}3〉$$

이 되고, 여기서 $\hat{r}$은 $\hat{r} = \frac{\vec{r}}{|r|}$로 크기가 1이고 방향은 $\vec{r}$인 단위 벡터이다.

다음 〈그림5-3〉처럼 점전하가 여러 개 모여 있을 경우 점 P에서의 전기장은 어떻게 될까?

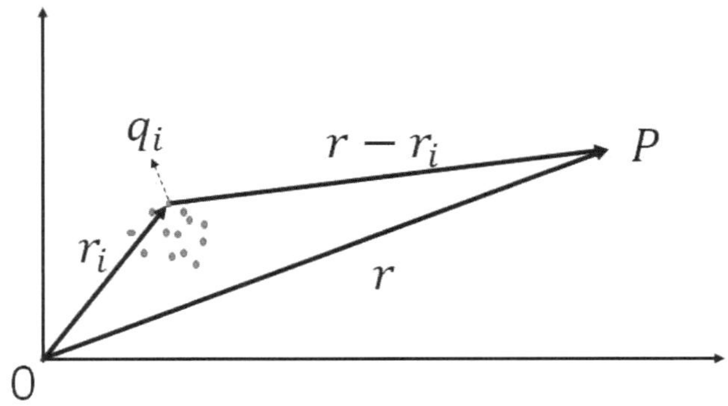

〈그림5-3〉

먼저 전하 q_i가 만드는 점 P에서의 전기장($\vec{E_i}$)는 〈식5-3〉에 의해

$\vec{E_i} = k_e \frac{q_i}{\left|\vec{r} - \vec{r_i}\right|^2}\hat{r_i}$가 되고 각 점전하에 의한 단위벡터 $\hat{r_i}$는 $\hat{r_i} = \frac{\vec{r} - \vec{r_i}}{\left|\vec{r} - \vec{r_i}\right|}$이고 점전하가 N개 있으면 N개에 의한 전기장을 모두 더하면 P에서의 전기장이 되는데 이를 식으로 표현하면

$$\vec{E} = k_e \sum_{i=1}^{N} \vec{E_i} = k_e \sum_{i=1}^{N} \frac{q_i}{\left|\vec{r} - \vec{r_i}\right|}\hat{r_i} \quad \cdots\cdots\cdots\cdots〈식5\text{-}4〉$$

가 된다. 점전하의 개수가 많으면 〈식5-4〉는 계산이 복잡하고 풀기가 어려워진다.

2. 전하가 일직선상에 균일하게 분포할 때의 전기장

〈그림5-4〉처럼 전하가 선밀도 λ(line density)로 일정하게 분포된 긴 직선 위의 점 P에서의 전기장은 어떻게 될까?

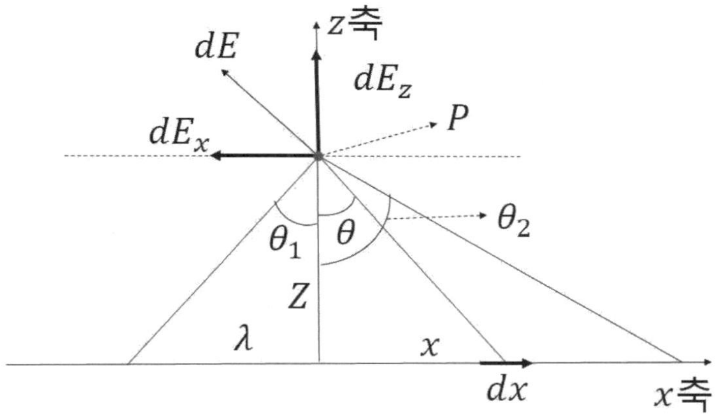

<그림5-4>

미소 길이 dx가 가지는 전하량(dq)는 $dq = \lambda dx$이므로 이 미소 전하량이 점 P에 만드는 미소 전기장은 dE이다. dE는 x축, z축 방향으로 각각 dE_x, dE_z방향으로 분해되고 O점을 중심으로 도선이 대칭일 때 dE_x는 O점을 중심으로 양쪽에서 만들어진 전기장에 의해 상쇄되고 dE_z만 남게 되어 $dE_z = dE\cos\theta$가 된다.

그러므로 dE_z은

$$dE_z = k_e \frac{dq}{r^2}\cos\theta = k_e \frac{\lambda dx}{r^2}\cos\theta \quad \cdots\cdots\cdots\cdots \text{<식5-5>}$$

가 된다. 식에 $x = Z\tan\theta \Rightarrow dx = Z\sec^2\theta d\theta$, $Z = r\cos\theta \Rightarrow (\frac{1}{r})^2 = (\frac{\cos\theta}{Z})^2$을 사용하여 정리하면

$$dE_z = k_e(\frac{\cos\theta}{Z})^2 \lambda Z\sec^2\theta\cos\theta d\theta = k_e \frac{\lambda}{Z}\cos\theta d\theta \cdots\cdots\cdots\cdots \text{<식5-6>}$$

가 된다. x축의 구간이 유한하면 적분 구간은 θ_1에서 θ_2까지 이며 이를 <식5-6>에 적용하면

$$E_z = k_e \int_{\theta_1}^{\theta_2} \frac{\lambda}{Z}\cos\theta d\theta = \frac{k_e\lambda}{Z}(\sin\theta_2 - \sin\theta_1) \quad \cdots\cdots\cdots\cdots \text{<식5-7>}$$

이다. x축의 구간이 무한하면 적분 구간은 $\theta_1 = -\frac{\pi}{2}$에서 $\theta_2 = \frac{\pi}{2}$까지이며 이를 <식5-7>에 적용하면

$$E_z = 2\frac{k_e\lambda}{Z} \quad \cdots\cdots\cdots\cdots \text{<식5-8>}$$

이다. <식5-8>은 직선 도선으로부터 떨어진 거리의 일차항에 반비례한다.

만약 O점을 중심으로 도선이 대칭이 아닐 때 dE_x는 0이 되지 않고 dE_x 성분이 남게 되는데 <그림5-4>를 보면

$$dE_x = k_e \frac{\lambda dx}{r^2}(-\sin\theta)\hat{x} \quad \cdots\cdots\cdots\cdots \langle 식5\text{-}9 \rangle$$

가 된다. E_x를 적분을 통해 구해보면

$$\overrightarrow{E_x} = k_e \int_{\theta_1}^{\theta_2} (\frac{\cos\theta}{Z})^2 \lambda Z \sec^2\theta(-\sin\theta) d\theta \hat{x} \quad \cdots\cdots\cdots\cdots \langle 식5\text{-}10 \rangle$$

가 되고, 적분값은

$$\overrightarrow{E_x} = \frac{k_e \lambda}{Z}(\cos\theta_2 - \cos\theta_1)\hat{x} \quad \cdots\cdots\cdots\cdots \langle 식5\text{-}11 \rangle$$

이 된다. 만약 도선이 O점을 중심으로 도선이 대칭이면 $\cos\theta_2 = \cos\theta_1$이므로 <식5-11>의 적분값은 0이 된다.

3. 전하가 원형 고리(ring)에 균일하게 분포할 때의 전기장

<그림5-5>처럼 전하가 선밀도 λ(line density)로 일정하게 분포된 원형 고리 중심 위의 점 P에서의 전기장은 어떻게 될까?

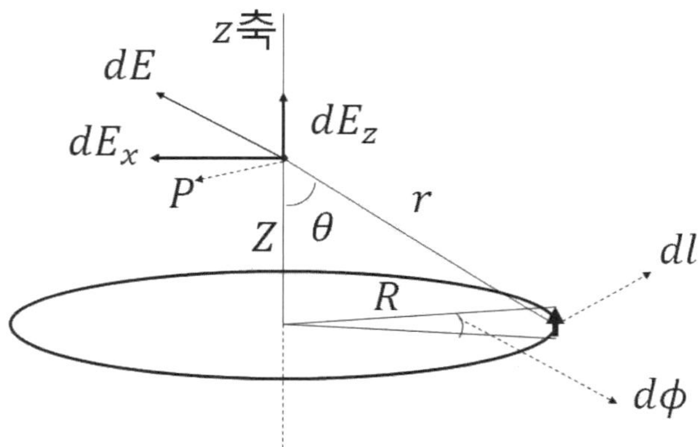

<그림5-5>

미소 길이 dl이 가지는 전하량은 $dq = \lambda dl$이므로 이 미소 전하량이 점 P에 만드는 미소 전기장은 dE이다. dE는 xy축, z축 방향으로 각각 dE_{xy}, dE_z방향으로 분해되며 원형 고리의 대칭성 때문에 dE_{xy}는 상쇄되고 dE_z만 남게 되어 $dE_z = dE\cos\theta$가 된다.

그러므로 dE_z은

$$dE_z = k_e \frac{dq}{r^2}\cos\theta = k_e \frac{\lambda dl}{r^2}\cos\theta\hat{z} \quad \cdots\cdots\cdots\cdots \langle 식5\text{-}12 \rangle$$

가 된다. $dl = Rd\phi$, $\cos\theta = \dfrac{Z}{r}$을 사용하여 <식5-12>를 적분하면

$$E_z = \int_0^{2\pi} k_e \frac{\lambda R}{r^2} \frac{Z}{r} d\phi \hat{z} = k_e \frac{R\lambda Z}{r^3} 2\pi$$

가 되고 $r^2 = Z^2 + R^2$을 사용하면

$$E_z = k_e \frac{\lambda(2\pi R)Z}{(Z^2+R^2)^{\frac{3}{2}}} \hat{z} \quad \cdots\cdots\cdots\cdots \langle 식5\text{-}13 \rangle$$

이 된다. 원형 고리의 중심 $Z=0$인 지점은 〈식5-13〉에서 예상대로 전하가 대칭되는 지점이기 때문에 $E_z = 0$이 된다.

6장_자기장 속에서 전류가 받는 힘

균일한 자기장 속에서 전류가 흐르는 도선이 받는 힘의 방향은 <그림6-1>과 같이 오른손을 펴서 네 손가락이 자기장의 방향(B)을 가리키게 하고 엄지손가락은 도선에 흐르는 전류(I)의 방향을 향하도록 하면 손바닥이 가리키는 방향이 도선이 받는 힘(F)의 방향이 된다.

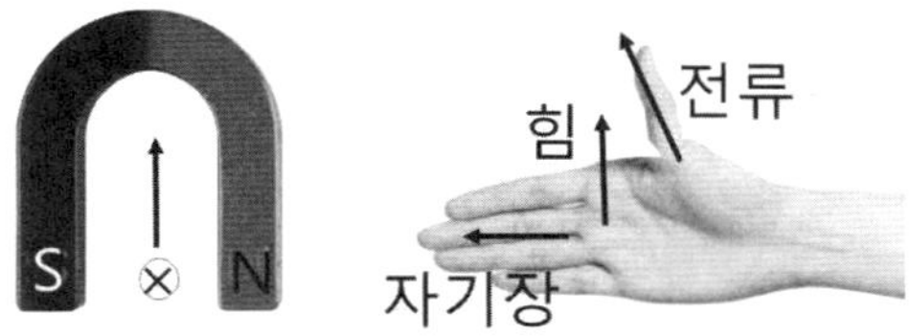

<그림6-1>

전류가 흐르는 도선이 자기장 속에서 받는 힘의 크기(F_B)는 자기장의 세기(B), 도선에 흐르는 전류의 세기(I), 자기장 속에 있는 도선의 길이(l)에 비례한다. 자기장의 방향과 전류의 방향이 수직일 때, 자기력의 크기가 최대가 되고 자기장의 세기(B)와 도선에 흐르는 전류의 세기(I)가 θ를 이룰 때, 자기력의 크기는 다음과 같은 식이 성립한다.

$$F_B = BIl\sin\theta \quad \cdots\cdots\cdots\cdots \langle 식6\text{-}1 \rangle$$

1. 로렌츠 힘(Lorentz force)

운동하는 전하가 자기장 속에서 받는 힘을 말하는 것으로 전하의 운동 방향에만 영향을 미친다.

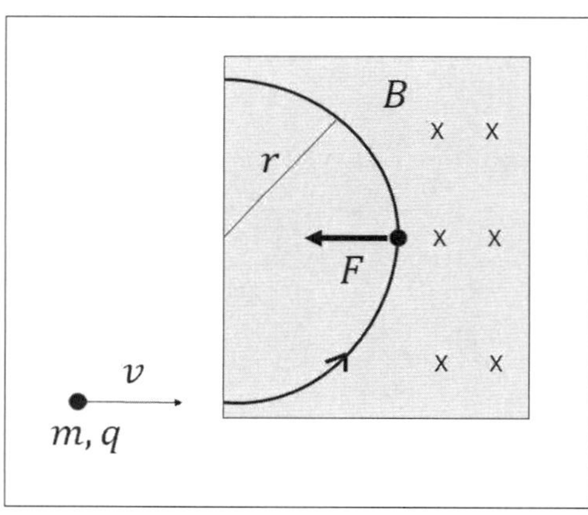

<그림6-2>

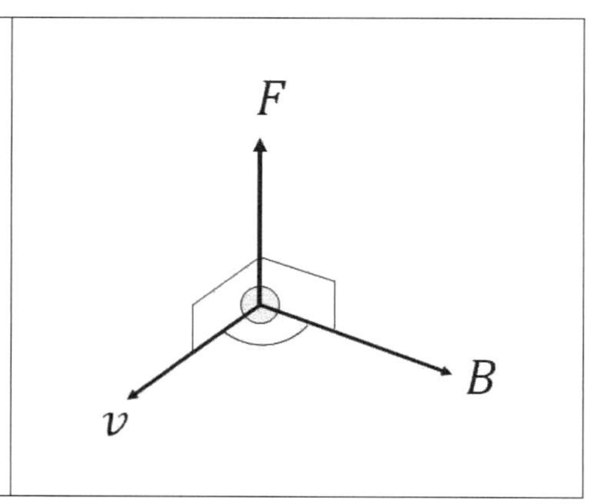

<그림6-3>

<그림6-2>처럼 균일한 자기장 영역 속에 속도 v로 입사된 대전 입자는 운동 방향에 수직한 힘을 계속 받아 원운동하게 되는데 이 때 받는 힘의 크기는 전하량 q, 입자의 속력 v에 비례하고 방향은 <그림6-3>에 표시되어 있다. 이를 식으로 나타내면

$$F_B = q\vec{v} \times \vec{B} = |q| vB\sin\theta \quad \cdots\cdots\cdots\cdots \text{<식6-2>}$$

가 된다. 자기장의 세기(B)와 도선에 흐르는 전류의 세기(I)가 $\theta = 90^\circ$일 때 대전 입자가 받는 힘이 최대가 된다.

2. 자기력의 유도

<그림6-4>처럼 단위 체적당 전하의 개수가 n인 도선 속에서 전하 q가 속력 v로 움직일 때 일정 시간 t초 후 단면적 A를 지나는 전하의 총량 Q는 $Avtqn$이고 전류(I)는 $I = \frac{dQ}{dt}$이므로

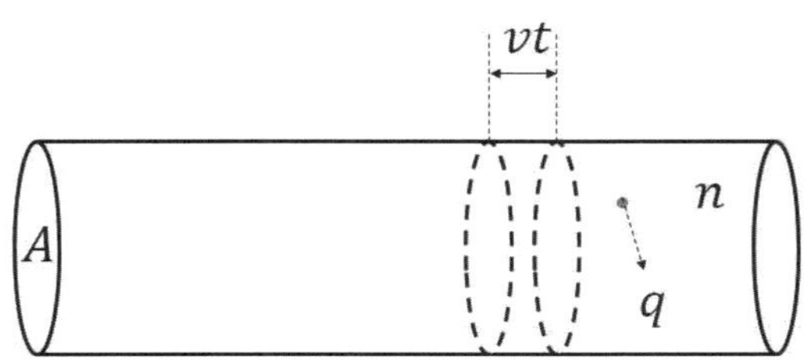

<그림6-4>

전류는

$$I = \frac{dQ}{dt} = \frac{AvtQn}{t} = Anqv$$

로 나타낼 수 있다.

또한 <그림6-5>처럼 도체(A:단면적, l:길이, n:단위 체적당 전하의 개수)속에 점전하(전하량 q)가 v의 속력으로 움직일 때 전하 한 개가 받는 힘의 크기는 <식6-2>에 의해

$$F_{1\text{개}} = q\vec{v} \times \vec{B} = qvB\sin\theta$$

이며

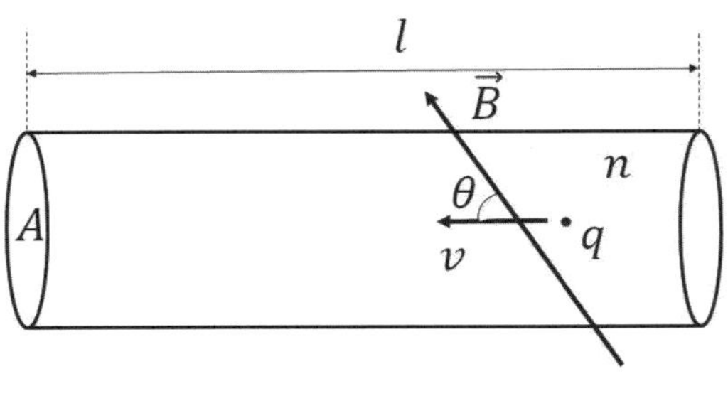

<그림6-5>

도선 전체(길이 l, 전체 전하량 Q)가 받는 힘의 크기는

$$F_Q = QvB\sin\theta = AlnqvB\sin\theta \quad \cdots\cdots\cdots\cdots 〈식6\text{-}3〉$$

가 된다. $I = Anqv$이므로 〈식6-3〉은

$$F_Q = BIl\sin\theta$$

가 된다. 이는 〈식6-1〉과 같다.

7장_전자기유도

코일 주변에 자석을 운동시키거나 자석 주변에 코일을 운동시킬 때 코일에 전류가 발생하는 현상을 전자기유도라고 하며 코일과 자석의 상대 운동으로 코일 양단에 기전력이 생성된다. 이 기전력을 유도기전력이라고 하고 이 때 흐르는 전류를 유도 전류라고 한다. 코일에 생기는 유도 전류는 코일을 통과하는 자기력선의 변화를 방해하는 방향으로 생기며 패러데이는 이를 정리하여 유도기전력은 단위 시간당 코일 단면을 통과하는 자기력선속(자속=Φ)의 변화량과 코일의 감은 회수에 비례한다고 하였다. 이를 '패러데이 법칙'이라고 한다.

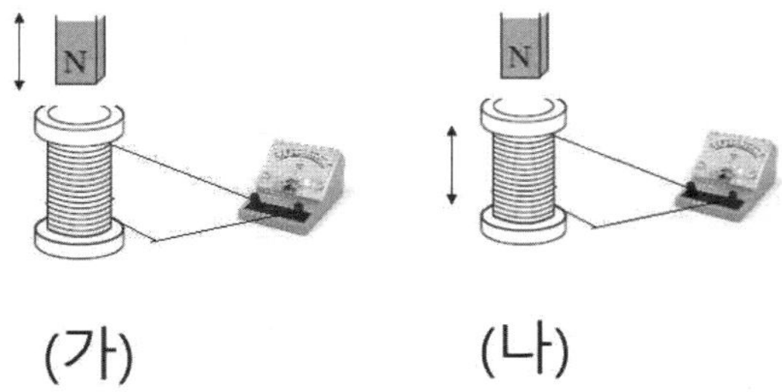

<그림7-1>

<그림7-1>의 (가)처럼 N회 감은 코일에 자석을 움직이거나, (나)처럼 전자석을 움직이게 하면 시간 Δt동안 코일 내부를 통과하는 자속이 $\Delta\Phi$만큼 변화했다면 코일 양단에 유도되는 기전력(V)은

$$V=-\lim_{\Delta t\to 0} N\frac{\Delta\Phi}{\Delta t}=-N\frac{d\Phi}{dt} \quad \cdots\cdots\cdots\cdots \langle 식7\text{-}1\rangle$$

가 된다. 자기장이 균일할 때 <식7-1>의 Φ는 $\Phi=\vec{B}\cdot\vec{A}=|B||A|\cos\theta$로 정의되고 <그림7-2>의 (가), (나)에서는 각각

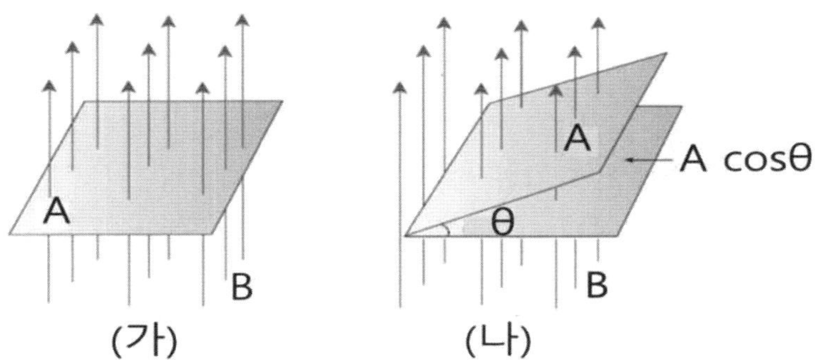

<그림7-2>

$$\Phi = BA,\ \Phi = BA\cos\theta$$

가 된다. 여기서 A는 자기장에 수직한 회로(또는 코일)의 단면적이다.

유도기전력에 붙은 '-' 부호는 유도기전력이 자속의 변화를 방해하는 방향으로 나타남을 의미한다. 즉, 자석을 코일에 가까이하면 유도 전류에 의한 자기장이 생겨서 자석의 운동을 방해한다.

1. 균일한 자기장 속에서 면적 A가 변하는 경우

먼저 <그림7-3>처럼 자기장 B가 일정하고 면적 A가 변하는 경우, 기전력은 어떻게 표현될까?

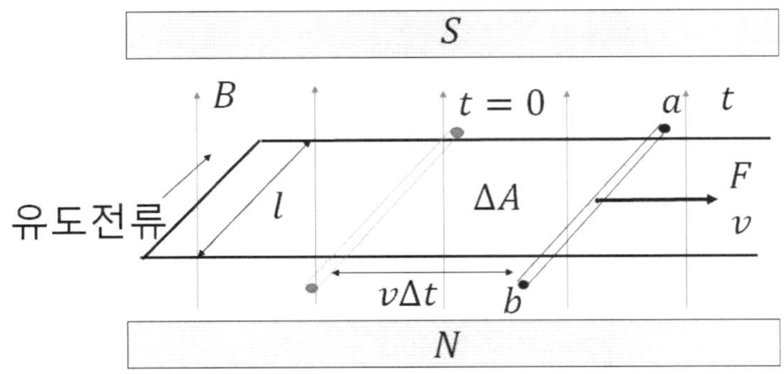

<그림7-3>

<그림7-3>과 같이 균일한 자기장(B)에 수직하게 저항이 없는 ㄷ자형 도선을 놓고 길이 l인 구리 막대 ab를 일정한 속력(v)으로 끌어당기고 있을 때 자속의 증가를 감소시키려는 방향으로 유도기전력이 형성되고 유도기전력(V)의 크기는 <식7-1>에 의해

$$V = -\frac{d\Phi}{dt} = -\frac{d(BA)}{dt} = -\left(B\frac{dA}{dt} + A\frac{dB}{dt}\right) \quad \cdots\cdots\cdots\cdots \langle 식7\text{-}2 \rangle$$

가 된다. <식7-2>에서 자기장 B가 시간에 따라 변하지 않으므로 ($\frac{dB}{dt} = 0$) 식은

$$V = -B\frac{dA}{dt} \quad \cdots\cdots\cdots\cdots \langle 식7\text{-}3 \rangle$$

가 되고, 이 식에 $dA = lvdt$를 대입하면

$$V = -Blv \quad \cdots\cdots\cdots\cdots \langle 식7\text{-}4 \rangle$$

가 된다. 즉 유도된 기전력은 막대를 당기는 속력 v에 비례한다.

한편 구리 막대에는 전류가 흐르므로 막대에는 왼쪽 방향으로 자기력(BIl)이 작용하게 된다. 오른쪽으로 일정한 속력으로 당기기 위해서는 그에 해당하는 힘을 오른쪽으로 주어야 한다. 그 힘의 크기는 BIl이다.

가. 예제1

<그림7-4>처럼 저항이 없는 도체 막대 ab, cd, ef와 저항 R로 구성된 회로가 자기장 세기가 B로 균일한 자기장(연직 상방) 안에 수평으로 놓여 있다. cd, ef는 거리 l을 간격으로 평행하게 고정되어 있고, 충분히 길다. 질량 m, 길이 l인 도체 막대 ab가 이 위로 수직으로 놓여 있고, 좌우로 매끄럽게 움직일 수 있도록 되어 있다. 이 도체 막대에 질량 M인 추를 달아 ab를 오른쪽 방향으로 운동시켰다.(단, 중력가속도의 크기는 g이며, 실의 질량, 모든 마찰은 무시한다.)

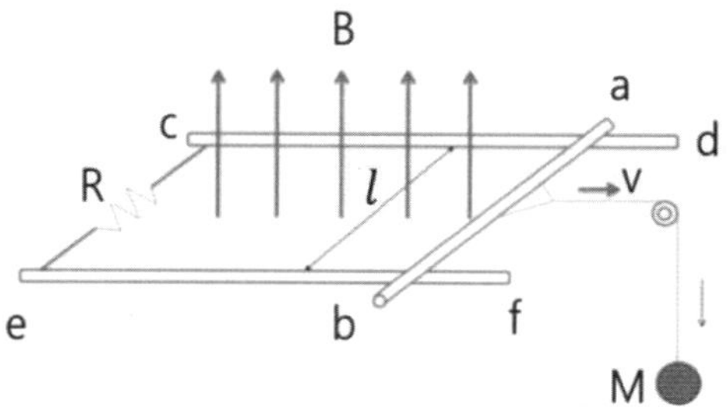

<그림7-4>

(1) 도체 막대 ab의 속도가 v일 때, 막대에 흐르는 전류의 크기와 방향은 어떻게 될까?

패러데이 법칙에 의해 v로 운동하는 도체 막대에 발생하는 유도기전력의 세기는 <식7-3>에 의해

$$V = -B\frac{dA}{dt} = -Blv$$

가 되고 유도 전류의 크기는

$$I = \left|\frac{V}{R}\right| = \frac{Blv}{R}$$

이고, 유도 전류의 방향은 자속의 변화를 방해하는 방향이므로(렌츠의 법칙) 폐회로 전체에는 시계방향으로 유도 전류가 흐르며 도체 막대 ab에서는 a→b 방향으로 전류가 흐른다.

(2) 도체 막대가 자기장에서 받는 힘의 크기, 방향, 그리고 시간에 따라 막대의 움직임이 어떻게 될지를 예측하여 보자.

도체 막대에 유도 전류가 흐르면 자기장 속에 놓인 막대는 다음과 같은 자기력을 받게 된다.

$$F_B = BIl = B\left(\frac{Blv}{R}\right)l = \frac{B^2l^2v}{R} \quad \cdots\cdots\cdots\cdots <식7\text{-}5>$$

가 되고, 자기력의 방향은 왼쪽 방향(a→c)으로 작용한다.

ab에 추를 달면 추의 중력만큼 힘을 받아 오른쪽 방향으로 점차 속력이 증가하지만 전자기유도 현상에 의해 막대에 유도 전류가 흐르면 중력과 반대 방향(도체 막대에 왼쪽 방향)으로 자기력이 작용하게 된다. 자기력의 크기는 <식7-5>에 의해 속력이 빨라지는 만큼 점차 커진다. 따라서 도체 막대가 받는 알짜힘의 크기는 점점 감소하고 결국, 추의 중력과 도체 막대에 작용하는 자기력이 같

아지면 도체 막대는 등속도 운동(v_0)하게 된다.

등속도의 크기는 다음과 같은 과정을 통해 구할 수 있다. 추에 작용하는 중력 $F_g = Mg$와 도체 막대에 작용하는 자기력 F_B의 크기가 같을 때, 막대는 등속도 운동을 하게 된다. 따라서 이 때 회로에 흐르는 전류 I_0는 다음과 같다.

$$F_g = F_B \Rightarrow Mg = BI_0l$$

$$I_0 = \frac{Mg}{Bl}$$

이다. <식7-5>에서 $F_B = \dfrac{B^2l^2v}{R}$이므로 일정한 속도 v_0로 움직일 때는 다음의 관계가 성립한다.

$$F_g = F_e \Rightarrow Mg = \frac{B^2l^2v_0}{R}$$

$$v_0 = \frac{MgR}{B^2l^2}$$

이다.(F_e는 v_0일 때 도체 막대에 작용하는 자기력)

나. 예제2

<그림7-5>처럼 질량이 m(kg), 가로 a(m), 세로 b(m)인 직사각형의 도선이 균일한 자기장으로부터 연직 방향으로 높이 h인 곳에서 자유낙하하고 있다. 도선의 저항이 $R(\Omega)$, 자기장의 세기가 B(T)이다.(단, 중력가속도의 크기는 g이며, 모든 마찰은 무시한다.)

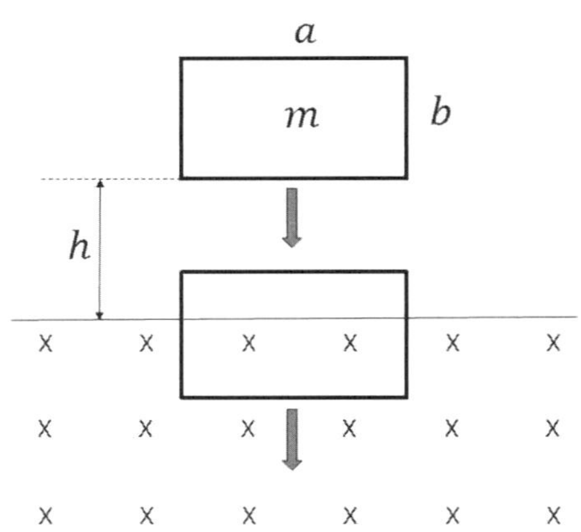

<그림7-5>

(1) 도선이 자기장에 입사하는 순간에 도선에 유도되는 전류의 방향과 세기는 어떻게 될까?

자기장 속으로 들어가기 전에 도선은 자유낙하 운동을 한다. 처음 자기장 영역으로 들어갈 때 도선의 속력은 역학적 에너지 보존 법칙을 사용하면 $v = \sqrt{2gh}$이다. 도선이 자기장의 영역으로 들어

가면서 도선 내부를 통과하는 자속이 변하고 자속의 시간당 변화율이 기전력이 되므로

$$V = -N\frac{d\Phi}{dt} = -Bav = -Ba\sqrt{2gh}$$

이고, 여기서 (-)는 자속의 변화를 방해하는 방향을 의미하므로 전류의 방향은 반시계 방향이 되고 전류의 세기는

$$I = \left|\frac{V}{R}\right| = \frac{Ba\sqrt{2gh}}{R} \quad \cdots\cdots\cdots\cdots \langle 식7\text{-}6\rangle$$

가 된다.

(2) 도선이 자기장에 입사하는 순간부터 등속도로 낙하하기 위한 높이 h는 어떻게 될까?

자기장 내에 들어간 도선a에는 왼쪽에서 오른쪽으로 전류가 흐르므로 이 도선은 위쪽 방향으로 자기력(F_B)을 받는다. 이 자기력의 크기 $F_B = BIa$이다. <식7-6>에서 구한 값을 대입하면 도선이 받는 자기력의 크기는

$$F_B = BIa = \frac{B^2a^2\sqrt{2gh}}{R} \quad \cdots\cdots\cdots\cdots \langle 식7\text{-}7\rangle$$

가 되고, <식7-7>의 값이 도선 전체에 작용하는 중력(F_g)의 크기와 같으면 도선은 등속도 운동을 한다.

$$F_g = F_B$$

$$mg = \frac{B^2a^2\sqrt{2gh}}{R}$$

$$h = \frac{m^2gR^2}{2B^4a^4}$$

이 된다. 따라서 직사각형 도선이 자기장 영역에 입사하면서 등속도 운동하기 위해서는 $h = \dfrac{m^2gR^2}{2B^4a^4}$ 높이에서 낙하해야 한다.

다. 예제3

다음 <그림7-6>와 같이 연직 상방으로 세기가 B로 균일한 자기장 속에 저항을 무시할 수 있는 반지름 a인 원형 도선, 길이가 $2a$이고 저항이 $2r$인 금속 막대 PQ와 R인 저항이 있다. 원형 도선은 점 A에서 절단되어 있고, 수평면 내에 고정되어 있다. 금속 막대는 양 끝이 원형 도선과 이어져 있고, 원의 중심 O를 지나는 연직 축을 중심으로 회전하고 있다. 또한, 저항 R의 한쪽 끝은 원형 도선에 다른 끝은 금속 막대의 중점 O에 각각 접촉해 있고, 금속 막대는 일정한 각속도 ω로 반시계 방향으로 회전한다. 금속 막대의 양끝 P, Q가 그림에서 보인 지점을 통과하고 있다. (단, 원형

도선, 금속 막대, 저항 R에 흐르는 전류가 만드는 자기장은 무시한다.)

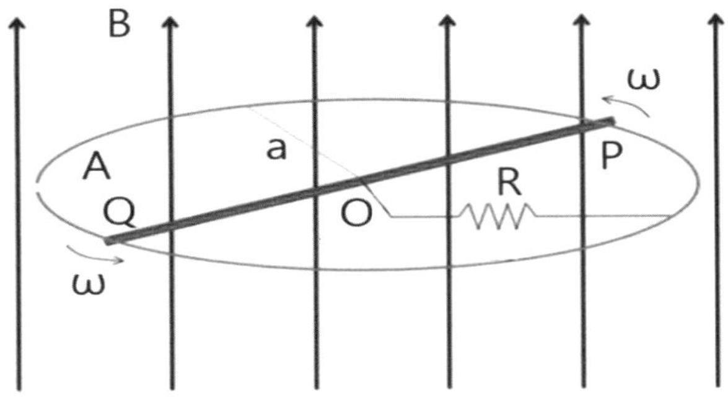

<그림7-6>

(1) OP 사이에 생기는 유도기전력의 크기와 방향은 어떻게 될까?

금속 막대 OP가 Δt 동안 지나는 면적(ΔA)은

$$\Delta A = \pi a^2 \frac{\theta}{2\pi} = \pi a^2 \frac{\omega \Delta t}{2\pi} = \frac{1}{2} a^2 \omega \Delta t \ (\theta:\ \Delta t\text{초 동안 회전한 각})$$

이므로, 자속변화는

$$\Delta \Phi = B \Delta A = \frac{1}{2} B a^2 \omega \Delta t$$

이다.

따라서 패러데이의 전자기 유도 법칙에 의해 OP에 생기는 유도기전력의 세기 V는

$$V = \left| -\frac{\Delta \Phi}{\Delta t} \right| = \frac{1}{2} B a^2 \omega$$

이다. 이 때, 유도기전력의 방향은 렌츠의 법칙에 의해 $O \rightarrow P$ 방향이다.

(2) 저항 R에 흐르는 전류의 크기와 방향은 어떻게 될까?

저항 R에 흐르는 전류를 i라 하면 저항이 r인 금속 막대의 OQ와 OP에서 각각 V의 유도기전력이 발생하고, $\frac{i}{2}$의 전류가 흐른다. 이는 다음과 같은 회로로 표현할 수 있다.

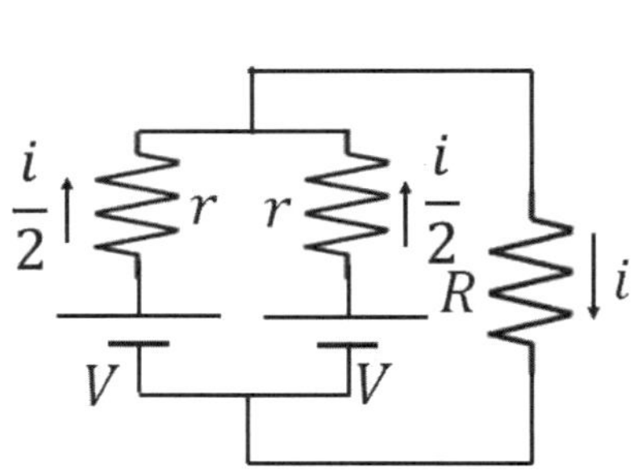

앞의 회로에서 $V=\frac{i}{2}r+iR$ ($V=\frac{1}{2}Ba^2\omega$)이고

$$i=\frac{2V}{r+2R}=\frac{Ba^2\omega}{r+2R} \quad \cdots\cdots\cdots\cdots \langle 식7\text{-}8\rangle$$

이다. 〈식7-8〉을 통해보면 전류 i는 각속도 ω에 비례하고 이 때, 유도 전류의 방향은 원형도선→O 방향이다.

(3) 금속 막대 OP부분이 자기장 속에서 받는 힘의 크기와 방향은 어떻게 될까?

길이가 a인 금속 막대의 OP에는 전류 $\frac{i}{2}$가 흐르고 균일한 자기장 B 속에 있으므로 자기력(F_B)은 $F_B=BIl=B\frac{i}{2}a$에서

$$F_B=\frac{i}{2}Ba=\frac{B^2a^3\omega}{2(r+2R)}$$

이다. 이 때, 힘의 방향은 OP의 운동 방향과 반대 방향이다.

2. 자기장 B와 면적 A가 함께 변하는 경우

〈그림7-7〉처럼 직선 도선에 일정한 전류 I가 흐르고 있고, 그 주변에 저항이 없는 ㄷ자 모양의 도선이 놓여 있다. ㄷ자 도선 위에 질량 M, 저항 R인 금속 막대가 움직인다.(단, 중력가속도는 g이고, 모든 마찰은 무시한다.)

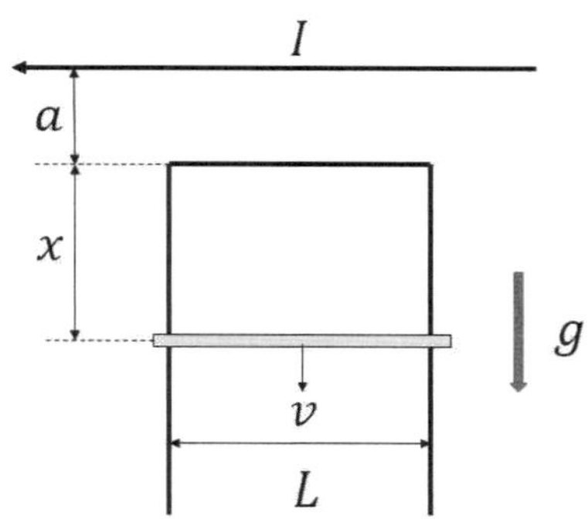

〈그림7-7〉

가. 막대가 ㄷ자 도선의 위쪽으로부터 x만큼 떨어진 곳을 지나는 순간에 ㄷ자 도선과 금속 막대에 의해 만들어지는 폐회로에 대해 자속은 어떻게 될까?

직선 도선에 의한 자기장의 세기는 $B=k\frac{I}{y}$(k는 상수)로 쓸 수 있고 자기장 B와 면적 A가 도선으로 부터의 거리 y에 따라 계속 변하므로 자속 Φ는 다음 적분을 통해 구할 수 있다. 이때 적분

구간은 $y=a$에서 $y=a+x$ $(dy=dx)$까지가 된다.

$$\Phi=\int BdA=\int_{a}^{a+x} k\frac{I}{y}Ldy=kIL[\ln y]_{a}^{a+x}=kIL[\ln(a+x)-\ln a]$$

$$\Phi=kIL\ln\frac{a+x}{a}=kIL\ln(1+\frac{x}{a}) \quad \cdots\cdots\cdots\cdots \langle 식7\text{-}9\rangle$$

가 된다.

나. 막대를 일정한 속력 v로 움직이게 하였을 때, 막대가 ㄷ자 도선의 위쪽 끝으로부터 x만큼 떨어진 곳을 지나는 순간 막대에 유도되는 전류의 방향과 세기는 어떻게 될까?

유도기전력은 $V=-N\frac{d\Phi}{dt}$이므로 일정한 속력 v로 움직이는 도선에 의해 만들어지는 유도기전력의 크기는 <식7-9>를 미분하는 것과 같으므로

$$V=-\frac{d\Phi}{dt}=-k\frac{IL}{(a+x)}\frac{dx}{dt}=-k\frac{IL}{(a+x)}v \quad \cdots\cdots\cdots\cdots \langle 식7\text{-}10\rangle$$

이다. <식7-10>에서 $v=\frac{dx}{dt}$이다.

유도 전류는 $I_{유도}=\frac{V}{R}$이므로 유도 전류의 크기는

$$I_{유도}=\frac{V}{R}=k\frac{IL}{(a+x)}\frac{v}{R}$$

이고, 방향은 왼쪽이다.

다. 막대를 일정한 속력 v로 움직이게 하기 위해 가해 주어야 하는 외력은 얼마나 될까?

일정한 속력 v로 움직이기 위해서는 도체 막대에 작용하는 알짜힘이 0이어야 한다. 도체 막대에 작용하는 알짜힘은

$$Mg=F_{자기력}+F_{외력}$$

$$F_{외력}=Mg-F_{자기력}$$

이다.

유도 전류가 흐르는 금속 도선에는 위쪽 방향으로 작용하는 자기력의 크기는

$$F_{자기력}=BI_{유도}L=k\frac{I}{(a+x)}(k\frac{IL}{(a+x)}\frac{v}{R})L=(\frac{kIL}{a+x})^2\frac{v}{R}(\text{방향 : 위쪽 방향})$$

이다.

따라서 일정한 속력 v로 움직이기 위해서 가해야 하는 외력은

$$F_{외력} = Mg - (\frac{kIL}{a+x})^2 \frac{v}{R}$$

이다.

3. 자주 접할 수 있는 문제1

<그림7-8>은 자기장 세기가 B로 균일하고 지면을 뚫고 들어가는 자기장 속으로 한 변의 길이가 l이고, 질량이 m인 정사각형 도선이 들어가는 모습을 나타낸 것이다.(단, 도선의 단면적은 s, 비저항은 ρ이고, 도선에 발생하는 자체유도의 영향은 무시한다.)

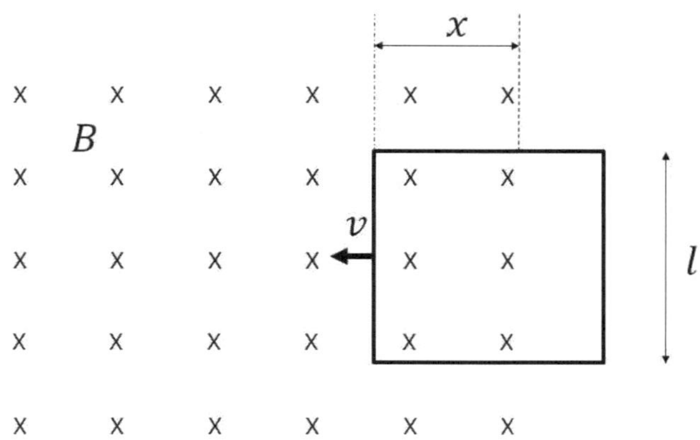

<그림7-8>

가. 도선이 일정한 속력 v로 자기장 속으로 들어올 때, 도선에 발생하는 유도기전력, 유도전류의 세기와 방향은 어떻게 될까?

세기가 B로 균일한 자기장 속으로 정사각형 도선이 일정한 속력 v로 들어갈 때, 도선의 시간에 따른 자속의 변화로 인해 도선에는 유도기전력이 발생한다.

패러데이 법칙에 의해 발생하는 기전력은

$$V = -N\frac{d\phi}{dt} = -Blv$$

이다.

유도 전류는 $I = \frac{V}{R}$이고, 정사각형 도선의 저항 $R = \rho\frac{4l}{s}$이므로, 유도 전류의 세기는

$$I = \frac{V}{R} = \frac{Blv}{\rho(4l/s)} = \frac{Bvs}{4\rho} \quad \cdots\cdots\cdots\cdots \langle 식7\text{-}11 \rangle$$

이다.

유도 전류는 자속의 변화를 방해하는 방향(렌츠의 법칙)으로 흐르므로, 도선에는 반시계 방향으로 유도 전류가 발생한다.

나. 자기장 내에서 도선이 일정한 속력 v로 운동하기 위한 외력의 방향과 크기는 어떻게 될까?

도선에 유도 전류가 흐르면 외부 자기장 B속에 들어 있는 도선은 전자기력 $F = BIl$을 받게 된다.

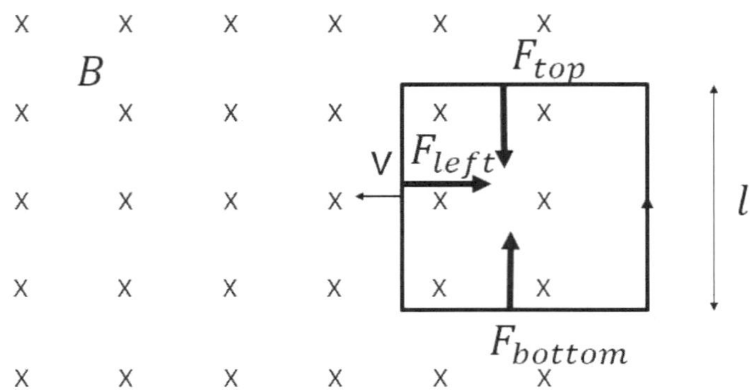

<그림7-9>

이 때 <그림7-9>에서 보이는 것과 같이 도선 위 아래에 작용하는 자기력은 $\vec{F}_{top} = -\vec{F}_{bottom}$이고, 이들 힘은 상쇄되고 도선이 받는 힘은 F_{left}이다. 유도 전류가 반시계 방향으로 흐르므로, 도선의 왼쪽은 도선이 움직이는 방향과 반대 방향(오른쪽)으로 <식7-11>을 사용하면 다음과 같은 힘

$$\vec{F}_{left} = -BIl = -B\left(\frac{Bsv}{4\rho}\right)l = -\frac{B^2 svl}{4\rho}$$

을 받는다. 따라서 도선이 등속도 운동하기 위해서는 F_{left}와 크기는 같고 방향이 반대인 $F_{외력} = \frac{B^2 svl}{4\rho}$(왼쪽)을 도선에 가해야 한다.

4. 자주 접할 수 있는 문제2

<그림7-10>과 같이 기전력(전압)이 E이고 저항과 마찰이 없는 고정된 ㄷ자형 도체 레일 위에 길이가 l, 질량이 m, 저항이 R인 도체 막대가 걸려 있다. 균일한 자기장 B가 레일과 막대가 이루는 평면에 수직으로 형성되어 있다. 처음 순간은 막대가 움직이지 못하도록 손으로 잡고 있다.(단, 도체 막대는 구르지 않고 미끄러져 움직인다. ㄷ자형 도체 레일은 무한히 길다. 손으로 잡고 있는 동안 회로에 흐르는 전류 $I = \frac{E}{R}$이다)

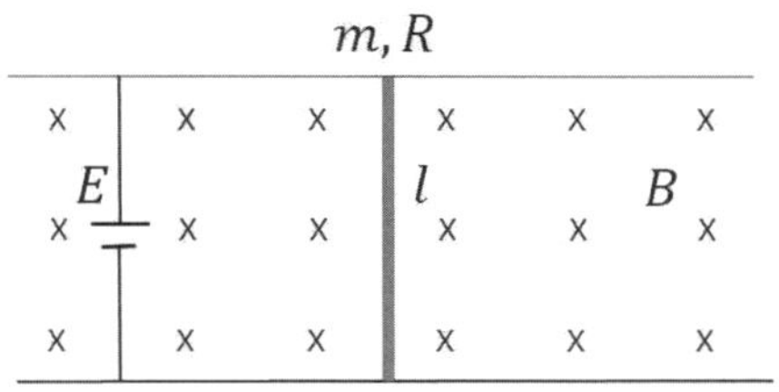

<그림7-10>

가. 잡고 있던 손을 놓았을 때, 일정 시간이 경과한 t초 일 때의 속력을 v라고 할 때 그 때의 전체 기전력, 전류(I), 도체 막대가 받는 힘(F), 도체 막대의 종단속도(v_t)는 어떻게 될까?

전체기전력은 전원 장치의 기전력 E(+)와 유도기전력 Blv의 합이 된다. 유도기전력은 E와 반대 방향(-)이 되어 전체기전력은

$$E-Blv$$

가 된다.

전류 I는 전체기전력을 저항으로 나눈 값이므로

$$I=\frac{E-Blv}{R}$$

가 되고, 자기장 속에서 전류가 받는 자기력은

$$BIl=B\frac{E-Blv}{R}l$$

이 된다.

종단속도는 가속도(a)가 $a=0$일 때이므로 도체 막대의 운동방정식을 세우면

$F=ma$에서 $BIl=ma$이 되고 $B\dfrac{E-Blv}{R}l=ma$에서 $a=0$ 이면 $v=v_t$가 되므로

$$v_t=\frac{E}{Bl}$$

가 된다.

나. 도체 막대가 종단속도에 도달하기 전까지 도체 막대에 흐르는 전류는 계속 변한다. 이 때 도체 막대에 흐르는 전류는 계속 변하고 있을 때 시간 t일 때의 전류의 세기는 어떻게 될까?

종단속도에 이르기 전까지는 유도기전력은 Blv이고 저항 R에서는 IR만큼의 단자전압이 걸리므로 기전력의 총합은 $E-Blv-IR=0$이 된다.

전류는 v가 변함에 따라 계속 변하는 양이 되고 E만 일정한 값이므로 $E=Blv+IR$로 놓고 양변을 시간에 대해 미분하면

$$\frac{dE}{dt} = Bl\frac{dv}{dt} + R\frac{dI}{dt} \quad \cdots\cdots\cdots\cdots \langle 식7\text{-}12 \rangle$$

이 되고, 식의 좌변 항은 E가 일정하므로 0이 되고 $\frac{dv}{dt} = a$ 이므로

$$Bla + R\frac{dI}{dt} = 0 \quad \cdots\cdots\cdots\cdots \langle 식7\text{-}13 \rangle$$

가 된다.

a는 I와 관련이 있으므로 $BIl = ma$에서 a를 구해 〈식7-13〉에 대입해서 정리하면

$$R\frac{dI}{dt} + B^2l^2\frac{I}{m} = 0 \quad \cdots\cdots\cdots\cdots \langle 식7\text{-}14 \rangle$$

이 된다. 시간 $t=0$일 때의 전류 I_0, t일 때의 전류를 I라고 두고 〈식7-14〉를 적분하면

$$\int_{I_0}^{I} \frac{dI}{I} = \int_0^t -\frac{B^2l^2}{mR}dt$$

이 된다. $t=0$일 때의 전류는 I_0는 $I_0 = \frac{E}{R}$이므로

$$I = \frac{E}{R}\exp\left(-\frac{B^2l^2}{mR}t\right)$$

가 된다.

다. 도체 막대가 종속도에 도달하기 전까지 도체 막대에 흐르는 전류는 계속 변하므로 도체 막대가 받는 힘의 크기도 변한다. 시간t일 때의 도체 막대의 속도는 어떻게 될까?

전류가 흐르는 동안 도체 막대에는 BIl의 힘을 계속 받는다. 어느 시간 t일 때의 막대 속도를 v라고 하고 운동방정식을 세우면 $F=ma$는 $BIl = m\frac{dv}{dt}$가 되고 전류는 v에 따라 계속 변하는 값이 되고 $I = \frac{E-Blv}{R}$이므로 이를 식에 대입하고 정리하면

$$m\frac{dv}{dt} = \frac{BlE - B^2l^2v}{R} \quad \cdots\cdots\cdots\cdots \langle 식7\text{-}15 \rangle$$

가 된다. 〈식7-15〉를 정리해서 시간 $t=0$일 때의 속도 $v=0$, t일 때의 속도를 v라 두고 적분하면

$$\frac{dv}{B^2l^2v - BlE} = -\frac{dt}{mR} \Rightarrow \frac{1}{B^2l^2}\int_0^v \frac{dv}{(v - \frac{E}{Bl})} = -\frac{1}{mR}\int_0^t dt$$

$$v = \frac{E}{Bl}\left[1 - \exp\left(-\frac{B^2l^2}{mR}t\right)\right] \quad \cdots\cdots\cdots\cdots \langle 식7\text{-}16 \rangle$$

가 된다. <식7-16>에서 $t=\infty$일 때 v는 종단속도이고 앞에서 구한 $v_t = \dfrac{E}{Bl}$와 같은 결과를 얻게 된다.

5. 자주 접할 수 있는 문제3

다음 <그림7-11>과 같이 길이 L, 질량 m, 저항 R인 금속 막대가 수평면과 ϕ의 각을 이루는 마찰이 없는 경사진 금속 레일 위에 놓인 모습을 나타낸 것이다. 이 때, 크기가 B인 균일한 자기장이 아래로 향하고 있고 막대가 정지 상태로부터 출발해 레일을 미끄러져 내려간다.(단, 레일의 저항과 모든 마찰은 무시하고, 중력가속도는 g이다.)

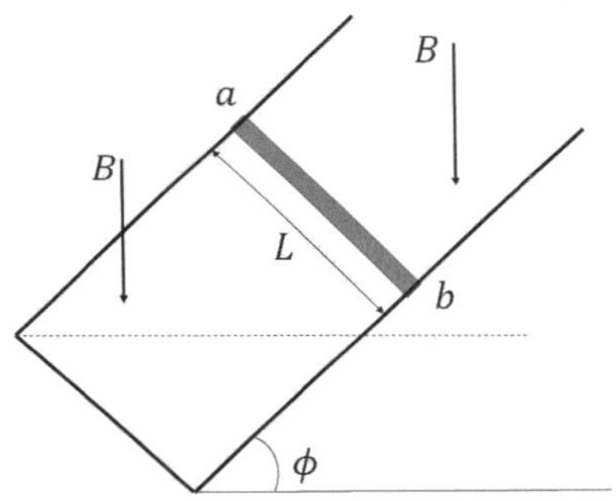

<그림7-11>

가. 막대에 흐르는 유도 전류의 방향은 어떻게 될까?

막대가 미끄러지기 시작하면, 자기력선속이 감소하므로 렌츠의 법칙에 의해 자기력선속을 증가시키는 방향으로 유도 전류가 흐른다. 따라서 막대의 a에서 b쪽으로 유도 전류가 흐른다.

나. 막대의 종단속도 v_t는 어떻게 될까?

막대에 유도 전류가 흐르면 막대는 미끄러져 내려가는 반대 방향으로 자기력을 받게 된다. 이 때, $\Phi_B = BAcos\phi$이고 $dA = vLdt$이므로 자기력의 크기는

$$
\begin{aligned}
F_B &= BIL = \frac{LB}{R}V \\
&= \frac{LB}{R}\frac{d\Phi_B}{dt} = \frac{LB}{R}B\cos\phi\frac{dA}{dt} \\
&= \frac{LB^2}{R}(vL\cos\phi) = vL^2\frac{B^2}{R}\cos\phi
\end{aligned}
$$

이다. 막대가 미끄러져 내려오면서 속력이 증가 할수록 전자기력의 크기도 증가하므로 최종적으로 자기력과 중력의 수평 성분인 $mg\tan\phi$가 서로 평형(중력의 빗면 방향 성분과 자기력의 빗면 방향 성분이 평형)을 이루게 되면, 막대는 등속도로 운동하므로

$$mg\tan\phi = \frac{vL^2B^2}{R}\cos\phi$$

가 되고, 막대는 종단속도 v_t에 도달하게 되므로

$$v_t = R\frac{mg\tan\phi}{L^2B^2\cos\phi} \quad \cdots\cdots\cdots\cdots \langle 식7\text{-}17\rangle$$

가 된다.

다. 종단속도 v_t에 도달했을 때 막대에 흐르는 유도 전류의 크기는 어떻게 될까?

종단속도 v_t에 도달했을 때, 유도기전력은 다음과 같다.

$$V = -\frac{d\Phi_B}{dt} = -Bv_tL\cos\phi$$

따라서 유도 전류의 세기는 $I = \frac{|V|}{R}$식을 사용하면

$$I = \frac{|V|}{R} = \frac{B}{R}v_tL\cos\phi = \frac{mg\tan\phi}{LB}$$

가 된다.

라. 종단속도 v_t에 도달한 후 중력이 단위 시간 동안 막대에 한 일은 어떻게 될까?

막대에 단위 시간 동안 중력이 한 일(P_g)은 $P = \frac{dW}{dt} = \vec{F}\bullet\vec{v}$이므로

$$P_g = Fv_t\cos(\frac{\pi}{2}-\phi) = mg(R\frac{\text{mg}\tan\phi}{L^2B^2\cos\phi})\sin\phi$$ 이고 식을 정리하면

$$P_g = R\frac{m^2g^2\tan^2\phi}{L^2B^2} \quad \cdots\cdots\cdots\cdots \langle 식7\text{-}18\rangle$$

가 된다.

마. 종단속도 v_t에 도달한 후 막대의 저항에서 단위 시간 동안 발생하는 열에너지를 계산하고, 발생하는 열에너지의 근원은 무엇인가?

저항 R에서 단위 시간 동안 발생하는 열에너지는 단위 시간 동안 소비되는 전기에너지와 같으므로

$$P = I^2 R = R\frac{\mathrm{m}^2\mathrm{g}^2\tan^2\phi}{L^2 B^2} \quad \cdots\cdots\cdots\cdots\langle 식7\text{-}19\rangle$$

가 된다.

〈식7-18〉과 〈식7-19〉의 결과와 비교했을 때, ‘중력이 단위 시간 동안 한 일=단위 시간 동안 소비되는 전기에너지’이므로 저항에 발생하는 열에너지의 근원이 역학적에너지임을 확인할 수 있다.

8장_코일과 축전기에 흐르는 전류

코일과 축전기에 직류 전원이 연결될 경우 전류가 어떻게 흐르는지 알아보자. 회로에 전원을 연결할 경우 혹은 연결된 전원을 제거할 경우 축전기와 코일에 흐르는 전류는 어떤 형태의 전류가 흐르는지 수학적으로 표현해보고 시간에 따른 전류 그래프를 그려보자.

먼저 키리히호프 법칙(Kirchhoff' s law)을 알아보자. 이 법칙은 1849년에 발표된 것으로 정상전류가 임의의 복잡한 회로에 흐를 때 흐르는 전류를 구하는 경우에 사용되며, 전류에 관한 제1법칙과 전압에 관한 제2법칙이 있다. 이 두 법칙을 수식으로 나타낸 연립방정식의 해로 전류를 구할 수 있다.

제1법칙은 접합점 법칙 또는 전류 법칙이라고 한다. 회로 내의 한 점에서 흘러들어오거나(+) 흘러나가는(-) 전류를 음양의 부호를 붙여 구별하면, 들어오고 나가는 전류의 총계는 0이 됨을 말하며 전하가 접합점에서 저절로 생기거나 없어지지 않는다는 전하보존법칙을 의미한다.

제2법칙은 폐회로 법칙, 고리 법칙 또는 전압 법칙이라고 하며 임의의 닫힌회로(폐회로)에서 회로 내의 모든 전위차의 합은 0임을 의미한다. 임의의 폐회로를 따라 한 바퀴 돌 때 그 회로의 기전력의 총합은 각 저항에 의한 전압 강하의 총합과 같다는 것이며 회로의 도는 방향(시계 방향 또는 반시계 방향)을 정하고 그 방향으로 돌아가는 기전력 E와 전압 강하 IR의 부호를 정한다.

1. 코일에 흐르는 전류 변화

<그림8-1>의 (가)와 같이 코일이 연결된 회로에 전원 스위치를 연결하거나 제거할 경우 전류의 변화가 (나)에 나타나 있다. 어떻게 (나)와 같은 그래프가 나타나는지 알아보자.

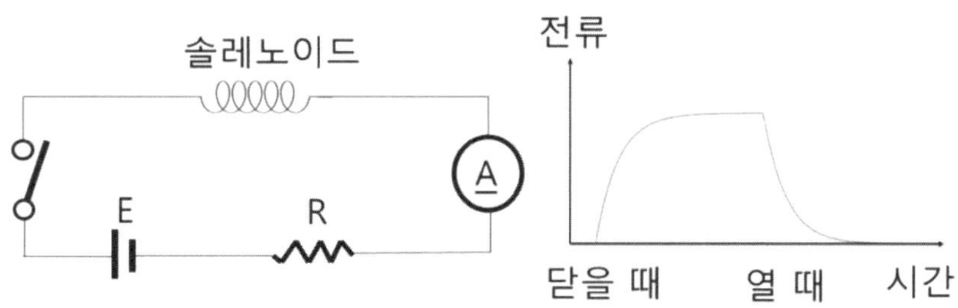

(가)코일이 포함된 회로 (나)코일에 흐르는 전류

<그림8-1>

먼저 스위치를 닫을 때, E는 기전력, L(단위: H(헨리))은 자체 인덕턴스, V_R은 저항에 걸리는 전압, V_L은 코일에 걸리는 전압이라 할 때 키리히호프 법칙에 의해

$$E - V_R - V_L = 0 \quad \cdots\cdots\cdots\cdots\text{<식8-1>}$$

이 된다. 여기서 $V_R = IR$이고 코일에서 발생하는 유도기전력은 V_L은 전류에 의해 코일 자체의 자기력선속이 변하므로 $V_L = N\frac{d\Phi}{dt} = N\frac{d\Phi}{dI}\frac{dI}{dt} = L\frac{dI}{dt}$가 되어 <식8-1>을 전류가 포함된 식으로 표현하면

$$E = IR + L\frac{dI}{dt} \quad \cdots\cdots\cdots\cdots\text{<식8-2>}$$

가 된다. 전류 I를 구하기 위해 $t=0$일 때 $I=0$, t초일 때 전류를 I라고 하면 <식8-2>의 적분은

$$\int_0^I \frac{1}{I - \frac{E}{R}} dI = \int_0^t -\frac{R}{L} dt \quad \cdots\cdots\cdots\cdots\text{<식8-3>}$$

가 되고, $[\ln(I - \frac{E}{R})]_0^I = [-\frac{R}{L}t]_0^t$의 식을 정리하면

$$I = \frac{E}{R}(1 - e^{-\frac{R}{L}t}) \quad \cdots\cdots\cdots\cdots\text{<식8-4>}$$

가 된다. <식8-4>를 그래프로 나타내면 <그림8-2>와 같이 된다.

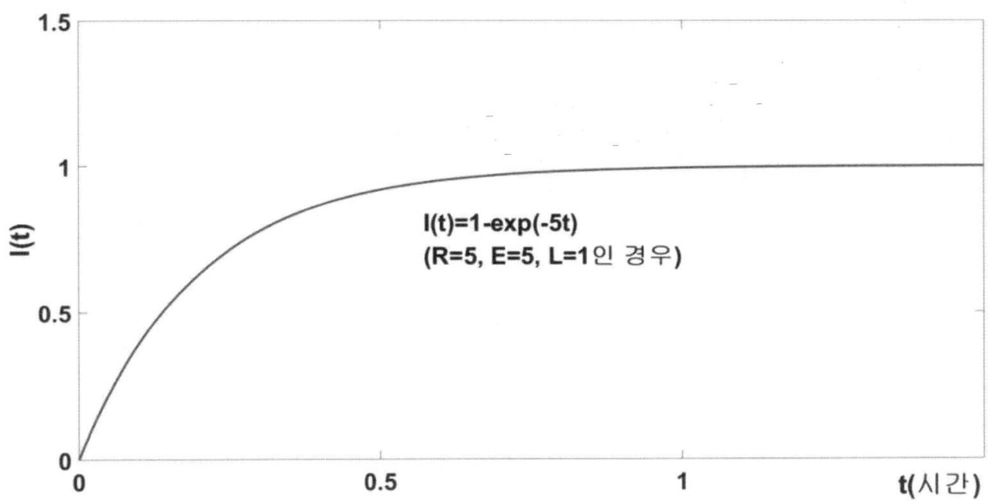

<그림8-2>

<그림8-2>를 보면 코일은 처음 저항값을 가지다가 시간이 지나면 저항값이 0이 됨을 알 수 있다.

$t \to \infty$이면 회로에 흐르는 전류는 <식8-4>에서 $I = \frac{E}{R}$가 된다.

다음으로 스위치를 열 때의 상황을 알아보자. 먼저 $E=0$이 되므로 <식8-2>는

$$0 = IR + L\frac{dI}{dt} \quad \cdots\cdots\cdots\cdots \text{<식8-5>}$$

가 되며, 전류 I를 구하기 위해 $t=0$일 때 $I_0 = \frac{E}{R}$, t초일 때 전류를 I라고 하면 <식8-5>의 적분은

$$\int_{I_0}^{I} \frac{1}{I} dI = \int_{0}^{t} -\frac{R}{L} dt \quad \cdots\cdots\cdots\cdots \text{<식8-6>}$$

가 되고, $[\ln I]_{I_0}^{I} = [-\frac{R}{L}t]_0^t$의 식을 정리하여 표현하면

$$I = \frac{E}{R}(e^{-\frac{R}{L}t}) \quad \cdots\cdots\cdots\cdots \text{<식8-7>}$$

가 된다. <식8-7>를 그래프로 나타내면 <그림8-3>과 같이 된다.

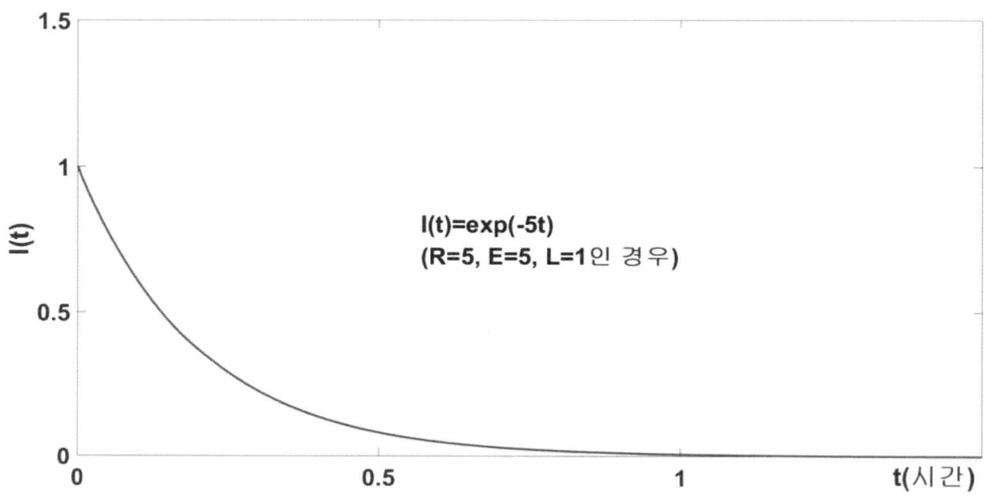

<그림8-3>

<그림8-3> 그래프를 보면 전원 장치의 기전력 E가 0이 되어도 회로에는 전류가 흐르고 있음을 알 수 있는데 이는 코일에 의한 유도기전력이 형성되었기 때문이다.

$t \to \infty$이면 회로에 흐르는 전류는 <식8-7>에서 $I=0$이 된다.

스위치를 열고 닫을 때의 전류 그래프를 <그림8-2>와 <그림8-3>의 그래프를 이용하여 함께 나타내면 다음 <그림8-4>가 된다.

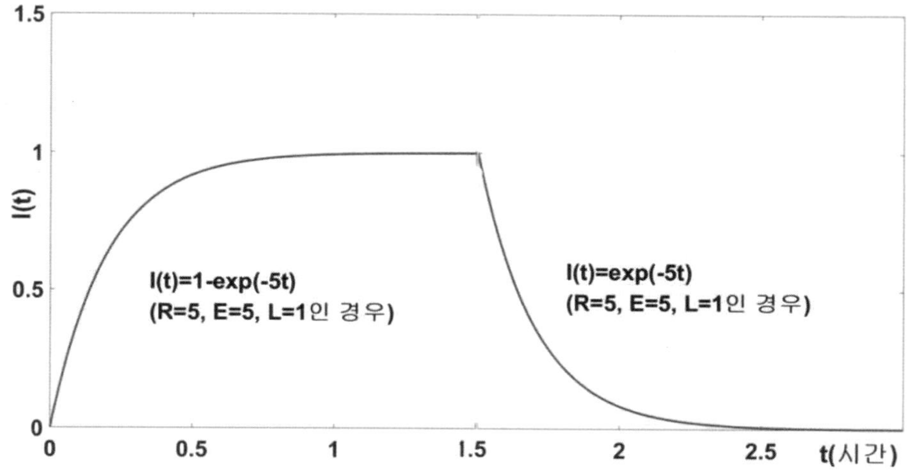

〈그림8-4〉

스위치를 닫는 순간 코일에 흐르는 전류의 세기는 곧 $\frac{E}{R}$가 되지 않고 충분한 시간이 지나서야 $I=\frac{E}{R}$에 도달한다. 시간이 걸리는 이유는 렌츠 법칙에 따라 코일에 흐르는 전류와 반대 방향으로 기전력이 유도되기 때문이다. 또한, 스위치를 여는 순간 코일에 흐르는 전류가 곧 0이 되지 않고 약간의 시간이 흐른 뒤에 0이 되는 이유는 렌츠 법칙에 따라 원래의 기전력과 같은 방향으로 기전력이 유도되기 때문이다. 이때 발생하는 기전력은 매우 크다. 그 이유는 순간적으로 급격하게 전류의 변화가 일어나므로 시간에 대한 자기선속의 변화율이 크기 때문이다.

2. 축전기에 흐르는 전류 변화

〈그림8-5〉와 같이 축전기가 연결된 회로에 전원 스위치를 연결하거나 제거할 경우 전류의 변화는 어떻게 나타나는지 알아보자

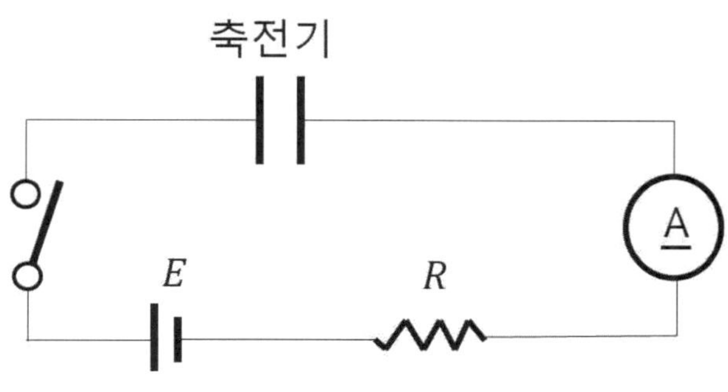

〈그림8-5〉

먼저 스위치를 닫을 때, E는 기전력, C는 전기용량, V_R은 저항에 걸리는 전압, V_C은 축전기에 걸리는 전압이라 할 때 키리히호프 법칙에 의해

$$E - V_R - V_C = 0 \quad \cdots\cdots\cdots\cdots \text{<식8-8>}$$

이 된다. $q = CV_C(Q:$ 축전기의 최대 전하량$)$, $I = \frac{dq}{dt}$를 이용하여 <식8-8>을 전류가 포함된 식으로 표현하면

$$E = IR + \frac{q}{C} = \frac{dq}{dt}R + \frac{q}{C} \quad \cdots\cdots\cdots\cdots \text{<식8-9>}$$

가 된다. 전하량 q를 구하기 위해 $t=0$일 때 전하량 $q=0$, t초일 때 전하량을 q라고 하면 <식8-9>의 적분은

$$\int_0^q \frac{1}{q - CE} dq = \int_0^t -\frac{1}{RC} dt \quad \cdots\cdots\cdots\cdots \text{<식8-10>}$$

가 되고, $[\ln(q - CE)]_0^q = [-\frac{1}{RC}t]_0^t$의 식을 정리하여 표현하면

$$q = CE(1 - e^{-\frac{1}{RC}t}) \quad \cdots\cdots\cdots\cdots \text{<식8-11>}$$

가 된다. <식8-11>을 그래프로 나타내면 <그림8-6>과 같이 된다.

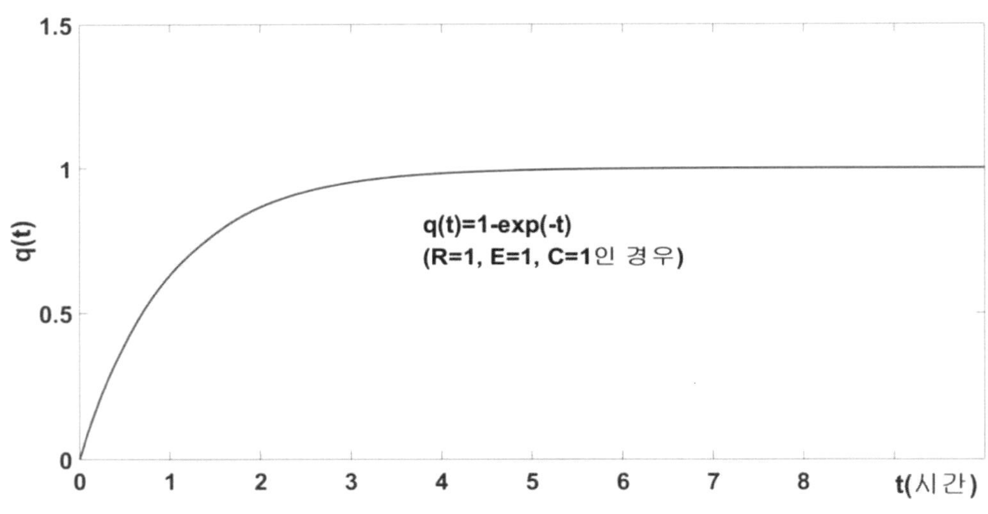

<그림8-6>

축전기에 저장되는 최대 전하량 Q는 <식8-11>에서 $t = \infty$일 때이므로 $Q = CE$가 된다.

축전기에 저장되는 전하량이 시간에 따라 <식8-11>처럼 변하는 동안 전류는 $I = \frac{dq}{dt}$를 사용하여

<식8-11>을 미분하면

$$I = \frac{dq}{dt} = \frac{E}{R} e^{-\frac{1}{RC}t} \quad \cdots\cdots\cdots\cdots \text{<식8-12>}$$

가 된다. <식8-12>를 그래프로 나타내면 <그림8-7>과 같이 된다.

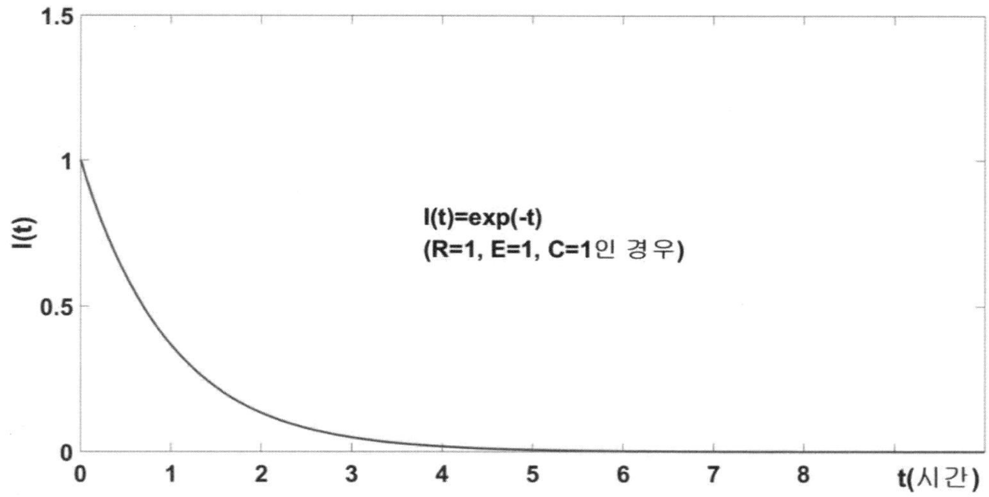

<그림8-7>

<그림8-7>을 보면 시간 $t = \infty$일 때 회로에는 전류가 더 이상 흐르지 않게 된다.

9장_관성력

보통 무중력 상태는 용어 자체 그대로 중력이 없는 상태라는 것으로 이해될 수도 있는데 이는 주변에 질량을 가진 천체가 없어 중력이 거의 없는 경우이다. 하지만 우리가 살아가는 일상 속에서도 관성력으로 인한 무중력과 비슷한 상황이 생긴다.

1. 엘리베이터 운동

〈그림9-1〉과 같이 엘리베이터가 상승하는 경우(가)와 하강하는 경우(나)일 때 사람이 느끼는 힘의 크기는 다르다.

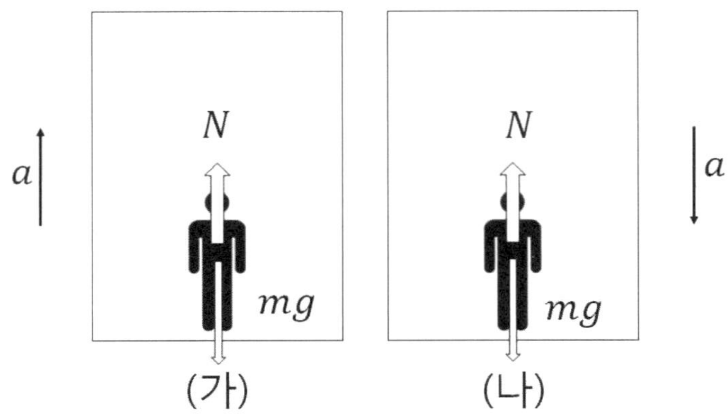

〈그림9-1〉

(가)의 경우 수직항력 방향을 +방향으로 하여 사람에 작용하는 힘들의 운동 방정식을 세워보면

$$F = ma$$

이다. $F = N - mg$이므로 식은

$$N - mg = ma \Rightarrow N = mg + ma \quad \cdots\cdots\cdots\cdots〈식9\text{-}1〉$$

가 되어 사람이 느끼는 중력의 크기는 ma만큼 증가한다.

(나)의 경우는 중력 방향을 +방향으로 하여 사람에 작용하는 힘들의 운동 방정식을 세워보면

$$mg - N = ma \Rightarrow N = mg - ma \quad \cdots\cdots\cdots\cdots〈식9\text{-}2〉$$

가 되어 사람이 느끼는 중력의 크기는 ma만큼 줄어든다.

〈식 9-2〉에서 가속도 a가 중력가속도 g(자유 낙하 운동)이면 $N = 0$이 되어 엘리베이터 속의 사람은 중력을 느끼지 못하는 무중력 상태가 된다.

〈식9-1〉, 〈식9-2〉에서처럼 가속도 운동하는 계에 있는 물체에 가속도 방향과 반대방향으로 작용하는 힘이 관성력이 되고 크기는 ma가 된다.

2. 자유 낙하 운동

<그림9-2>처럼 무동력 운동하는 비행기 속에서는 비행기 안의 사람은 가속도와 반대 방향의 관성력으로 인한 무중력 상태를 경험한다.

<그림9-2>

(가)는 비행기 속의 사람들이 무중력 상태에서 작업하는 모습을 (나)는 스티븐 호킹 박사가 무중력 상태를 경험하는 모습을 나타낸 것이다.

그러면 다음 문제를 통해 무중력 상태를 좀 더 조사해 보자.

<그림9-3>처럼 비행사를 훈련시키는 방법으로 수평 비행하던 비행기가 지상 4000m상공(점 P)에서 30°의 상승 각도로 들어서자마자 엔진을 끄고 지상 1500m 상공(점 Q)까지 포물선을 그리며 무동력 운동을 한다.

P점에서 비행기의 속력은 400m/s이다. 비행기의 엔진을 정지시켜 무동력으로 운동하는 비행기에 탄 사람은 몇 초 동안 무중력 상태를 경험할까?(단, 중력가속도는 $g = 10\text{m/s}^2$, 비행 중 양력과 공기 저항력은 무시한다.)

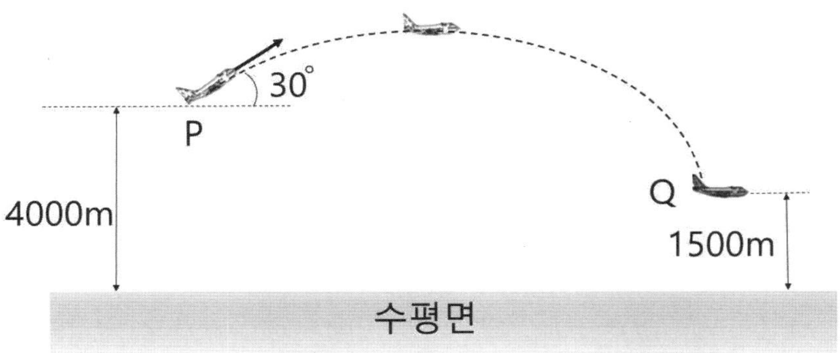

<그림9-3>

비행기는 중력 방향으로 가속도 $a = g$로 등가속도 운동을 하므로 변위 $S(t)$는

$$S(t) = v_0 t + \frac{1}{2}at^2$$

이고, 중력 방향의 처음 속도는 $v_{0y} = v_0 \sin\theta = 400\sin 30^\circ = 200\mathrm{m/s}$와 변위 $S = 2500m$를 사용하면

$$2500 = -200t + \frac{1}{2}10t^2 \quad \cdots\cdots\cdots\cdots \langle 식9\text{-}3 \rangle$$

이고, t에 대한 이차방정식을 풀면 $t = 50s$가 된다. 비행기가 점 P에서 점 Q까지 비행하는 동안 50초가량 무중력 상태를 경험 한다.

3. 원운동

<그림 9-4>처럼 자동차가 빗면을 내려와 원형 궤도를 한 바퀴 돈 후 수평 궤도를 따라 운동할 때 A점과 C점에서의 자동차가 받는 힘의 크기를 계산해 보자

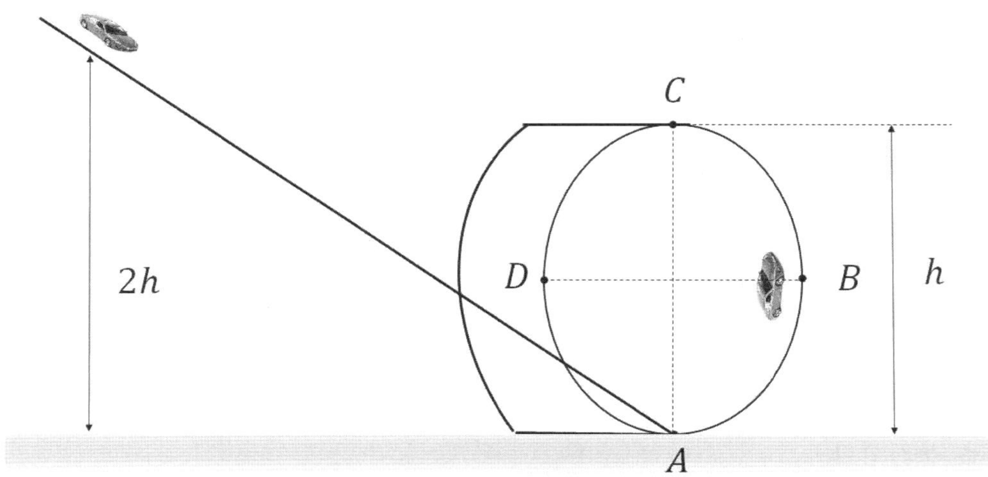

<그림 9-4>

그림처럼 수평면으로부터 높이가 $2h$인 곳에서 질량 m인 자동차가 가만히 미끄러져 지름 h인 원운동을 한다고 가정하면(모든 마찰과 공기 저항력은 무시한다) A점과 C점에서의 자동차에 대한 운동 방정식을 세워보면 각각

$$A점 : N_A - mg = ma_A,\ C점 : N_C + mg = ma_C \quad \cdots\cdots\cdots\cdots \langle 식9\text{-}4 \rangle$$

가 된다. 원운동에서 가속도 a는 $\frac{v^2}{r}$이므로

$$A점 : N_A - mg = m\frac{v_A^2}{r},\ C점 : N_C + mg = m\frac{v_C^2}{r} \quad \cdots\cdots\cdots\cdots \langle 식9\text{-}5 \rangle$$

로도 표현된다. 여기서 A점, C점에서의 자동차의 속력은 v_A, v_C이다.

A점, C점에서의 역학적 에너지 보존 법칙을 사용하면

$$A\text{점}:\ mg2h = \frac{1}{2}mv_A^2$$

$$C\text{점}:\ mg2h = mgh + \frac{1}{2}mv_C^2$$

이고, 두 식에서 $v_A^2 = 4gh, v_C^2 = 2gh$가 성립한다. 이를 <식 9-5>에 대입하면

$$N_A = mg + m\left(\frac{4gh}{\frac{h}{2}}\right) = 9mg,\ N_C = -mg + m\left(\frac{2gh}{\frac{h}{2}}\right) = 3mg$$

가 된다. A점에서는 $8mg$, C점에서 $2mg$만큼 자동차 받는 힘의 크기가 증가한다.

4. 큰 배가 바다에서 항해하다가 엔진을 껐다면 관성에 의해 무동력 상태에서도 한동안 앞으로 나아가게 된다. 이 과정에서 물의 저항을 받아 배의 속도가 점점 줄어들게 된다. 물의 저항력(f)은 물체의 속도가 크지 않으면 속도의 크기에 비례한다.

질량이 m인 큰 배가 추진력 $F_{추진력}$로 시간 t에서 속도 v_0로 움직이고 있는 순간 이 배가 엔진을 껐을 때 얼마나 더 나아갈까?

먼저 배에 작용하는 힘들의 운동 방정식을 세우면

$$F = ma$$

이다. 여기서 F는 $F_{추진력} - f(f = kv)$이고 가속도 a는 $a = \frac{dv}{dt}$이므로

$$F_{추진력} - kv = m\frac{dv}{dt}$$

가 된다.

엔진을 정지시킨다는 말은 $F_{추진력} = 0$이므로 식은

$$-kv = m\frac{dv}{dt}$$

가 되며, 이 식은 배에는 배의 운동 방향과 반대 방향의 물의 저항력만이 작용함을 나타내므로 이 식을 정리하면

$$\frac{dv}{dt} = -\frac{k}{m}v \quad \cdots\cdots\cdots\cdots〈식9-6〉$$

가 된다. $v(t)$를 구하기 위해 시간 $t=0$에서 $v=v_0$, t에서 속도를 v라고 두고 〈식9-6〉를 적분하면

$$\int_{v_0}^{v}\frac{dv}{v} = \int_{0}^{t} -\frac{k}{m}dt$$

가 된다.

이때, $\int \frac{f'(x)}{f(x)}dx = ln\,f(x)$를 사용하면 $[lnv]_{v_0}^{v} = \left[-\frac{k}{m}t\right]_0^t$가 되고 이를 풀면

$$ln(v) - ln(v_0) = ln\left(\frac{v}{v_0}\right) = -\frac{k}{m}t$$

$$v(t) = v_0 e^{-\frac{k}{m}t} \quad \cdots\cdots\cdots\cdots〈식9-7〉$$

이다. $t \to \infty$이면 $v=0$가 되고, 〈식9-7〉의 시간-속도 그래프를 그려보면 〈그림9-5〉와 같은 형태가 된다.

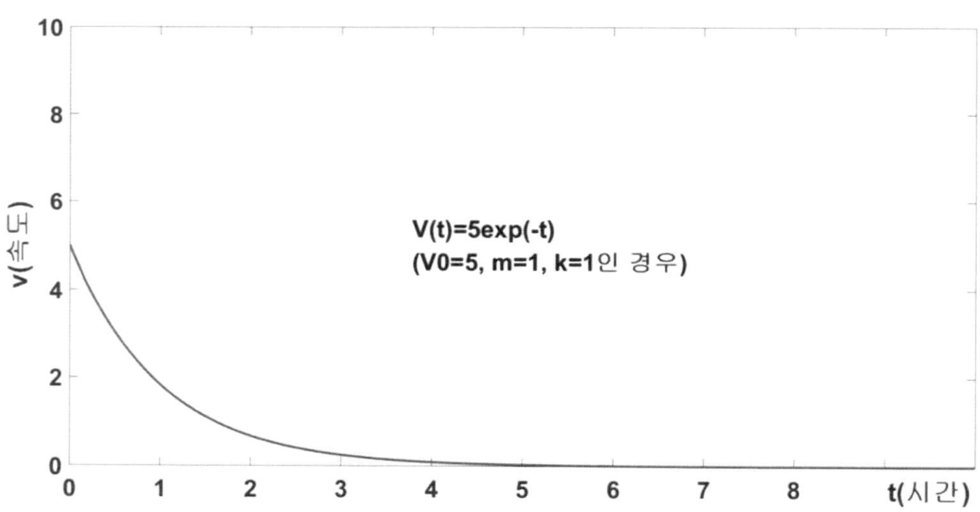

〈그림9-5〉

배가 나아간 거리 $s(t)$를 구하기 위해 <식9-7>을 다시 표현하면

$$v=\frac{ds}{dt}=v_0e^{-\frac{k}{m}t}$$

가 되고, $s(t)$를 구하기 위해 이 식의 양변에 dt를 곱하면

$$ds=v_0e^{-\frac{k}{m}t}dt$$

가 된다. 이 식을 시간 $t=0$에서 $s=0$, t에서 변위를 s라고 두고 적분하면

$$\int_0^s ds=\int_0^t v_0e^{-\frac{k}{m}t}dt$$

이고, 이를 풀면

$$s(t)=v_0[-\frac{m}{k}e^{-\frac{k}{m}t}]_0^t=\frac{mv_0}{k}(1-e^{-\frac{k}{m}t}) \cdots\cdots\cdots\cdots \text{<식9-8>}$$

이다. <식9-8>의 시간- 변위 그래프를 구해보면 <그림9-6>과 같은 형태가 된다.

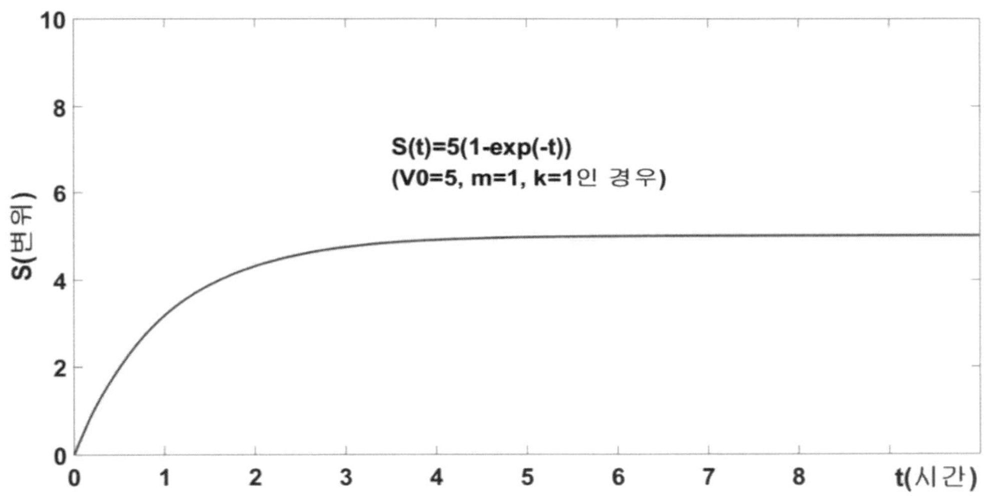

<그림9-6>

시간이 지나면서 변위는 증가하나 증가 폭이 작아지고 결국 정지하게 된다. 최종적으로 진행한 거리는 즉 $t\rightarrow\infty$이면 $s=\frac{mv_0}{k}$가 된다.

10장_압력(P)-부피(V) 그래프에서의 일

<그림10-1>과 같이 피스톤의 단면을 A, 피스톤에 작용된 기체의 압력을 P라고 할 때 피스톤 속 기체가 피스톤에 작용한 힘은 $F=PA$이다. 이때 힘 F에 의해 피스톤은 ΔS만큼 밀려나고 피스톤 내 기체의 부피 변화는 ΔV이다. 이 경우 피스톤이 한 일은

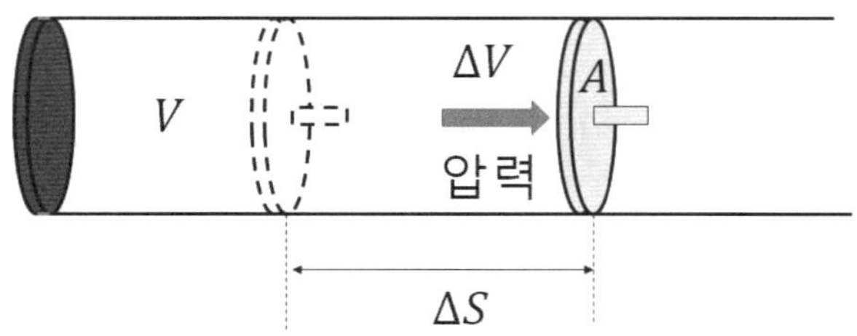

<그림10-1>

$$W=F\Delta S=PA\Delta S=P\Delta V \cdots\cdots\cdots\cdots \text{<식10-1>}$$

가 된다.

압력(P)-부피(V) 그래프는 다음 <그림10-2>처럼 여러 가지가 존재할 수 있다.

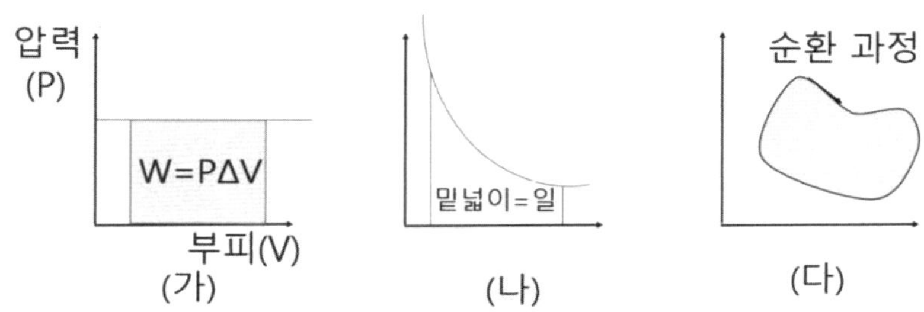

<그림10-2>

(가)는 <식10-1>처럼 압력이 일정한 경우, (나)는 주로 온도가 일정한 경우, (다)는 순환하여 처음 상태로 다시 돌아온 경우의 그래프이다.

다음 <그림10-3>은 비열 비가 $\frac{C_p}{C_v}=\gamma$인(C_p, C_v는 각각 압력이 일정할 때의 정압비열, 부피가 일정할 때의 정적비열) 같은 종류의 단원자 이상기체가 각각 1몰(mol)씩 들어 있는 두 실린더에 대해, 부피 V에 따른 압력 P를 나타낸 것이다.

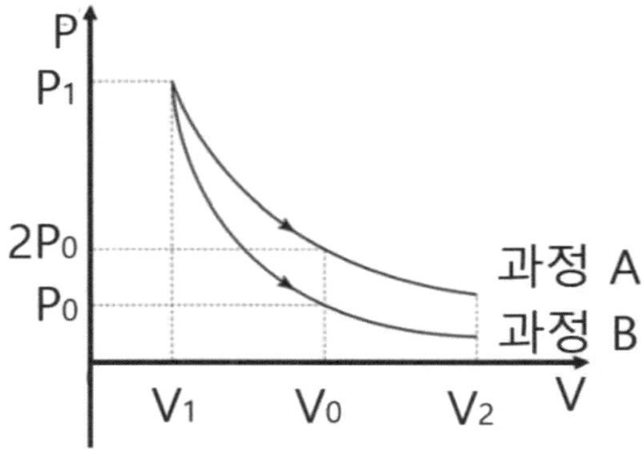

<그림10-3>

1. 등온곡선과 단열곡선 구분하기

기체의 부피가 V_1일 때 압력은 P_1으로 서로 같고, 각 실린더의 기체는 과정 A 혹은 B를 통해 V_1에서 V_2로 증가한다. A와 B 중 하나는 단열 과정이고 다른 하나는 등온과정이다. A, B에서 부피가 V_0일 때, 압력은 각각 $2P_0$, P_0이다.

A가 등온과정, B가 단열 과정이다. 왜냐하면 등온 과정은 $P \propto \frac{1}{V}$이고, 단열 과정은 $P \propto \frac{1}{V^\gamma}$이기 때문이다. 예를 들어 기체의 부피($V$)가 2배가 되는 경우를 가정해 보면 등온과정의 경우 기체의 부피(V)가 2배가 되면 기체의 압력(P)는 $\frac{1}{2}$배가 된다. 하지만 단열 과정은 기체의 부피(V)가 2배가 되면 기체의 압력(P)는 $\frac{1}{2^\gamma}$배로 감소한다. 단원자 이상기체의 경우 γ는 $\frac{5}{3}$이다

($\because$ C_v의경우: $Q = \Delta U + P\Delta V$에서 $\Delta V = 0$이므로 $Q = \Delta U = C_v \cdot n\text{mol} \cdot \Delta \text{T}$에서

$$C_v = \frac{Q}{\Delta T} = \frac{\Delta U}{\Delta T} = \frac{\frac{3}{2}nR\Delta T}{\Delta T} = \frac{3}{2}nR,$$

C_p의 경우: $Q = \Delta U + P\Delta V$에서 $Q = \Delta U = C_p \cdot n\text{mol} \cdot \Delta \text{T}$에서

$$C_p = \frac{Q}{\Delta T} = \frac{\Delta U + P\Delta V}{\Delta T} = \frac{\frac{3}{2}nR\Delta T + nR\Delta T}{\Delta T} = \frac{5}{2}nR\text{이므로 } \frac{C_p}{C_v} = \gamma = \frac{5}{3}\text{이다.)}$$

(Q:기체에 공급된 열, R:기체상수, $U = \frac{3}{2}nRT$:기체의 내부에너지, T:절대온도, n:기체 몰수).

따라서 등온과정과 단열 과정에서 기체의 부피가 동일하게 2배로 늘어났더라도 기체의 압력 변화는 단열 과정이 더 크다.

등온과정에서는 온도를 유지하기 위해 팽창하는 동안 외부에서 열이 유입되기 때문에 압력 감소가 완만하지만, 단열 과정은 외부에서 열이 유입되지 않아 압력 감소가 급하다.

따라서 단열 과정은 등온 과정에 비해 기울기가 더 급한 곡선으로 주어진다.

2. 등온곡선과 단열 곡선에서의 일

<그림10-3>에서 기체의 부피가 V_1에서 V_2로 증가하는 경우 기체가 한 일을 계산해 보자.

<그림10-2>에서 보는 바와 같이 기체가 한 일은 압력(P)-부피(V) 그래프상의 면적에 해당된다.

먼저 A과정(등온 과정) 동안 기체의 온도가 일정하므로 기체가 한 일은 이상기체 상태 방정식$PV=nRT$를 사용하여 다음과 같다.

$$W=\int_{V_1}^{V_2} PdV=\int_{V_1}^{V_2}\frac{nRT}{V}dV=nRT\ln\left(\frac{V_2}{V_1}\right)$$

기체가 1몰이므로

$$W=RT\ln\left(\frac{V_2}{V_1}\right)=P_1V_1\ln\left(\frac{V_2}{V_1}\right)$$

이다.

다음으로 B과정(단열 과정) 동안 기체가 한 일은 외부와의 열 출입이 없고

$PV^{\gamma}=const$를 만족한다.

즉, $P_1V_1^{\gamma}=P_2V_2^{\gamma}=k$(여기서, k는 상수)라 하면, B과정 동안 기체가 한 일은 다음과 같다.

$$W=\int_{V_1}^{V_2} PdV=\int_{V_1}^{V_2}\frac{k}{V^{\gamma}}dV=\frac{k}{(1-\gamma)}(V_2^{1-\gamma}-V_1^{1-\gamma})$$

위 식에서 $k=P_1V_1^{\gamma}$를 대입하면

$$W=\frac{P_1V_1}{(1-\gamma)}\left[\left(\frac{V_1}{V_2}\right)^{\gamma-1}-1\right]$$

이다.

11장_평형판 축전기

<그림11-1>처럼 한 변의 길이가 a인 정사각형 금속 극판 두 장으로 된 평행판 축전기가 진공 중에 놓여 있고, 그 극판 간격은 d이다.

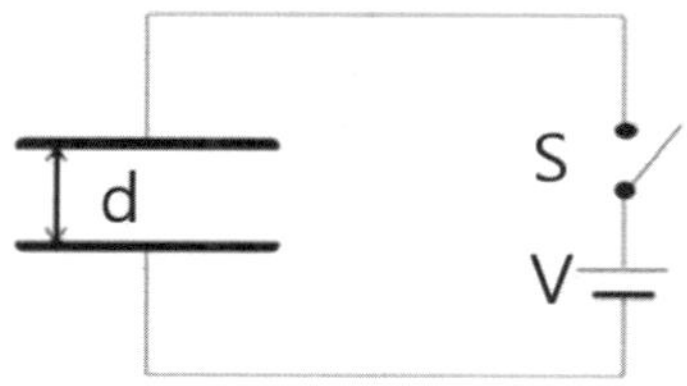

<그림11-1>

이 축전기는 스위치 S를 사이에 두고 전압 V인 전지에 연결되어 있다. 축전기의 전기 용량에 대한 극판 끝의 영향은 무시할 수 있다. 극판 면적이 A이고, 극판 간격이 d인 평행판 축전기의 전기 용량(C)은 다음과 같다.

$$C=\epsilon_0\frac{A}{d} \quad \cdots\cdots\cdots\cdots \langle 식11\text{-}1\rangle$$

여기서, ϵ_0는 진공의 유전율이다.

전기 용량이 C인 평행판 축전기의 두 극판 사이에 전하량 Q가 이동하여 전위차 V가 되는 동안 축전기에 저장된 전기 에너지는

$$U=\frac{1}{2}QV=\frac{1}{2}CV^2=\frac{1}{2}\frac{Q^2}{C} \quad \cdots\cdots\cdots\cdots \langle 식11\text{-}2\rangle$$

이 된다.

1. <그림11-1>에서 스위치 S를 닫고 축전기를 완전히 충전한 다음, 스위치 S를 열었을 때, 충전기 양 극판에 충전된 전하량 Q_0와 축전기에 저장된 전기에너지 U_0는 어떻게 될까?

극판의 형태가 한 변의 길이가 a인 정사각형이므로 극판의 면적 $A=a^2$이다. 따라서 평행판 축전기의 전기용량은 <식11-1>에서 $C=\epsilon_0\frac{a^2}{d}$이다.

축전기에 저장된 전하량은 $Q=CV$의 관계가 있으므로, 완전히 충전되었을 때, 극판에 쌓인 전하량 Q_0는

$$Q_0=CV=\epsilon_0\frac{a^2}{d}V \quad \cdots\cdots\cdots\cdots \langle 식11\text{-}3\rangle$$

이다.

축전기에 저장된 전기에너지는 〈식11-2〉에 의해

$$U_0 = \frac{1}{2}CV^2 = \frac{1}{2}\epsilon_0\frac{a^2}{d}V^2 \quad \cdots\cdots\cdots\cdots \text{〈식11-4〉}$$

가 된다.

2. 〈그림11-1〉에서 스위치 S를 닫아 축전기를 완전히 충전한 후 스위치 S를 열었다. 스위치 S를 연 채로 〈그림11-2〉와 같이 극판과 같은 크기(한 변의 길이가 a인 정사각형)로 두께 d인 유전체(유전율 ϵ)인 판을, 극판과 겹치도록 천천히 x만큼 밀어 넣었다.

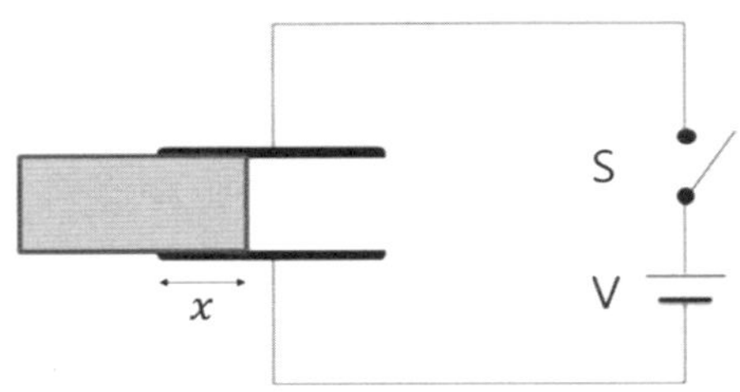

〈그림11-2〉

〈그림11-2〉와 같이 유전체를 극판에 정확하게 겹치도록 천천히 x만큼 밀어 넣었을 때, 축전기의 전기용량 C_t, 축전기의 양 극판 사이의 전위차 V_1과 축전기에 저장된 전기에너지 U_1은 어떻게 될까?

극판에 유전체를 x만큼 밀어 넣었을 때, 두 개의 축전기의 배열은 〈그림11-3〉처럼 된다.

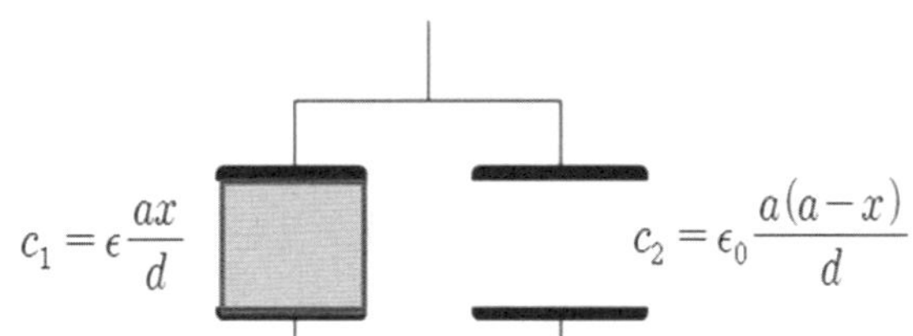

〈그림11-3〉

두 개의 축전기의 병렬연결과 같다. 두 축전기의 병렬연결에서 총 축전기의 전기용량(C_t)은 두 축전기의 전기용량의 합($C_1 + C_2$)과 같으므로 C_t는

$$C_t = C_1 + C_2 = \epsilon\frac{ax}{d} + \epsilon_0\frac{a(a-x)}{d} = \frac{a}{d}[\epsilon_0 a + (\epsilon - \epsilon_0)x] \quad \cdots\cdots\cdots\cdots \langle 식11\text{-}5\rangle$$

이다.

스위치 S를 연 상태이므로, 축전기 전체의 전하량은 <식11-3>처럼 Q_0로 동일하므로 x만큼 유전체를 밀어 넣었을 때, 두 축전기는 병렬연결된 상태이므로 전위차 V_1으로 같으므로 <식11-3>을 사용하면

$$Q_0 = C_t V_1 \quad \cdots\cdots\cdots\cdots \langle 식11\text{-}6\rangle$$

이 되고, <식11-3>과 <식11-5>를 사용하면

$$Q_0 = \epsilon_0\frac{a^2}{d}V = \frac{a}{d}[\epsilon_0 a + (\epsilon - \epsilon_0)x]V_1$$

이 되고, 식을 정리하면

$$V_1 = \frac{\epsilon_0 a}{\epsilon_0 a + (\epsilon - \epsilon_0)x}V \quad \cdots\cdots\cdots\cdots \langle 식11\text{-}7\rangle$$

가 된다. <식11-7>에서 $x = 0$이면 $V_1 = V$가 된다.

축전기에 저장된 전기에너지는 <식11-2>에 의해 $U_1 = \frac{1}{2}Q_0 V_1$으로 표현되고

$Q_0 = \epsilon_0\frac{a^2}{d}V$ 와 <식11-7>를 사용하면

$$U_1 = \frac{1}{2}Q_0 V_1 = \frac{1}{2}\frac{\epsilon_0^2 a^3}{d[\epsilon_0 a + (\epsilon - \epsilon_0)x]}V^2$$

가 된다.

3. <그림11-2>에서 유전체를 x만큼 밀어 넣었을 때, 유전체인 판과 극판이 겹쳐져 있는 부분에 충전된 전하량 Q_1과 겹치지 있지 않은 부분에 충전된 전하량 Q_2의 비 $\frac{Q_1}{Q_2}$는 어떻게 될까?

두 축전기는 병렬연결이므로 각 축전기에 걸리는 전압은 V_1으로 같으므로 $Q_1 = C_1 V_1$과 $Q_2 = C_2 V_1$이 되고 $Q_1 : Q_2 = C_1 : C_2$가 되므로 <그림11-3>의 C_1, C_2의 전기용량을 사용하면

$$\frac{Q_1}{Q_2} = \frac{\epsilon\frac{ax}{d}}{\frac{\epsilon_0 a(a-x)}{d}} = \frac{\epsilon x}{\epsilon_0(a-x)}$$

가 된다.

4. <그림11-4>처럼 스위치 S를 닫고, 충전기를 충분히 충전한 후 스위치 S를 닫은 채로 유전체를 천천히 x 만큼 밀어 넣었을 때, 유전체를 넣는 동안 전지에서 축전기에 공급된 에너지 W는 어떻게 될까?

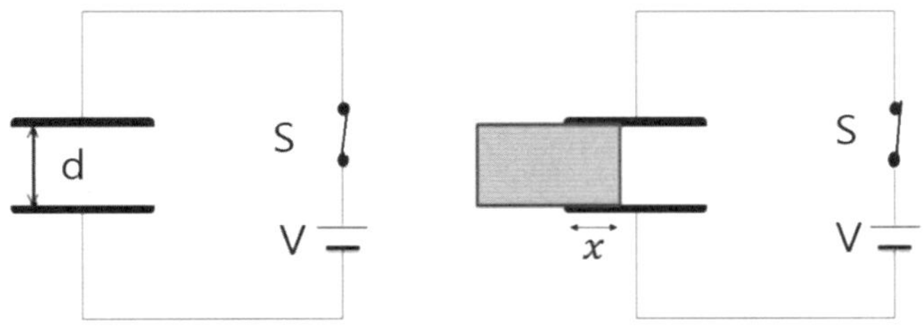

<그림11-4>

유전체를 밀어 넣기 전에 전기 용량 $C=\epsilon_0 \frac{a^2}{d}$이고, 유전체를 x만큼 밀어 넣었을 때, 전기 용량은 <식11-5> C_t와 같다. 하지만, 전지가 연결된 상태이므로 전위차는 V로 일정하게 유지된다. 따라서 유전체를 밀어 넣기 전과 후에 축전기에 저장된 전하량이 달라진다.

유전체를 밀어 넣기 전의 전하량 : $Q_1 = CV = \epsilon_0 \frac{a^2}{d} V$

유전체를 x만큼 밀어 넣은 후의 전하량 : $Q_2 = C_t V = \frac{a}{d}[\epsilon_0 a + (\epsilon - \epsilon_0)x] V$이다.

유전체를 넣기 전후에 전하량에 차이($\Delta Q = Q_2 - Q_1$)가 나므로, 전하량의 차이만큼 전하를 이동시키기 위해서는 전지에서 축전기로 $W = (\Delta Q) V$의 에너지가 공급되어야 한다. 따라서 유전체를 밀어 넣는 동안 전지에서 축전기에 공급된 에너지 W는

$$W = \frac{a}{d}(\epsilon - \epsilon_0) x V^2$$

이 된다.

5. <그림11-5>와 같이 길이가 l인 정사각형의 두 극판이 간격 $d(d \ll l)$만큼 떨어진 평행판 축전기가 있다. 두 극판 사이의 전위차는 ΔV로 일정하고 유전 상수가 $\kappa(\kappa > \kappa_0)$인 유전체가 두 극판 사이

공간에 절반만큼 채워져 있다. 그림과 같이 유전체를 축전기 밖으로 빼내려고 한다.

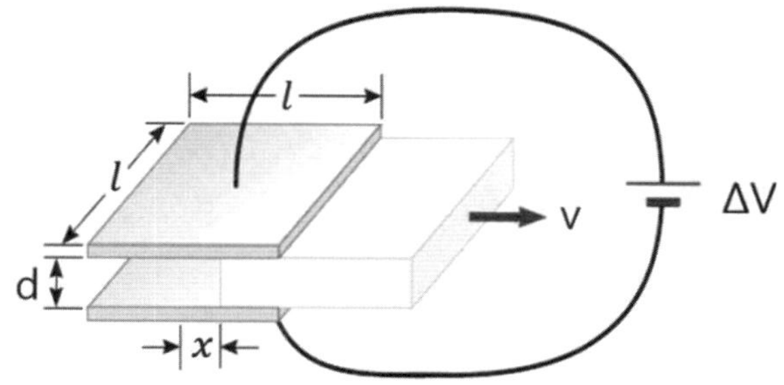

<그림11-5>

가. 유전체의 왼쪽 끝을 축전기의 중심으로부터 x만큼 빼내었을 때 축전기의 전기용량은 어떻게 될까?(이 때, 공기의 유전 상수와 유전율은 각각 $\kappa_0(=1)$, ϵ_0이며, 유전체의 유전율 $\epsilon=\kappa\epsilon_0$이다.)

축전기에 저장되는 전하량(Q)는 축전기에 걸어 준 전압(V)에 비례하므로

$$Q \propto V \Rightarrow Q = CV$$

이다.

이 때, 비례 상수가 전기 용량(C)으로 축전기의 모양이나 크기에 따라 달라지며 두 극판에 충전되는 전하량을 결정한다. 따라서 전기용량 C의 정의는 다음과 같다.

$$C = \frac{Q}{\Delta V}$$

유전체가 채워진 축전기는 두 개의 축전기의 병렬연결(<그림11-3>)로 생각할 수 있다. 공기가 채워진 부분은 유전 상수 $\kappa_0=1$, 면적 $A_1=(\frac{l}{2}+x)l$이므로

$C_1=\frac{\epsilon_0 l}{d}(\frac{l}{2}+x)$이고, 유전체가 채워진 부분은 유전 상수가 κ이고 면적 $A_2=(\frac{l}{2}-x)l$이므로

$C_2=\frac{\kappa\epsilon_0 l}{d}(\frac{l}{2}-x)$이다.

따라서 유전체를 축전기의 중심으로부터 x만큼 빼내었을 때, 합성 전기 용량(C_t)은 두 축전기의 전기용량의 합(C_1+C_2)과 같으므로 C_t는

$$C_t=\frac{\epsilon_0 l}{2d}(l+2x+\kappa l-2\kappa x) \quad \cdots\cdots\cdots\cdots \text{<식11-8>}$$

가 된다.

나. 축전기에서 유전체를 일정한 속력 v로 제거한다면 유전체를 빼내는 동안 회로에 흐르는 전류의

방향과 세기는 어떻게 될까?

전위차가 ΔV로 일정할 때 축전기에 충전된 전하량 $Q = C\Delta V$이므로 <식11-8>의 합성 전기용량 C_t를 대입하면 충전된 전하량 Q는

$$Q = \frac{\epsilon_0 l \Delta V}{2d}(l + 2x + \kappa l - 2\kappa x) \quad \cdots\cdots\cdots\cdots \langle 식11\text{-}9 \rangle$$

와 같다.

전류의 정의가 $I = \dfrac{dQ}{dt}$이고 <식11-9>를 대입하면 회로에 흐르는 전류는

$$\begin{aligned} I &= \frac{dQ}{dt} = \frac{dQ}{dx}\frac{dx}{dt} \quad \cdots\cdots\cdots\cdots \langle 식11\text{-}10 \rangle \\ &= \frac{\epsilon_0 l \Delta V}{2d}(0 + 2 + 0 - 2\kappa)v \\ &= -\frac{\epsilon_0 l \Delta V v}{d}(\kappa - 1) \end{aligned}$$

이 된다.

이 때, <식11-10>에서 음(-)수는 전류가 충전기로부터 전하를 끌어내는 방향으로 흐름을 나타낸다. 따라서 전류는 시계 방향으로 흐르며 세기는

$$\frac{\epsilon_0 l \Delta V v}{d}(\kappa - 1)$$

이다.

12장_스넬 법칙

〈그림12-1〉처럼 물속에 빠진 연필의 끝부분은 실제 깊이보다 얕아 보이고 프리즘을 통과한 백색광은 여러 가지 색으로 분리되어 나온다.

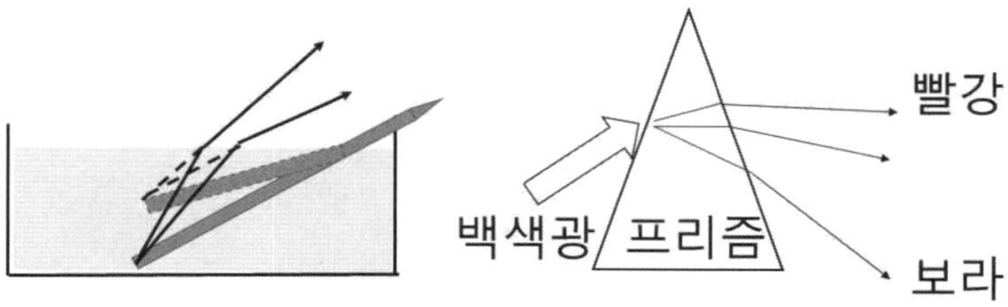

〈그림12-1〉

이 현상들은 빛이 한 매질에서 다른 매질로 진행할 때 매질의 경계면에서 진행 방향이 바뀌기 때문이다. 진행 방향이 바뀌는 현상을 굴절이라고 한다.

빛의 굴절은 매질에 따라 빛의 진행 속도가 다르기 때문에 나타나는 현상이며 매질 내 빛의 속도 v와 자유공간 내 빛의 속도 c 사이의 비를 매질의 굴절률 n이라고 하며

$$n = \frac{c}{v} \quad \cdots\cdots\cdots\cdots〈식12\text{-}1〉$$

이다.

1. 스넬(Snell)의 법칙

굴절률이 각각 n_1과 n_2인 서로 다른 두 매질 경계면에서 빛이 속도가 다르기 때문에 〈그림12-2〉처럼 굴절할 때, 경계면에 수직인 선을 기준으로 θ_1과 θ_2를 정의하게 되면

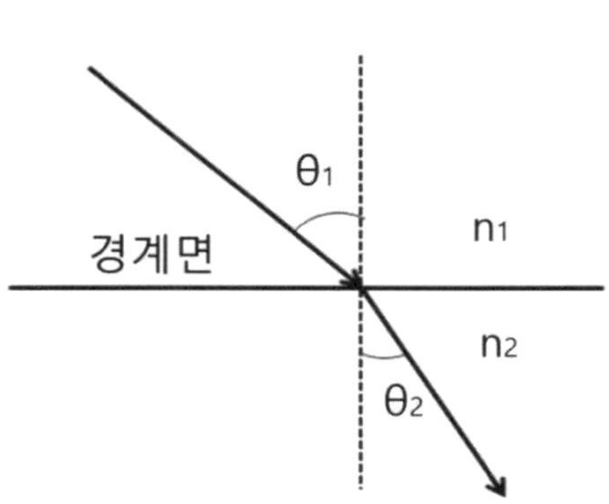

〈그림12-2〉

$$\frac{\sin\theta_1}{\sin\theta_2} = \frac{n_2}{n_1} \quad \cdots\cdots\cdots\cdots \langle 식12\text{-}2 \rangle$$

와 같은 관계식이 성립하는데 이 관계식을 스넬(Snell)의 법칙(굴절 법칙)이라고 한다.

2. 페르마(Fermat)의 원리

1650년 프랑스의 수학자인 페르마(P. de Fermat)는 빛이 공간의 두 지점 사이를 진행할 때 <그림12-3>처럼 빛이 진행할 수 있는 여러 경로 (a, b, c)중 최소의 시간이 걸리는 경로를 따른다는 것을 제안하였다.

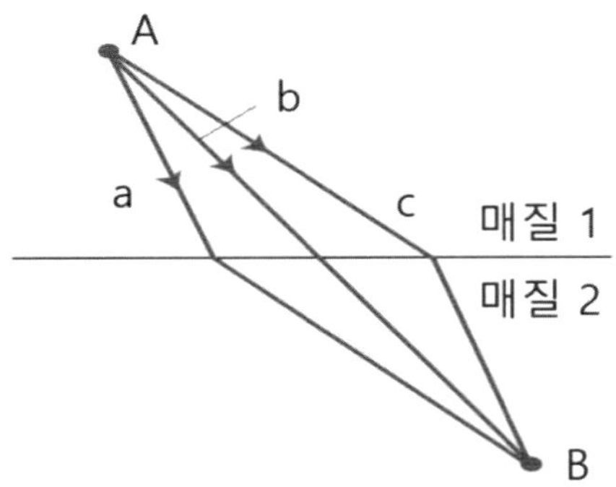

<그림12-3>

이를 페르마의 최소 시간의 원리라고 하는데, <그림12-3>에서 매질 1과 매질 2가 같은 매질이면 빛의 속도가 일정하므로 최단 경로인 직선 경로가 최소시간 경로이기 때문에 빛은 경로 b를 따라 진행하지만 매질이 다르면 최소 시간이 되는 다른 경로를 따라 진행한다는 것이다.

3. 스넬(Snell)의 법칙의 유도

다음 <그림12-4>에서 점 $A(0, h_A)$에서 두 매질의 경계점 $C(x, 0)$를 지나 점 $B(a, h_B)$에 한 빛이 도달한다고 가정하자.

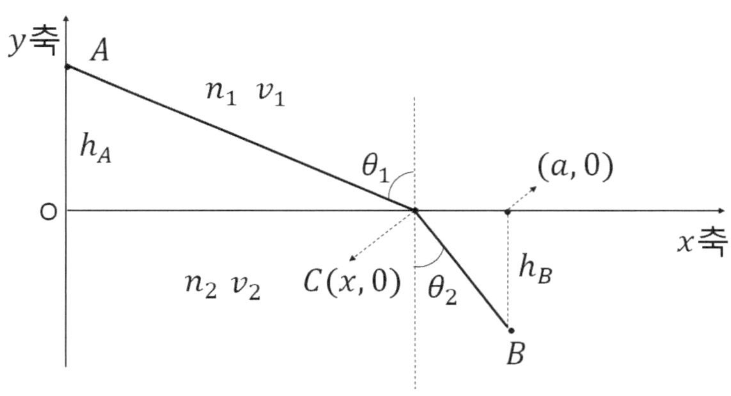

<그림12-4>

먼저 빛이 굴절률이 n_1인 매질(빛의 진행 속도 v_1)의 A점에서 n_2인 매질(빛의 진행 속도 v_2)의 B점으로 진행할 때, 빛이 이동하는 경로의 길이가 페르마의 원리에 의해 최소가 된다고 하고 경로의 길이를 S라고 하면

$$S = \sqrt{h_A^2 + x^2} + \sqrt{h_B^2 + (a-x)^2} \quad \cdots\cdots\cdots\cdots \langle 식12\text{-}3 \rangle$$

이 된다. 하지만 <식12-3>은 틀린 식이다. 왜냐하면 광로 길이는 광로 길이(optical path lemgth)= $\int n(s)ds$이고 굴절률 n이 경로에 따라 변하지 않으면 광로 길이는 nS가 되어 <식12-3>은

$$S = n_1\overline{AC} + n_2\overline{CB} = n_1\sqrt{h_A^2 + x^2} + n_2\sqrt{h_B^2 + (a-x)^2} \quad \cdots\cdots\cdots\cdots \langle 식12\text{-}4 \rangle$$

이 된다.

x에 따라 최단 거리가 결정되므로 <식12-4>를 미분하여 $\dfrac{dS}{dx} = 0$ 일 때 페르마의 원리가 성립하므로

$$\frac{dS}{dx} = n_1\frac{x}{\sqrt{h_A^2 + x^2}} - n_2\frac{a-x}{\sqrt{h_B^2 + (a-x)^2}} = 0 \quad \cdots\cdots\cdots\cdots \langle 식12\text{-}5 \rangle$$

가 된다.

<식12-5>에서 $\sin\theta_1 = \dfrac{x}{\sqrt{h_A^2 + x^2}}$, $\sin\theta_2 = \dfrac{(a-x)}{\sqrt{h_B^2 + (a-x)^2}}$를 사용하여 <식12-5>를 다시 나타내면

$$n_1\sin\theta_1 - n_2\sin\theta_2 = 0 \Rightarrow \frac{\sin\theta_1}{\sin\theta_2} = \frac{n_2}{n_1} \quad \cdots\cdots\cdots\cdots \langle 식12\text{-}6 \rangle$$

가 되어, <식12-2>와 같은 식이 유도된다.

또 다른 방법으로 빛이 A점에서 B점으로 진행할 때, 빛이 이동하는데 이동 시간이 최소가 되는 페르마의 원리를 적용하여 총 이동 시간을 T라고 하고 <식12-1>을 사용하면

$$T(x) = \frac{\overline{AC}}{v_1} + \frac{\overline{CB}}{v_2} = n_1\frac{\sqrt{h_A^2 + x^2}}{c} + n_2\frac{\sqrt{h_B^2 + (a-x)^2}}{c} \quad \cdots\cdots\cdots\cdots \langle 식12\text{-}7 \rangle$$

이 된다(c: 광속도).

이동 시간 $T(x)$는 거리 x의 함수이므로 이동 시간이 최소가 되기 위해서는 <식12-7>을 미분하여 $\dfrac{dT}{dx} = 0$ 일 때 페르마의 원리가 성립하므로

$$\frac{dT}{dx} = \frac{xn_1}{c\sqrt{h_A^2 + x^2}} + \frac{-(a-x)n_2}{c\sqrt{h_B^2 + (a-x)^2}} = 0$$

이 되고, 이 식을 정리하면

$$\frac{x}{\overline{AC}}n_1 - \frac{(a-x)}{\overline{CB}}n_2 = 0 \quad \cdots\cdots\cdots\cdots \langle 식12\text{-}8 \rangle$$

이 된다, 이 <식12-8>에 $\frac{x}{\overline{AC}} = \sin\theta_1$, $\frac{(a-x)}{\overline{CB}} = \sin\theta_2$를 대입하면

$$n_1 \sin\theta_1 - n_2 \sin\theta_2 = 0 \Rightarrow \frac{\sin\theta_1}{\sin\theta_2} = \frac{n_2}{n_1} \quad \cdots\cdots\cdots\cdots \langle 식12\text{-}9 \rangle$$

가 된다. 이 식은 <식12-6>과 같은 식이 된다.

4. 스넬(Snell) 법칙의 예

<그림12-5>처럼 물의 실제 깊이가 H인 바닥에 동전이 놓여 있을 때 물 밖에서 본 사람이 느끼는 동전의 겉보기 깊이 h는 얼마나 될까?

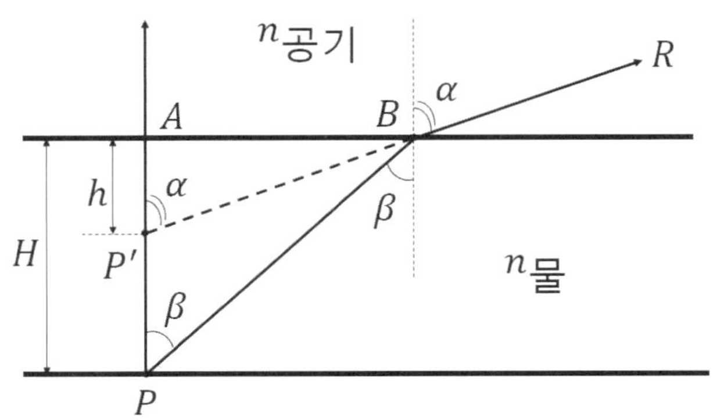

<그림12-5>

먼저 B점에서 굴절하는 빛에 대한 스넬의 법칙을 적용하고 $n_{공기} = 1$로 두면

$$\frac{\sin\alpha}{\sin\beta} = \frac{n_{물}}{n_{공기}} = \frac{n_{물}}{1} \quad \cdots\cdots\cdots\cdots \langle 식12\text{-}10 \rangle$$

이 된다. $\sin\alpha = \frac{\overline{AB}}{\overline{P'B}}$, $\sin\beta = \frac{\overline{AB}}{\overline{PB}}$를 <식12-10>에 대입하여 정리하면

$$\frac{\sin\alpha}{\sin\beta} = \frac{\overline{PB}}{\overline{P'B}} = n_{물} \quad \cdots\cdots\cdots\cdots \langle 식12\text{-}11 \rangle$$

이 된다. 동전을 관측하는 시선을 B점에서 A점으로 이동시키면 $\overline{PB} = H$, $\overline{P'B} = h$가 되어

<식12-11>은 $\frac{\overline{PB}}{\overline{P'B}}=\frac{H}{h}=n_{물}$이 되고 동전의 겉보기 깊이는

$$h=\frac{H}{n_{물}}$$

가 된다.

13장_반발계수

물체가 충돌할 때 반발이 얼마나 잘 되는지를 알아보기 위해서는 충돌 전후의 속도의 크기를 비교하면 되는데 〈그림 13-1〉처럼

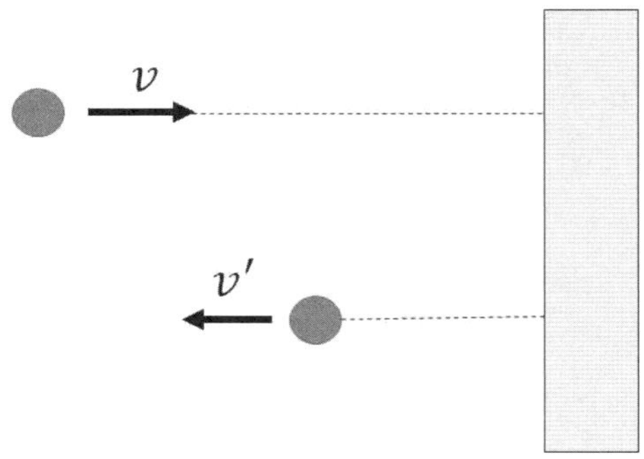

〈그림 13-1〉

공을 속도 v로 벽에 정면으로 충돌시켰을 때 반대 방향으로 튀어 나오는 속도 $v^{'}$의 비를 반발계수(e)라고 하는데 벽이 움직이지 않을 경우 반발계수는

$$e = \left| \frac{v'}{v} \right| \quad \cdots\cdots\cdots\cdots \langle 식13\text{-}1 \rangle$$

가 된다.

하지만 〈그림13-2〉처럼 일직선상에서 운동하는 질량이 각각 m_1, m_2인 두 물체 A, B가 충돌 전 v_1, v_2의 속력으로 운동하다가 충돌 후 $v_1^{'}, v_2^{'}$가 되었다면 반발계수는

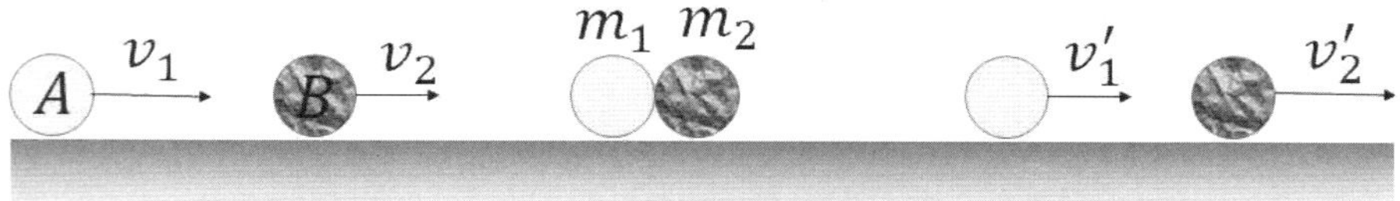

〈그림13-2〉

$$e = \left| \frac{v_1^{'} - v_2^{'}}{v_1 - v_2} \right| \quad \cdots\cdots\cdots\cdots \langle 식13\text{-}2 \rangle$$

가 된다.

1. 충돌의 종류

반발계수 $e=1$인 충돌을 탄성충돌 혹은 완전탄성충돌이라고 하며 이 경우 충돌 전후의 운동량과 운동에너지도 보존된다. 우리 주변에서 기체 분자나 당구공이 근사적으로 탄성 충돌에 해당 된다.

반발계수 $0<e<1$인 충돌을 비탄성 충돌이라고 하며 일반적인 충돌이 이 경우에 속한다. 이 경우 충돌 전후의 운동 에너지의 일부가 열, 소리 에너지와 같은 다른 에너지로 전환된다.

반발계수 $e=0$인 충돌을 완전 비탄성 충돌이라고 하며 이 경우는 충돌하는 두 물체가 한 덩어리가 되어 운동한다.

2. 완전탄성충돌의 증명

<그림13-2>의 충돌이 완전탄성충돌($e=1$)이라고 하면 충돌 전후의 운동량과 운동에너지가 보존되므로 다음과 같이 운동량 보존, 운동에너지 보존 두 식

$$m_1v_1+m_2v_2=m_1v_1'+m_2v_2' \quad \cdots\cdots\cdots\cdots \langle 식13\text{-}3\rangle$$

$$\frac{1}{2}m_1v_1^2+\frac{1}{2}m_2v_2^2=\frac{1}{2}m_1v_1'^2+\frac{1}{2}m_2v_2'^2 \quad \cdots\cdots\cdots\cdots \langle 식13\text{-}4\rangle$$

이 성립하고, <식13-3>에서 v_2'식을 정리하면

$$v_2'=\frac{1}{m_2}(m_1v_1+m_2v_2-m_1v_1') \quad \cdots\cdots\cdots\cdots \langle 식13\text{-}5\rangle$$

가 되고 이 식을 <식13-4>에 대입하여 v_1'를 구하면

$$\frac{1}{2}m_1v_1^2+\frac{1}{2}m_2v_2^2=\frac{1}{2}m_1v_1'^2+\frac{1}{2}m_2\left[\frac{1}{m_2}(m_1v_1+m_2v_2-m_1v_1')\right]^2$$

$$\begin{aligned} m_1m_2v_1^2+m_2^2v_2^2 &= m_1m_2v_1'^2+m_1^2v_1^2+m_1m_2v_1v_2-m_1^2v_1v_1'+m_1m_2v_1v_2 \quad \cdots\cdots\cdots\cdots \langle 식13\text{-}6\rangle \\ &\quad +m_2^2v_2^2-m_1m_2v_2v_1'-m_1^2v_1v_1'-m_1m_2v_2v_1'+m_1^2v_1'^2 \end{aligned}$$

가 된다. <식13-6>를 v_1'에 대해 정리하면

$$m_1(m_1+m_2)v_1'^2-2m_1(m_1v_1+m_2v_2)v_1'+(m_1^2v_1^2+2m_1m_2v_1v_2-m_1m_2v_1^2)=0 \quad \cdots\cdots\cdots\cdots \langle 식13\text{-}7\rangle$$

이 되고, <식13-7>은 v_1'에 대한 2차 방정식이므로 해는

$$\begin{aligned} v_1' &= \frac{(m_1v_1+m_2v_2)\pm\sqrt{m_2^2v_2^2-2m_2^2v_1v_2+m_2^2v_1^2}}{m_1+m_2} \\ &= \frac{(m_1v_1+m_2v_2)+m_2(v_2-v_1)}{m_1+m_2} \text{ or } \frac{(m_1v_1+m_2v_2)-m_2(v_2-v_1)}{m_1+m_2} \\ &= \frac{(m_1-m_2)v_1+2m_2v_2}{m_1+m_2} \text{ or } v_1 \quad \cdots\cdots\cdots\cdots \langle 식13\text{-}8\rangle \end{aligned}$$

이 된다. <식13-8>에서 v_1'의 해 v_1은 충돌하지 않은 경우를 의미하므로 이해는 버리고 나머지 해를 <식13-5>에 대입하여 v_2'를 구하면

$$v_2' = \frac{1}{m_2}[m_1v_1 + m_2v_2 - m_1\frac{(m_1-m_2)v_1+2m_2v_2}{m_1+m_2}]$$

$$= \frac{(m_2-m_1)v_2+2m_1v_1}{m_1+m_2} \quad \cdots\cdots\cdots\cdots \text{<식13-9>}$$

이 된다.

<식13-2>의 $e = \left|\frac{v_1'-v_2'}{v_1-v_2}\right| = \left|\frac{v_2'-v_1'}{v_2-v_1}\right|$에 <식13-8>과 <식13-9>를 대입하면

$$e = \left|\frac{\frac{(m_2-m_1)v_2+2m_1v_1}{m_1+m_2} - \frac{(m_1-m_2)v_1+2m_2v_2}{m_1+m_2}}{v_2-v_1}\right| = \left|\frac{(m_1+m_2)(v_1-v_2)}{(m_2+m_1)(v_2-v_1)}\right| = 1$$

$$\cdots\cdots\cdots\cdots \text{<식13-10>}$$

이 된다.

<식13-10>에서 반발계수 $e=1$이므로 이 충돌은 완전탄성충돌이 된다.

<식13-8>과 <식13-9>에서 충돌하는 두 물체의 질량이 $m_1 = m_2$이면

$v_1' = v_2, v_2' = v_1$이 되어 속도의 크기가 서로 교환되는 것과 같고 충돌 전후의 운동에너지 <식13-4>

$\frac{1}{2}m_1v_1^2 + \frac{1}{2}m_2v_2^2 = \frac{1}{2}m_1v_1'^2 + \frac{1}{2}m_2v_2'^2$에 $v_1' = v_2, v_2' = v_1$을 대입하면

$$\frac{1}{2}m_1v_1^2 + \frac{1}{2}m_2v_2^2 = \frac{1}{2}m_1v_2^2 + \frac{1}{2}m_2v_1^2 \quad \cdots\cdots\cdots\cdots \text{<식3-11>}$$

이고 $m_1 = m_2$이면 <식3-11>의 좌변과 우변이 동일한 값을 가지므로 운동에너지도 보존 된다.

3. 물체가 벽면에 비스듬히 충돌

<그림13-3>처럼 물체가 매끄러운 벽면에 비스듬히 충돌할 때, 벽면에 나란한 방향으로는 힘을 받지 않아 충돌 직전, 직후 속도가 변하지 않지만($v_x = v_x'$) 벽면에 수직한 방향으로는 힘을 받아 속도가 변한다($v_y \neq v_y'$).

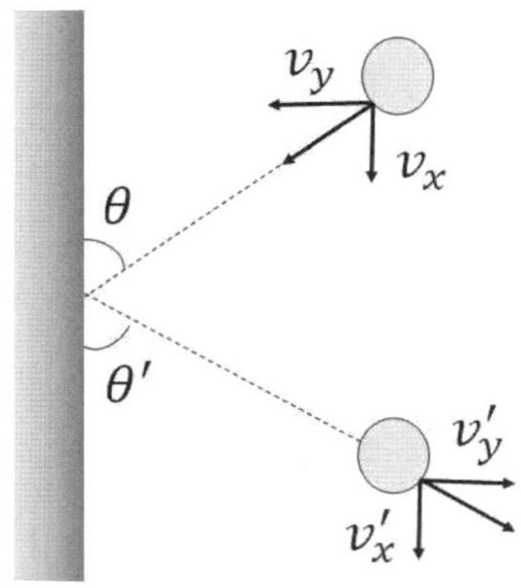

〈그림13-3〉

이 때 반발 계수($e = \left| \frac{v_y'}{v_y} \right|$)는 벽면에 수직인 속도 성분의 비를 통해 알 수 있다.

다음 〈그림13-4〉처럼 수평면과 연직을 이루는 벽으로부터 l만큼 떨어진 점 A에서 벽을 향해 초속도 v_0, 각도 θ로 던진 작은 공이 매끄러운 벽면 위의 점 B에 충돌한 후 반발하여, 최고점 H에 도달한 후 다시 바닥에 떨어지는 모습을 나타낸 것이다. 충돌 시 벽과 공 사이의 반발계수는 e이다. (단, 공기 저항은 무시하고 중력가속도는 g이다.)

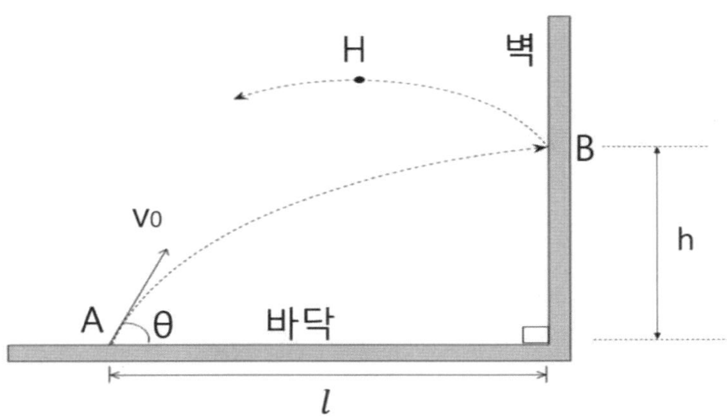

〈그림13-4〉

가. 작은 공이 던져진 후 벽에 충돌할 때까지 걸린 시간 t_1, 충돌한 점 B의 높이 h는 바닥에서부터 어떻게 될까?

먼저 x축, y축 방향의 물체의 변위를 보면

x축 방향 : $x = v_{0x} \cdot t_1 = v_0 \cos\theta \cdot t_1$ (등속도 운동) …………〈식13-12〉

y축 방향 : $y = v_{0y} \cdot t_1 - \frac{1}{2} g t_1^2 = v_0 \sin\theta \cdot t_1 - \frac{1}{2} g t_1^2$(등가속도 운동) …………〈식12-13〉

이 된다.

A지점에서 벽까지 수평거리는 l이므로, <식13-12>에 의해 $l = v_0\cos\theta \cdot t_1$이므로 공을 던진 후 벽에 충돌할 때까지 걸린 시간 t_1은

$$t_1 = \frac{l}{v_0\cos\theta} \quad \cdots\cdots\cdots\cdots \langle 식12\text{-}14 \rangle$$

이다.

충돌한 점 B의 높이 h는 t_1동안 공의 y축 방향의 변위와 같으므로 <식12-13>에 의해

$$h = v_0\sin\theta \cdot \frac{l}{v_0\cos\theta} - \frac{1}{2}g \cdot \frac{l^2}{v_0^2\cos^2\theta}$$

$$h = l\tan\theta - \frac{g}{2}\left(\frac{l}{v_0\cos\theta}\right)^2$$

이 된다.

나. 작은 공이 던져진 후 최고점 H에 도달할 때까지 걸린 시간 t_2와 점 H의 높이 H는 바닥에서 어느 높이에 있겠는가?(힌트: 충돌 시 공은 벽에 수직한 방향으로만 힘을 받으며, 충돌하는 데 걸리는 시간은 매우 짧아 무시할 수 있다고 가정한다.)

공이 벽에 충돌할 때, 벽에 수직한 방향으로만 힘을 받으므로, y축 방향의 속도는 충돌 전후에 변하지 않는다.

y축 방향의 속도는 충돌 여부에 관계 없이 일정한 가속도 g에 영향을 받아 최고점 H에 도달할 때 0이 된다. 따라서 최고점에 도달할 때까지 걸린 시간 t_2는 다음과 같다.

$$v_y = v_{0y} - gt_2 = v_0\sin\theta - gt_2 = 0$$

$$t_2 = \frac{v_0}{g}\sin\theta \quad \cdots\cdots\cdots\cdots \langle 식12\text{-}15 \rangle$$

가 된다.

또한, 최고점의 높이 H는 t_2동안 y축 방향의 변위이므로 최고점의 높이 H는 다음과 같다.

$$H = v_0\sin\theta \cdot \frac{v_0}{g}\sin\theta - \frac{1}{2}g \cdot \frac{v_0^2}{g^2}\sin^2\theta$$

$$H = \frac{1}{2}\frac{v_0^2\sin^2\theta}{g}$$

가 된다.

다. 최고점에 도달하기 전에 벽에 충돌하기 위해서 v_0는 어떠한 조건을 만족해야 하겠는가?

최고점에 도달하기 전에 벽에 충돌하기 위해서는 $t_1 < t_2$가 만족되어야 하므로 <식12-14>와

<식12-15>를 사용하면 v_0는 다음의 조건을 만족해야 한다.

$$v_0 > \sqrt{\frac{gl}{\sin\theta \cdot \cos\theta}}$$

이 되어야 한다.

라. 반발한 작은 공이 수평면에 떨어진 점 X는 벽으로부터 얼마나 떨어진 거리에 있겠는가?

벽에 부딪혀 반발한 공이 수평면에 떨어지는 데까지 걸린 시간 T는 B에서 최고점 H에 도달하는데 걸린 시간 T_1과 최고점 H에서 수평면에 도달하는 데까지 걸린 시간 T_2를 더한 것과 같다.

여기서, $T_1 = t_2 - t_1$, $T_2 = t_2$이므로 $T = 2t_2 - t_1$이고, 반발 후 x축 방향의 속도는 $e = \left| \frac{v_x'}{v_{0x}} \right|$를 상용하면 $v_x' = ev_{0x} = ev_0\cos\theta$이고, x축 방향으로 등속도 운동하므로, 반발 후 공이 수평면에 떨어진 점과 벽까지의 거리 X는

$$X = ev_0\cos\theta \cdot T = ev_0\cos\theta(2\frac{v_0\sin\theta}{g} - \frac{l}{v_0\cos\theta})$$

$$X = \frac{ev_0^2}{g}\sin 2\theta - el$$

과 같이 된다.

4. 바닥과 충돌하는 물체의 이동 거리

<그림13-5>처럼 높이 h에서 떨어진 물체는 바닥과 v의 속력으로 충돌한 후 다시 v_1의 속력으로 튀어 올라 h_1의 높이까지 올라갔다가 다시 떨어져 바닥과 충돌한 후 다시 v_2의 속력으로 h_2의 높이까지 올라오는 모습이 무한히 반복되는 모습을 나타낸 것이다.(단, 물체와 바닥의 반발계수는 e, 공기 저항은 무시하고 중력 가속도는 g이다.)

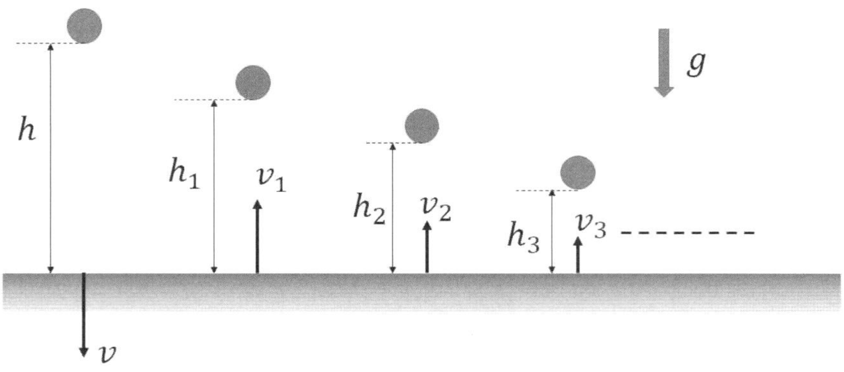

<그림13-5>

<그림13-5>와 같은 운동이 무한히 반복될 때 물체가 이동한 수직거리 $H = h + h_1 + h_2 + h_3 + \cdot\cdot\cdot$는 어떻게 될까?

먼저 높이 h에서의 역학적 에너지 보존 $mgh = \frac{1}{2}mv^2$을 사용하면 $v = \sqrt{2gh}$이며 $v_1 = ev = e\sqrt{2gh}$이다.

h_1 높이에서의 역학적 에너지 보존 법칙 $mgh_1 = \frac{1}{2}mv_1^2$에서 $v_1 = \sqrt{2gh_1} \Rightarrow e\sqrt{2gh} = \sqrt{2gh} \Rightarrow h_1 = e^2h$가 되고, 같은 방법으로 $h_2 = e^4h$가 되어 $H = h + h_1 + h_2 + h_3 + \cdot\cdot\cdot \Rightarrow H = h + e^2h + e^4h + \cdot\cdot\cdot$가 된다.

H는 공비가 e^2인 무한 등비급수가 되어 합은

$$H = \lim_{n \to \infty}[h(1 + e^2 + e^4 + \cdot\cdot\cdot)] = \lim_{n \to \infty}[h\frac{1-(e^2)^n}{1-e^2}] \quad \cdots\cdots\cdots\cdots \text{<식12-15>}$$

이 되고, 최종적으로

$$H = h\frac{1}{1-e^2}$$

이 된다.

14장_상대 속도와 벡터의 합성

둘 이상의 벡터와 효과가 같은 하나의 벡터를 구하는 과정을 벡터의 합성이라고 한다. <그림 14-1>처럼 두 벡터 $\overrightarrow{A}, \overrightarrow{B}$가 있을 때 두 벡터의 합 $\overrightarrow{C} = \overrightarrow{A} + \overrightarrow{B}$는 $\overrightarrow{A}, \overrightarrow{B}$의 시작점을 일치시키고 두 벡터를 두 변으로 하는 평형사변형의 대각선이 합 벡터 $\overrightarrow{C}$ 가 된다. 이 방법을 평형사변형법이라고 한다.

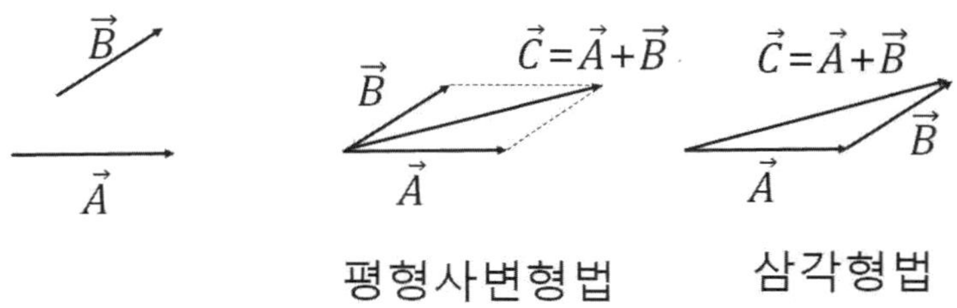

<그림14-1>

또 다른 방법으로는 삼각형법이 있는데 이는 벡터 $\overrightarrow{B}$의 시작점을 벡터 $\overrightarrow{A}$의 끝점에 평행이동하여 일치시키고 $\overrightarrow{A}$의 시작점과 $\overrightarrow{B}$의 끝점을 연결한 선이 합 벡터 $\overrightarrow{C}$ 가 된다.

그러면 <그림14-2>와 같이 두 벡터 $\overrightarrow{A}, \overrightarrow{B}$가 θ의 각을 이루고 있을 때 일반적으로 합 벡터 $\overrightarrow{C}$의 크기는 어떻게 구할 수 있는가?

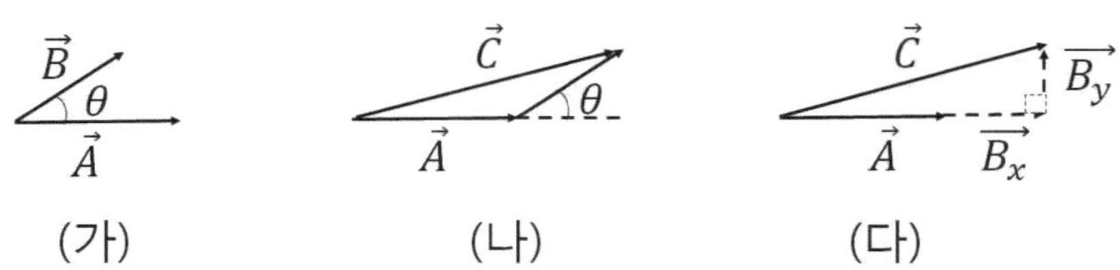

<그림14-2>

(가)에서 벡터 $\overrightarrow{B}$를 평행이동시켜 (나)와 같이 두면 합 벡터는 $\overrightarrow{C}$가 되는데 $\overrightarrow{C}$의 크기를 구하기 위해 (다)처럼 벡터 $\overrightarrow{B}$를 벡터 $\overrightarrow{A}$와 나란한 성분 $\overrightarrow{B_x}$와 $\overrightarrow{A}$에 수직인 성분 $\overrightarrow{B_y}$로 분해하면

$$\overrightarrow{C} = (\overrightarrow{A} + \overrightarrow{B_x}) + \overrightarrow{B_y}$$

가 되고, $\overrightarrow{C}$의 크기는

$$|\overrightarrow{C}| = \sqrt{(A + B_x)^2 + B_y^2} \quad \cdots\cdots\cdots\cdots \text{<식14-1>}$$

이 된다. <식14-1>에 $B_x = B\cos\theta, B_y = B\sin\theta$를 대입하면

$$|\vec{C}| = \sqrt{(A+B\cos\theta)^2+(B\sin\theta)^2} = \sqrt{A^2+B^2+2AB\cos\theta} \quad \cdots\cdots\cdots\cdots \langle 식14\text{-}2 \rangle$$

가 성립한다.

1. 원운동에서의 벡터 합성

<그림14-3>은 등속 원운동하는 물체의 반주기 동안의 모습을 나타낸 것으로 처음 A점에서 D점까지의 모습을 나타낸 것이다. B점과 C점은 A점에서 D점까지의 거리를 3등분한 지점이다.

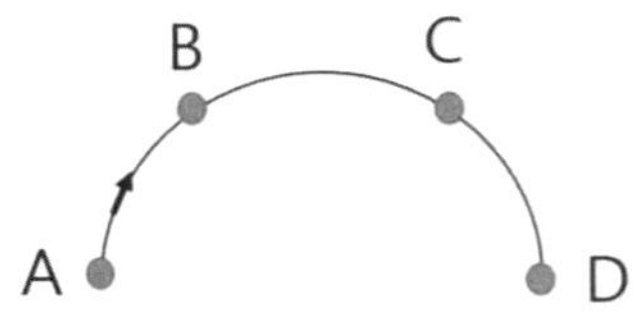

<그림14-3>

물체가 A에서 B까지 이동하는 동안의 평균 가속도 크기 a_{AB}, A에서 C까지 이동하는 동안의 평균 가속도 크기 a_{AC}, A에서 D까지 이동하는 동안의 평균 가속도 크기 a_{AD}의 비를 구해 보자.

먼저 A에서 B까지 이동 하는데 걸린 시간을 t라고 두면 A에서 C까지는 $2t$, A에서 D까지는 $3t$의 시간이 걸린다.

평균 가속도 크기는 $a = \dfrac{\Delta v}{\Delta t}$를 사용하여 구할 수 있다. 평균 가속도 크기 a_{AB}는 <그림14-4>처럼 A점에서의 속도 v_A를 B에 평행이동시켜 B점에서의 속도 v_B와의 차이Δv를 t로 나누어 주면 된다.

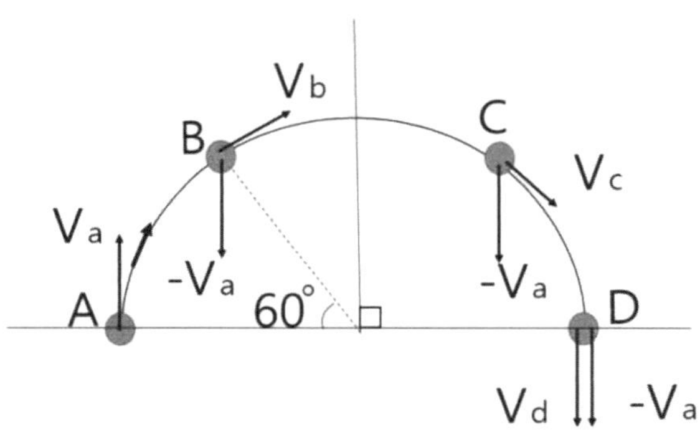

<그림14-4>

$$a_{AB}=\frac{v_B+(-v_A)}{t}$$

이고, <식14-2>를 사용하면 $|v_B-v_A|=\sqrt{v_B^2+v_A^2+2v_Bv_A\cos120^\circ}=v$가 되므로 $(v_A=v_B=v_C=v_D=v)$, a_{AB}는

$$a_{AB}=\frac{v}{t} \quad \cdots\cdots\cdots\cdots \text{<식14-3>}$$

가 된다. 같은 방법으로

$$a_{AC}=\frac{v_C+(-v_A)}{2t},\ a_{AD}=\frac{v_D+(-v_A)}{3t}$$

이고, $|v_C-v_A|=\sqrt{v_C^2+v_A^2+2v_Cv_A\cos60^\circ}=\sqrt{3}v$,

$|v_D-v_A|=\sqrt{v_D^2+v_A^2+2v_Dv_A\cos0^\circ}=2v$이므로

$$a_{AC}=\frac{\sqrt{3}}{2t}v \quad \cdots\cdots\cdots\cdots \text{<식14-3>}$$

$$a_{AD}=\frac{2}{3t}v \quad \cdots\cdots\cdots\cdots \text{<식14-4>}$$

가 되므로

$$a_{AB} : a_{AC} : a_{AD}= \frac{v}{t} : \frac{\sqrt{3}}{2t}v : \frac{2}{3t}v$$

가 된다.

2. 상대속도와 벡터 합성

운동하는 관찰자 v_A가 물체의 운동 v_B을 관찰하면 속도가 다르게 보이는데, 이러한 속도를 상대속도 $\overrightarrow{v_{AB}}$라 한다. 상대속도 $\overrightarrow{v_{AB}}$는 $\overrightarrow{v_{AB}}=\overrightarrow{v_B}-\overrightarrow{v_A}$로 나타낼 수 있다.

가. 움직이는 물체의 속도의 크기가 일정한 경우

<그림14-5>처럼 바람이 없는 날 비가 지면에 직각 방향으로 일정한 속력 v_B로 내리고 있고, 사람은 지면과 나란하게 v_A의 일정한 속력으로 걸어가고 있다.

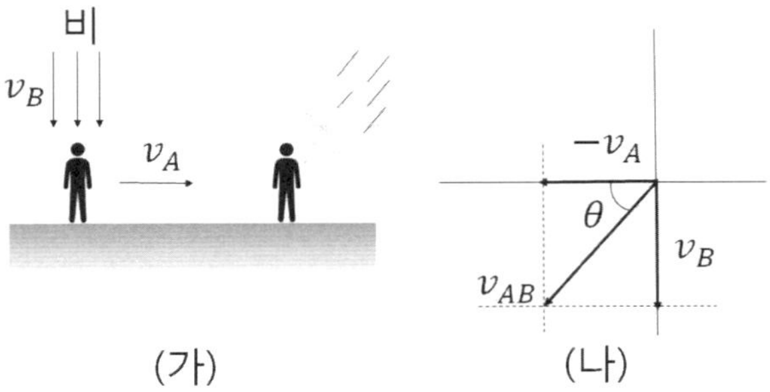

<그림14-5>

사람이 본 비의 속도는 지표면과 몇 도의 각을 이루고 내리고 있는 것으로 보일까?

그림(가)의 v_A와 v_B를 그림 (나)로 표시하면 사람이 본 비의 속도는 $\overrightarrow{v_{AB}}$가 된다.

이 때 비는 지표면과 $\tan\theta = \dfrac{v_B}{v_A}$에서 $\theta = \tan^{-1}(\dfrac{v_B}{v_A})$의 각을 이루고 내리는 것처럼 보인다.

나. 움직이는 물체의 속도가 일정하게 증가하는 경우

<그림14-6>의 (가)처럼 북쪽으로 속력이 일정하게 증가하는 등가속도 a로 운동하는 비행기B를 동쪽으로 v_A의 일정한 속력으로 걸어가고 있는 사람 A가 볼 때 비행기는 어떤 운동을 하는 것으로 보일까?

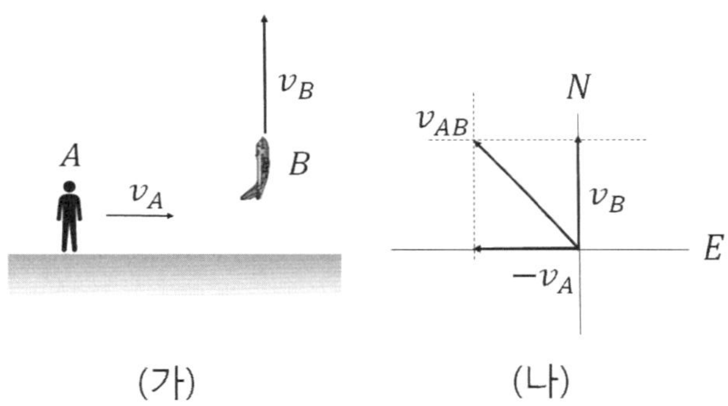

<그림14-6>

(나)에서 보면 비행기는 $\overrightarrow{v_{AB}} = \overrightarrow{v_B} - \overrightarrow{v_A}$에 의해 어느 순간 북서 방향으로 진행하는 것처럼 보인다. 또한 사람 A가 본 비행기 B의 상대적인 가속도

$$a_{AB} = \frac{dv_{AB}}{dt} = \frac{d(v_B - v_A)}{dt} = \frac{d(v_{B0} + at - v_A)}{dt} = a$$

이므로, 비행기는 등가속도 운동을 하는 것으로 보인다. 이를 다시 벡터의 합성으로 표현하면 다음 <그림14-7>과 같이 된다.

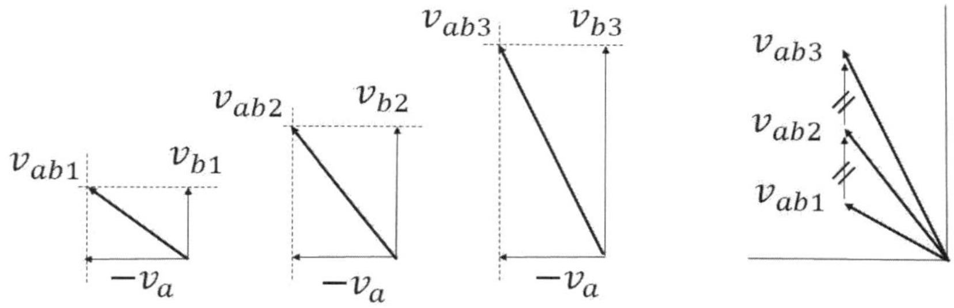

<그림14-7>

(가)에서 (다)까지의 그림의 시간 간격은 같다. 그러므로 (가)에서 (다)까지 비행기는 점점 북쪽 방향 가까이 운동하고 (라)에서 보면 $v_{ab2}-v_{ab1}$와 $v_{ab3}-v_{ab2}$의 간격이 같으므로 비행기는 등가속도 운동을 하는 것으로 보인다.

3. 상대속도 관련 역학 문제

<그림14-8>은 매끄러운 수평면 위에 질량이 M이고 길이가 L인 물체 A가 놓여 있고, A의 오른쪽 끝에는 질량이 m인 물체 B가 놓고, A에 수평 방향으로 일정한 크기의 힘을 가하는 모습을 나타낸 것이다. (단, 공기와의 마찰은 무시하고, 중력가속도는 g이다.)

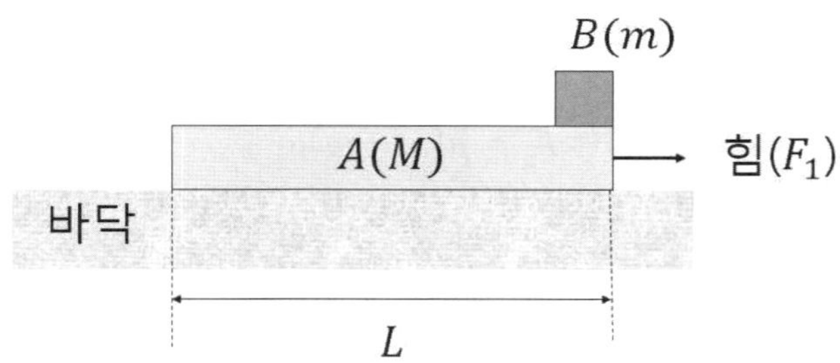

<그림14-8>

가. A에 일정한 크기의 힘 F_1을 수평 방향으로 가했더니 A와 B가 함께 움직였다. 이 때 두 물체의 가속도는 어떻게 될까?

두 물체가 함께 움직이므로 두 물체를 한 물체로 생각하여 $F_1=(M+m)a$이므로, 두 물체의 가속도는

$$a=\frac{F_1}{(M+m)}$$

이다.

나. (가)에서 A와 B 사이의 마찰력의 크기 f는 어떻게 될까?

B가 받는 알짜힘은 A와 B 사이에 작용하는 마찰력이므로, A와 B 사이의 마찰력은 다음과 같다.

$$f = ma = m\frac{F_1}{(m+M)}$$

다. A와 B가 정지한 상태에서 A에 F_1보다 큰 일정한 힘 F_2를 수평 방향으로 계속 가했더니, A는 움직이고, B는 A 위를 미끄러졌다. A와 B 사이의 정지마찰계수를 μ, 운동마찰계수를 μ'라 할 때, A 위에서 B가 미끄러지기 위한 F_2의 조건은 어떻게 될까?

만약 A에 F_0의 힘을 가했을 때, A와 B 사이의 마찰력이 최대정지마찰력이 된다면 최대정지마찰력이 될 때까지 A와 B는 함께 움직이므로 $F_0 = (m+M)a$이다.

B에 작용하는 알짜힘 F_B는 A와 B 사이의 최대정지 마찰력 $f_s = \mu mg$와 크기가 같으므로, 다음과 같이 나타낼 수 있다.

$$F_B = f_s \Rightarrow m\frac{F_0}{(M+m)} = \mu mg$$

이 때, 정지 상태에서 F_2를 가해서 A 위에서 B가 움직이게 하려면 F_2의 크기는 F_0보다 더 커야 한다.

$$F_2 > \mu(M+m)g$$

라. (다)에서 F_2의 힘을 가하고 있을 때, A의 가속도는 어떻게 될까?

F_2의 힘을 가했을 때, B는 A 위에서 미끄러지므로 B가 받는 알짜힘은 다음과 같다.

$$F_B = f_k = \mu' mg = ma_B$$

작용-반작용 법칙에 의해 A는 B로부터 같은 크기의 힘을 반대 방향으로 받는다. 따라서, A가 받는 알짜힘은

$$F_A = F_2 - f = F_2 - \mu' mg = Ma_A$$

가 되므로, B가 A위를 미끄러질 때, A의 가속도 a_A

$$a_A = \frac{F_2 - \mu' mg}{M}$$

이다.

마. (다)에서 B가 A의 왼쪽 끝에 도달할 때까지 걸린 시간 t는 어떻게 구할까?(이 때, B의 크기는 A의 길이 L에 비해 매우 작아 거의 무시할 수 있다고 가정한다.)

(라)에서 A와 B의 가속도는 각각

$$a_A = \frac{F_2 - \mu' mg}{M},\ a_B = \mu' g$$

이다. 이 때, 두 물체가 모두 등가속도 운동을 하고 있으므로, B가 미끄러지는 동안 A도 움직이므로, B가 A의 왼쪽 끝까지 이동하는 데 걸리는 시간을 구하기 위해서는 A에 대한 B의 상대가속도를 구해야 한다. A에 대한 B의 상대가속도는

$$|a_{AB}| = |a_B - a_A| = \frac{(F_2 - \mu' mg)}{M} - \mu' g \quad \cdots\cdots\cdots\cdots \langle 식14\text{-}5 \rangle$$

이다.

A를 기준으로 B는 <식14-5>의 일정한 가속도로 움직이므로 A 위에서 L만큼 이동하는 동안 등가속도 운동하므로

$$L = \frac{1}{2} a_{AB} t^2 = \frac{1}{2} [\frac{(F_2 - \mu' mg)}{M} - \mu' g] t^2 \quad \cdots\cdots\cdots\cdots \langle 식14\text{-}6 \rangle$$

이 되고, 식에서 t를 구하면

$$t = \sqrt{\frac{2ML}{F_2 - \mu'(m+M)g}}$$

이 된다.

15장_전기장 속에서 전하를 띤 물체의 운동

전기장은 벡터량으로 전기장 내의 단위 전하가 받는 힘의 크기와 방향이 같으므로 전기장의 크기는

$$E=\frac{F}{q}\Rightarrow\vec{F}=|q|\vec{E} \quad \cdots\cdots\cdots\cdots \langle 식15\text{-}1\rangle$$

와 같다. 중력의 영향이 없을 경우와 있을 경우 전하의 운동을 알아보자

1. 중력의 영향이 없을 경우

〈그림15-1〉과 같이 거리가 d인 평행한 (+)판과 (-)판 사이에 세기가 E로 균일한 전기장이 길이 L만큼 형성되어 있다. 이 전기장 내의 (+)판 왼쪽 끝에서 전자를 v_0의 속력으로 수평면과 θ의 각을 이루며 비스듬히 쏘아 올렸다.(단, 중력의 영향과 공기 저항은 무시한다. 전자의 질량은 m이고, 전하량은 $-e$이다.)

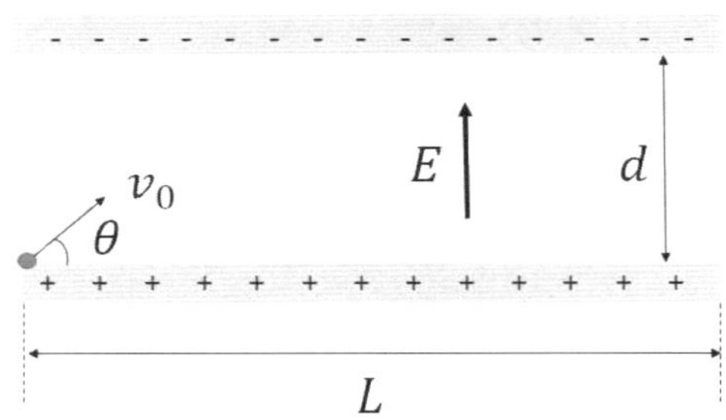

〈그림15-1〉

가. 수평면에 대해 각 θ를 이루며 속력 v_0로 쏘아 올린 전자의 궤적은 균일한 전기장 속에서 어떻게 될까?

균일한 전기장 속의 전자는 〈식15-1〉을 사용하면 일정한 힘 F_e(전기력)을 받는다.

$$F_e=eE=ma \Rightarrow a=\frac{eE}{m}$$

전기장이 $+y$축 방향으로 형성되어 있으므로, 전자는 $-y$축 방향으로 등가속도 운동하며 시간에 따른 변위는

$$x축\ 방향의\ 변위 : X=v_{0x}\cdot t=v_0\cos\theta\cdot t\ (등속도\ 운동) \quad \cdots\cdots\cdots\cdots \langle 식15\text{-}2\rangle$$

$$y축\ 방향의\ 변위 : Y=v_{0y}\cdot t-\frac{1}{2}at^2=v_0\sin\theta\cdot t-\frac{1}{2}at^2(등가속도\ 운동) \quad \cdots\cdots\cdots\cdots \langle 식15\text{-}3\rangle$$

이 된다.

<식15-2>에서 $t=\dfrac{X}{v_0\cos\theta}$ 이므로, 이를 <식15-3>에 대입하면

$$Y=\tan\theta \cdot X-\frac{1}{2}\frac{eE}{m}\left(\frac{X}{v_0\cos\theta}\right)^2 \quad \cdots\cdots\cdots\cdots \text{<식15-4>}$$

이 되고, 비스듬히 쏘아올린 전자는 포물선 궤도를 그리면 운동한다.

나. 전자가 (+)판의 오른쪽 끝에 도달하기 위한 각 θ는 어떻게 될까?

(가)에서 전자는 균일한 전기장 속에서 포물선 궤도를 그리며 운동하므로 쏘아 올린 전자가 (+)판의 오른쪽 끝에 도달했다면, 수평 도달거리 $L=v_0\cos\theta \cdot t_L$다. 그러므로 도달 시간은 y축 방향으로 최고 높이에 도달하는 시간 $\dfrac{mv_0}{eE}\sin\theta$의 두 배이므로 $t_L=2v_0\sin\theta\dfrac{m}{eE}$ 이고

$$L=v_0\cos\theta \cdot t_L=v_0\cos\theta \cdot 2v_0\sin\theta \cdot \frac{m}{eE}=\frac{mv_0^2\sin 2\theta}{eE}$$

$$\theta=\frac{1}{2}\sin^{-1}\left(\frac{eEL}{mv_0^2}\right) \quad \cdots\cdots\cdots\cdots \text{<식15-5>}$$

가 된다.

다. $\theta=45°$로 전자를 비스듬히 쏘아 올려 전자가 (+)판의 오른쪽 끝에 도달하기 위한 판 사이의 거리 d의 최솟값은 어떻게 될까? (d의 최솟값은 전기장의 길이 L로 나타내어 보자.)

45°로 쏘아 올린 전자가 (+)판의 오른쪽 끝에 도달하기 위한 조건은 전자의 최고 높이 H가 두 극판 사이의 거리 d를 넘지 않으면 된다($H \leqq d$). 최고점 도달 시간 $t_H=\dfrac{m}{eE}v_0\sin 45°$가 되고

최고점의 x축 방향의 변위는

$$X=\frac{L}{2}=v_0\cos 45° \cdot t_H=\frac{mv_0^2}{eE}\cos 45°\sin 45° \text{ (등속도 운동)} \quad \cdots\cdots\cdots\cdots \text{<식15-6>}$$

최고점의 y축 방향의 변위는

$$H=d=v_0\sin 45° \cdot t_H-\frac{1}{2}\frac{eE}{m}t_H^2=\frac{1}{2}\frac{mv_0^2(\sin 45°)^2}{eE} \text{(등가속도 운동)} \quad \cdots\cdots\cdots\cdots \text{<식15-7>}$$

이 된다. <식15-6>과 <식15-7>에서 $d=\dfrac{1}{2}\cdot\dfrac{L}{2}$이 성립하여 다음의 조건을 만족해야 한다.

$$d \geqq \frac{L}{4}$$

즉, d의 최솟값은 $\dfrac{L}{4}$이다.

라. 전자 대신에 전자와 질량은 같고, 전하량이 $+e$인 전하를 수평면에 대해 각 θ를 이루며 속력 v_0로 쏘아 올렸을 때 전하의 궤적을 (가)의 전자의 운동과 비교하여 설명하여보자

전하가 (+)일 때, 전하는 $+y$축 방향으로 일정한 힘 $F=eE=ma$을 받으므로, $+y$축 방향으로 등가속도 운동한다.

시간(t)에 따른 x축 방향의 변위는

$$X=v_{0x}\cdot t=v_0\cos\theta\cdot t \text{ (등속도 운동)} \cdots\cdots\cdots\cdots \langle\text{식15-8}\rangle$$

시간(t)에 따른 y축 방향의 변위는

$$Y=v_{0y}\cdot t+\frac{1}{2}at^2=v_0\sin\theta\cdot t+\frac{1}{2}at^2\text{(등가속도 운동)} \cdots\cdots\cdots\cdots \langle\text{식15-9}\rangle$$

이 된다.

<식15-8>에서 $t=\dfrac{X}{v_0\cos\theta}$이므로, 이를 <식15-9>에 대입한 결과는

$$Y=\tan\theta\cdot X+\frac{1}{2}\frac{eE}{m}\left(\frac{X}{v_0\cos\theta}\right)^2 \cdots\cdots\cdots\cdots \langle\text{식15-10}\rangle$$

과 같다.

따라서 아래 <그림15-2>처럼 (+)전하의 궤도는 아래로 볼록한 포물선의 일부가 되고 전자는 위로 볼록한 포물선의 일부를 따라 운동한다.

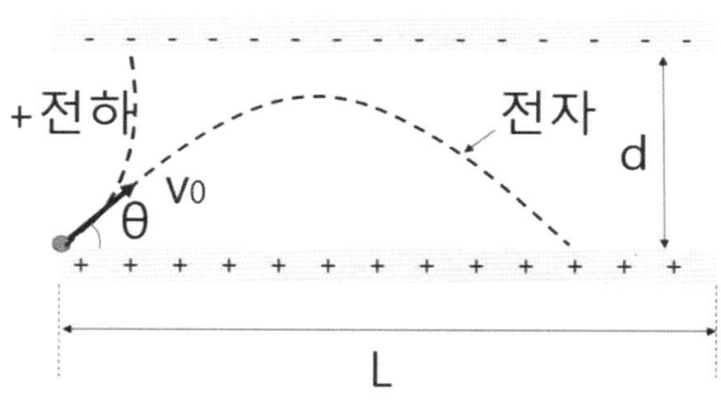

<그림15-2>

2. 중력과 전기장이 나란한 경우의 전하의 운동

<그림15-3>처럼 중력장 하에서 중력과 나란히 형성된 균일한 자기장 속에서 질량이 m, 전하량이 $+q$인 전하를 v_0의 속력으로 입사한 경우를 생각해 보자.

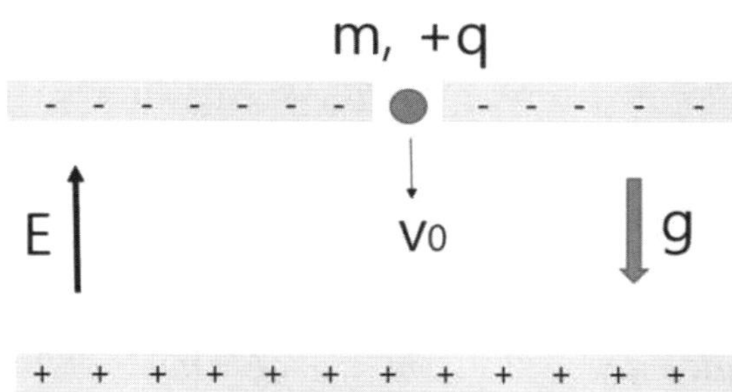

<그림15-3>

전하가 받는 전기력이 중력보다 크다고 가정하고 공기 저항과 같은 영향을 무시할 때 전하의 시간에 따른 속도, 변위 함수를 구해 보자.

먼저 전하에 작용하는 힘들의 운동 방정식을 중력 방향을 +방향으로 하여 적용하면

$$F = ma \Rightarrow mg - qE = m\frac{dv}{dt} \quad \cdots\cdots\cdots\cdots \langle 식15\text{-}11 \rangle$$

가 된다. <식15-11>을 시간이 0초일 때 속도가 v_0에서부터 시간이 t일 때 속도 v까지 적분은

$$\int_{v_0}^{v} dv = \int_0^t (g - \frac{qE}{m})dt$$

가 되고, 식을 풀어 $v(t)$를 구하면

$$v(t) = v_0 + (g - \frac{qE}{m})t \quad \cdots\cdots\cdots\cdots \langle 식15\text{-}12 \rangle$$

가 된다. $(g - \frac{qE}{m}) < 0$이기 때문에 물체의 속력은 시간에 비례하여 줄어든다.

$$v(t) = \frac{dY}{dt} = v_0 + (g - \frac{qE}{m})t$$

이므로 시간이 0초일 때 변위가 0에서부터 시간이 t일 때 변위 Y까지 적분은

$$\int_0^Y dY = \int_0^t (v_0 + (g - \frac{qE}{m})t)dt$$

가 되고, 식을 풀어 $Y(t)$를 구하면

$$Y(t) = v_0 t + \frac{1}{2}(g - \frac{qE}{m})t^2 \quad \cdots\cdots\cdots\cdots \langle 식15\text{-}13 \rangle$$

이 된다. $(g-\dfrac{qE}{m})=const$하므로 전하는 등가속도 운동을 한다.

전하가 이동할 수 있는 최대 변위는 얼마나 될까?

먼저 최대 변위 지점에서 속도의 크기$v(t)=0$이므로 <식15-12>에서 구한 시간을 <식15-13>에 대입하면 최대 변위를 구할 수 있다. 속도의 크기가 0이 되는 시간은

$$\frac{mv_0}{qE-mg}$$

이고, 최대 변위는

$$Y_{\max}=v_0(\frac{mv_0}{qE-mg})+\frac{1}{2}(\frac{mg-qE}{m})(\frac{mv_0}{qE-mg})^2=\frac{1}{2}\frac{mv_0^2}{(qE-mg)}$$

가 된다.

3. 중력과 전기장이 수직인 경우의 전하의 운동

<그림15-4>처럼 극판 사이의 거리가 d인 균일한 전기장(E) 영역에 질량이 m, 전하량이 $-q$인 대전입자를 −극판 가까이에 가만히 놓는 것을 나타낸 것이다. $-y$축 방향으로 중력이 작용하며 중력의 크기는 대전 입자가 받는 전기력과 크기가 같다. P점은 대전 입자를 가만히 놓는 지점을, Q점은 대전 입자가 도착하는 +극판의 지점을, D는 P점과 Q점의 수직 거리를 나타낸다.(단, g는 중력 가속도이며, 공기 저항은 무시한다.)

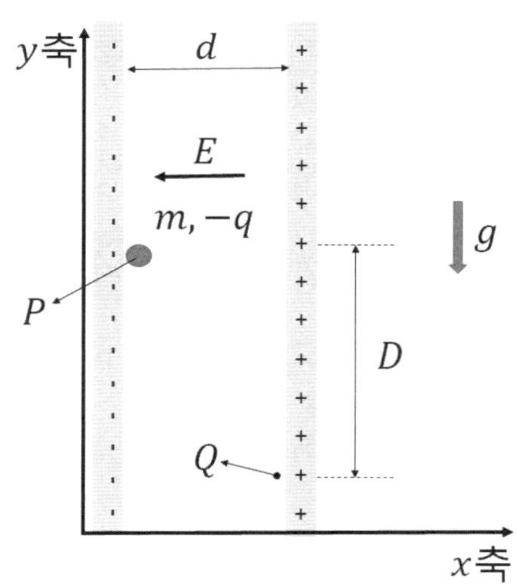

<그림15-4>

가. P점에서 Q점까지의 대전 입자의 운동 경로는 어떻게 될까?

대전 입자가 받는 힘은 전기력과 중력의 합 방향으로 일정한 크기의 힘을 받기 때문에 입자는 <그림15-5>처럼 등가속도 직선운동을 하게 된다(x축과 $-y$축 방향으로 각각 등가속도 운동을 한다).

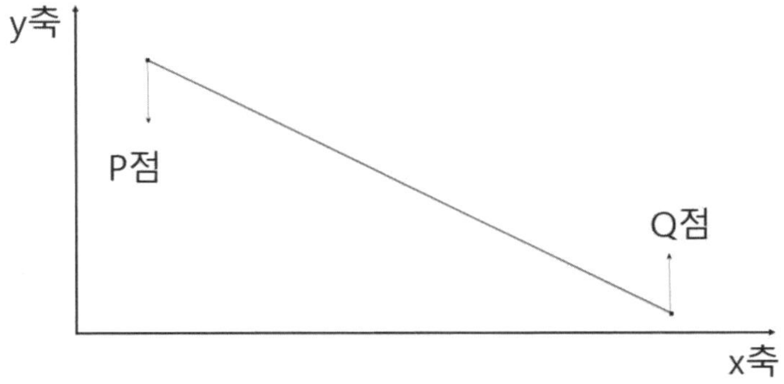

<그림15-5>

나. D의 크기를 g, E, d 등이 포함된 식으로 나타내어보자

대전 입자가 x축과 나란하게 거리 d만큼 이동하는 동안 $-y$축 방향으로 D만큼 이동한다. d만큼 이동하는 동안 x축 방향으로 등가속도 운동을 하므로

$$d = \frac{1}{2}a_x t^2 = \frac{1}{2}(\frac{qE}{m})t^2$$

이 되고 걸린 시간은

$$t = \sqrt{\frac{2md}{qE}} \quad \cdots\cdots\cdots\cdots \langle 식15\text{-}14 \rangle$$

이다.

y축 방향으로도 등가속도운동을 하므로

$$D = \frac{1}{2}a_y t^2 = \frac{1}{2}gt^2$$

이 되고, <식15-14>를 대입하면

$$D = \frac{1}{2}g\left(\sqrt{\frac{2md}{qE}}\right)^2 = \frac{mgd}{qE} \quad \cdots\cdots\cdots\cdots \langle 식15\text{-}15 \rangle$$

가 된다.

다. P점과 Q점을 잇는 직선거리 $\overline{PQ}$는 D의 몇 배인가?

<그림15-15>처럼 x축과 $-y$축 방향으로 변위 d와 D가 직각을 이루며 크기가 같으므로

$$\overline{PQ} = \sqrt{d^2 + D^2} = \sqrt{2}\,d = \sqrt{2}\,D$$

가 된다. 즉, $\overline{PQ}$는 D의 $\sqrt{2}$배 이다.

16장_퍼텐셜 에너지

<그림16-1>처럼 뉴턴은 질량을 가진 모든 물체 사이에 인력이 존재한다는 것을 발견하였는데, 이 힘을 만유인력이라고 한다.

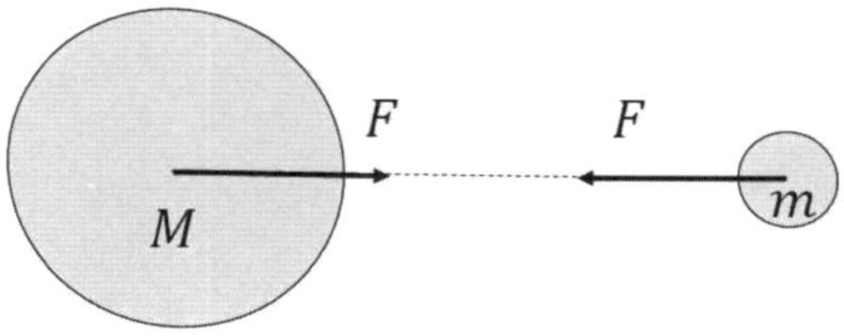

<그림16-1>

질량 M인 물체와 질량 m인 물체가 거리 r만큼 떨어져 있을 때 두 물체 사이에 작용하는 만유인력(F)의 크기는

$$F = G\frac{Mm}{r^2}$$ (G는 만유인력 상수) …………<식16-1>

이 된다. 여기서 힘의 방향은 두 물체를 서로 당기는 방향으로 작용한다.

1. 위치에너지 (mgh)

<그림16-2>처럼 지표면에서 가까이($R \gg h$) 떨어져 있는 물체가 가지는 위치에너지(E_p)는

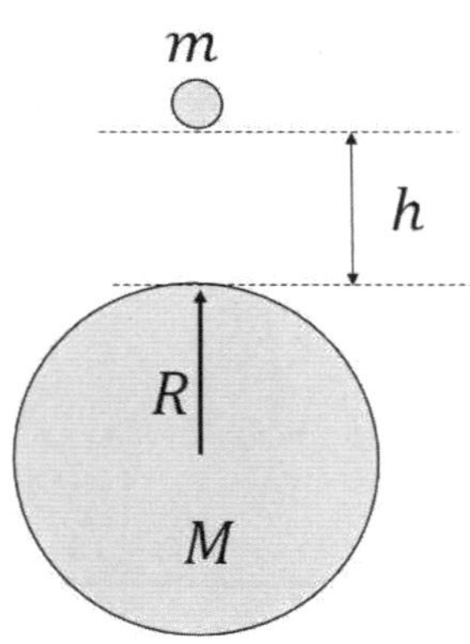

<그림16-2>

mgh이다. 왜 위치에너지가 mgh인가?

물체에 일을 가하면 물체는 에너지를 얻게 되는데 다음 <그림16-3>과 같은 경우를 생각해보자.

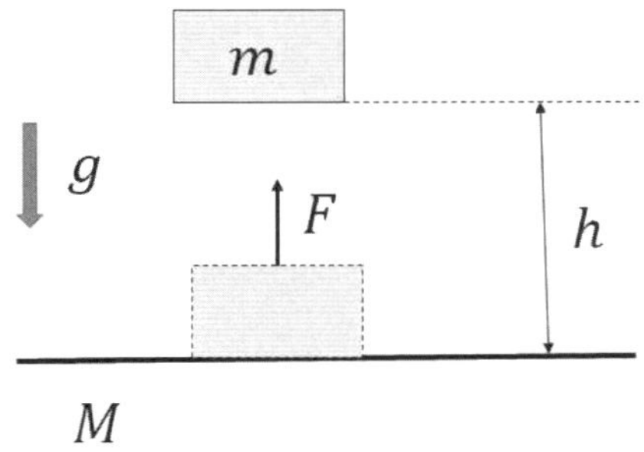

<그림16-3>

먼저 질량이 m인 물체를 등속도로 움직이도록 힘 F를 가하여 높이 h만큼 올리는데 드는 일의 양은

$$W=\vec{F}\cdot\vec{h}=Fh\cos 0^\circ=Fh$$

이다. 여기서 F는 지구가 물체를 당기는 중력의 크기만큼 반대 방향으로 가해 주어야 하는 힘으로 mg이다. 그러면

$$W=Fh=mgh \quad \cdots\cdots\cdots\cdots \langle 식16\text{-}2\rangle$$

가 된다. 여기서 힘F는 mg로 일정하다.

하지만 F는 물체가 높아짐에 따라 물체를 당기는 중력의 크기가 <식16-1>에 의해 작아지기 때문에 일정하지 않다.

즉 <그림16-4>에서 보는 바와 같이 힘F는

$$F=G\frac{Mm}{(R+r)^2} \quad \cdots\cdots\cdots\cdots \langle 식16\text{-}3\rangle$$

가 된다. 즉 높이 r에 따라 F는 작아져야만 물체에 작용하는 알짜힘이 0이 되어 등속도로 물체를 들 수 있다.

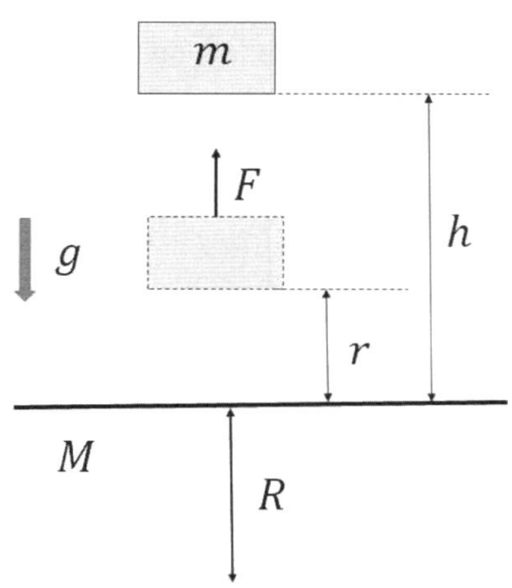

<그림16-4>

<식16-3>에서 r에 따른 힘 F의 그래프를 그려보면 <그림16-5>와 같이 된다. 그러면

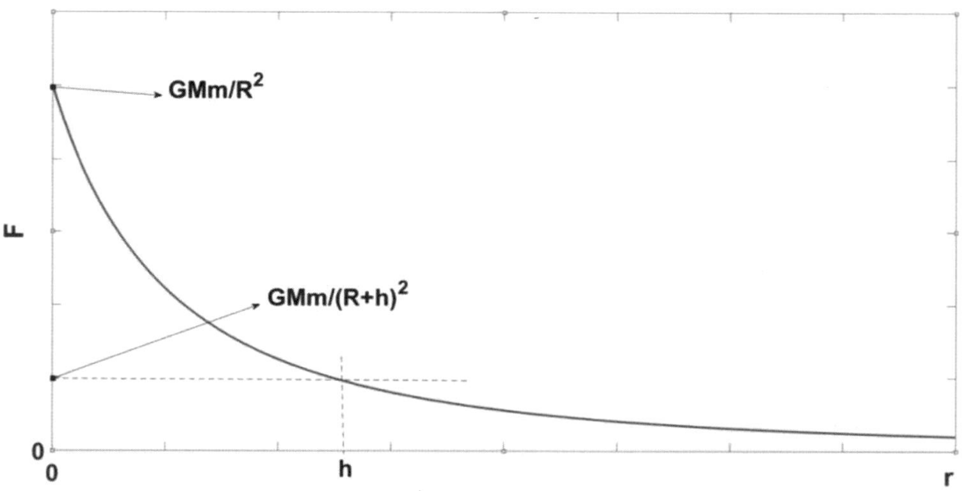

<그림16-5>

물체에 가해주는 힘 F가 한 일은 <그림16-5>의 그래프 면적이 되므로 <식16-2>는 적분 형태로 표현되어야 한다.

$$W = \int_{R}^{R+h} \frac{GMm}{r^2} dr \quad \cdots\cdots\cdots\cdots <식16-4>$$

이 된다. <식16-4>를 풀면

$$W = GMm\left[-\frac{1}{r}\right]_{R}^{R+h} = GMm\frac{h}{R^2+Rh} \quad \cdots\cdots\cdots\cdots <식16-5>$$

가 된다. 지표면 가까이에서는 $R \gg h$이므로 $R^2 + Rh \approx R^2$을 사용하면 <식16-5>는

$$W = GMm\frac{h}{R^2}$$

가 되며 $G\frac{Mm}{R^2} = mg \Rightarrow g = G\frac{M}{R^2}$을 사용하면

$$W = mgh$$

가 된다. 이때 $W = E_P$(위치 에너지)이므로

$$E_p = mgh$$

가 된다.

2. 중력 퍼텐셜 에너지 $(-G\frac{Mm}{r})$

<그림16-6>처럼 지구 주위를 속력 v로 원운동하고 있는 달이 있을 때 달이 가지는 역학적 에너지는 달의 운동에너지와 중력 퍼텐셜 에너지이다.

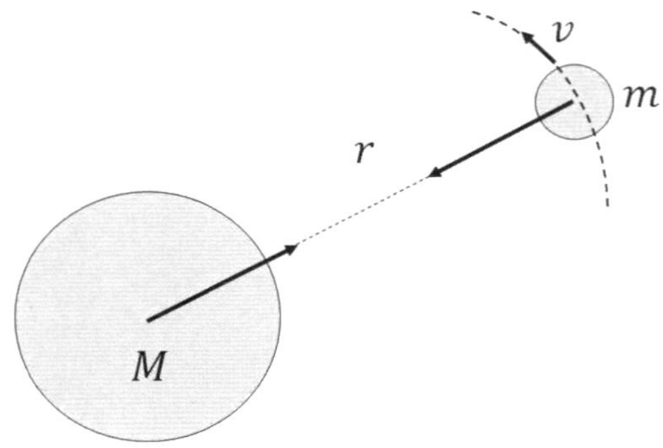

<그림16-6>

이를 식으로 나타내면

$$E = E_K + E_P = \frac{1}{2}mv^2 + (-G\frac{Mm}{r}) \cdots\cdots\cdots\cdots \langle 식16\text{-}6 \rangle$$

이 된다. <식 16-6>에서 $E_P = -G\frac{Mm}{r}$ 은 어떻게 나왔는가? 두 가지 방법으로 유도해 보자

첫째, <그림16-7>과 같이 질량 m인 물체를 지구 표면에서 처음 속도 v로 연직 방향으로 발사하면 이 때, 지표면에서의 물체의 운동에너지는 $E_K = \frac{1}{2}mv^2$이고, 지구 표면에서 높이 r까지 도달한 물체의 중력 위치 에너지의 변화는

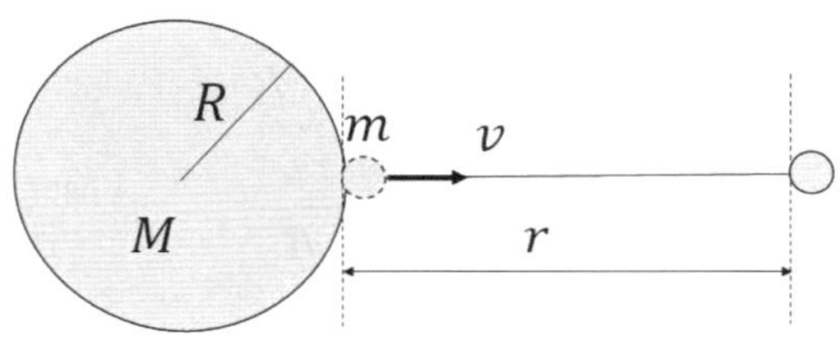

<그림16-7>

다음과 같은 적분식

$$E_P(R+r) - E_P(R) = GMm\int_R^{R+r}\frac{1}{r^2}dr \cdots\cdots\cdots\cdots \langle 식16\text{-}7 \rangle$$

로 정의된다. <식16-7>에서 $E_P(R+r) = -\frac{GMm}{R+r}$, $E_P(R) = -\frac{GMm}{R}$ 로 표현되므로 지구 중심에서 거리가 r'인 지점의 중력 위치 에너지는

$$E_P(r') = -\frac{GMm}{r'}$$

이 된다.

둘째, <그림16-8>처럼 질량이 M인 천체에서 거리 $r=\infty$ 지점에 있는 질량 m인 물체를 생각해보자.

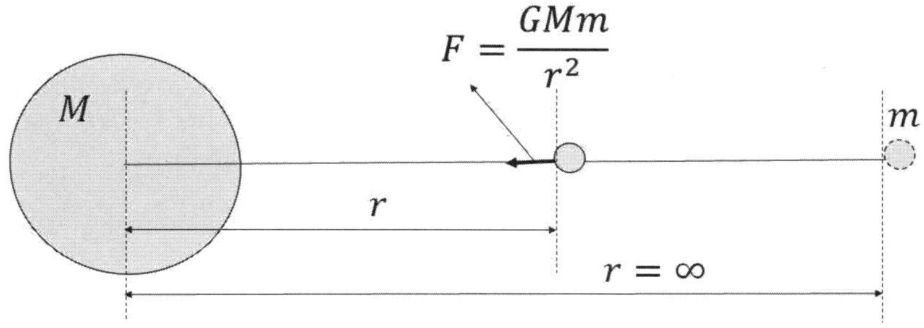

<그림16-8>

다른 천체의 영향을 무시하고 $M \gg m$이고 질량이 M인 천체는 움직이지 않는다고 가정하면 질량 m인 물체에는 질량이 M인 천체에 의한 만유인력($F=G\frac{Mm}{r^2}$)만이 작용한다. 이 힘에 의해 질량 m인 물체는 M인 천체 쪽으로 끌려오게 된다. 이 때 $F=G\frac{Mm}{r^2}$가 한 일을 계산해 보자. r에 따라 F는 다음 <그림 16-9>와 같이 변하므로

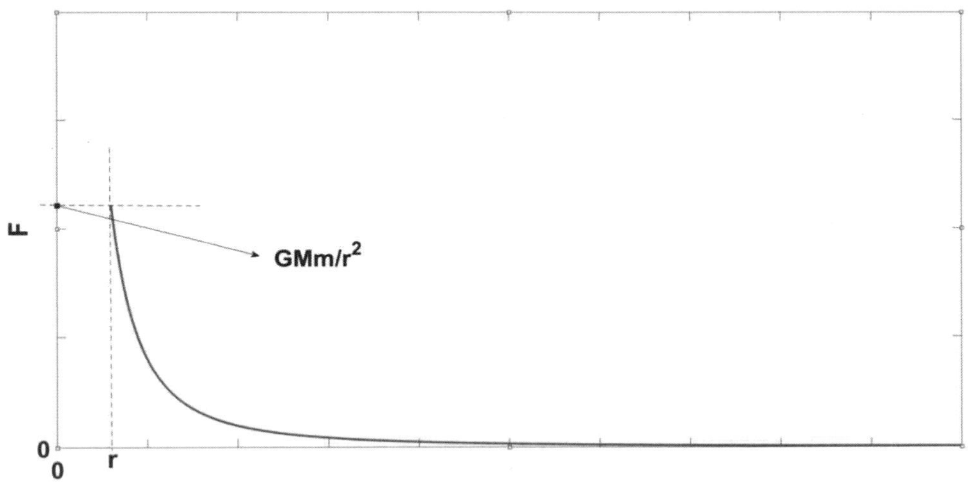

<그림16-9>

힘F가 한 일은 <그림16-9>의 그래프 면적이 되므로 적분 형태로 표현되어야 한다.

$$W=\int_{r=\infty}^{r}\frac{GMm}{r^2}dr \quad \cdots\cdots\cdots\cdots \text{<식16-8>}$$

힘이 물체에 한 일이 물체가 가지는 중력에 의한 위치에너지 E_P가 되고 <식16-8>를 풀면

$$E_P=W=GMm\left[-\frac{1}{r}\right]_{r=\infty}^{r}=-\frac{GMm}{r} \quad \cdots\cdots\cdots\cdots \text{< 16-9>}$$

이 된다.

3. 역학적 에너지 문제

가. <그림16-10>처럼 질량이 M, 반지름 R인 지구에서 거리 r만큼 떨어진 곳에서 질량 m인 물체가 v의 속력으로 등속원운동을 할 때 물체의 역학적 에너지는 어떻게 될까?

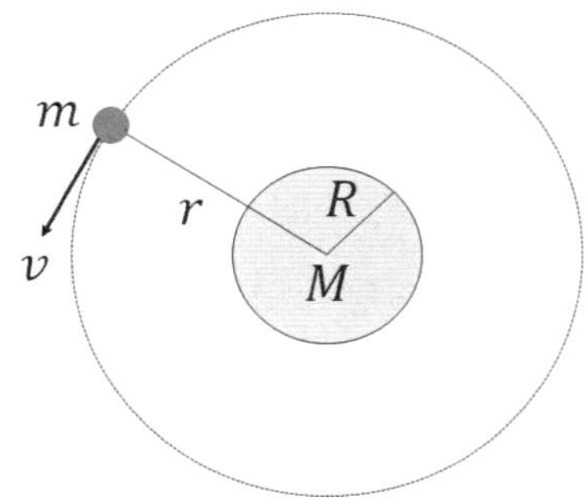

<그림16-10>

반지름 r인 원궤도를 등속원운동을 할 때 물체와 지구 사이의 만유인력이 구심력의 역할을 하므로

$$(\text{만유인력=구심력})\ G\frac{Mm}{r^2}=m\frac{v^2}{r} \quad \cdots\cdots\cdots\cdots\langle\text{식}16\text{-}10\rangle$$

이 된다. 이 식에 $\frac{r}{2}$을 양변에 곱하면 오른쪽 식이 운동에너지를 구하는 식이 되므로 운동에너지 E는

$$E=\frac{1}{2}mv^2=G\frac{Mm}{2r}$$

이다.

역학적 에너지(E)는 운동에너지(E_K)와 위치에너지(E_P)의 합이므로

$$E=E_K+E_P=\frac{1}{2}mv^2+(-G\frac{Mm}{r})= G\frac{Mm}{2r} + -\frac{GMm}{r} = -\frac{GMm}{2r}$$

이다. 여기서 E가 음수라는 의미는 질량 m인 물체가 질량 M에 구속되어 있다는 뜻이다.

나. 그림16-10에서 지구의 질량을 M, 지구의 반지름을 R, 인공위성의 질량을 m이라 할 때 인공위성이 지표 근처($r\approx R$)에서 원궤도를 유지할 수 있는 속도는 7.9km/s이다. 이 속도를 제1우주 속도라 한다. 또한 인공 위성이 지구 인력을 벗어나기 위한 최소한의 속도는 11.2km/s이다. 이 속도를 탈출속도(혹은 제2우주 속도)라 한다. 제1우주 속도(v_1)와 제2우주 속도(v_2)는 어떻게 구해질까?

제1우주 속도란 지표면 근처에서 등속원운동 할 때 물체의 속도이므로, <식16-10>

$G\frac{Mm}{r^2}=m\frac{v_1^2}{r}$ 에서 $r \fallingdotseq R$을 사용하면

$$v_1=\sqrt{\frac{GM}{R}}=\sqrt{\frac{6.67\times10^{-11}\times6\times10^{24}}{6.4\times10^6}}=7.9\text{km/s}$$

이 된다.

물체가 지구의 중력장을 탈출하기 위해서 <그림16-11>처럼

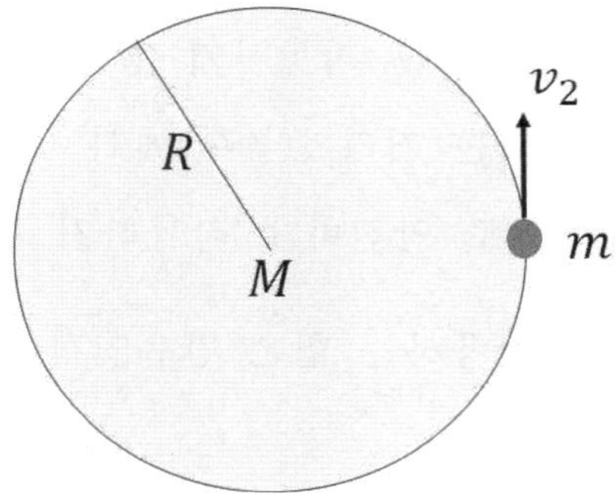

<그림16-11>

지구 표면에서 발사된 물체가 <그림16-8>처럼 $r=\infty$ 지점까지 가면 되고 최소한 $r=\infty$ 지점에서 $v=0$이면($r=\infty$ 지점에서 역학적 에너지는 0) 지구를 탈출하는 것이 되므로 <식16-6>에서

$$E=E_K+E_P=\frac{1}{2}mv_2^2+(-G\frac{Mm}{R})=0 \quad \cdots\cdots\cdots\cdots \langle 식16\text{-}11\rangle$$

이 되어야 한다. 중력장을 벗어나기 위한 최소한의 속력, 제2우주 속도 v_2는 $\frac{1}{2}mv_2^2=\frac{GMm}{R}$에서

$$v_2=\sqrt{\frac{2GM}{R}}=\sqrt{2}\,v_1=11.2\text{km/s}$$

가 된다.

다. <그림16-12>는 착륙선이 행성 표면에 연직 방향으로 착륙하는 것을 나타낸 것이다. 착륙선은 어떤 시각 t일 때 행성의 중심으로부터 거리가 r만큼 떨어져 있다.(단, 착륙선의 역추진 로켓이 작동 되어도 착륙선의 질량은 변하지 않으며 행성에는 진공 상태라 공기 저항력은 존재하지 않는다. 행성의 질량은 M, 만유 인력 상수 G, 착륙선의 질량은 m이다)

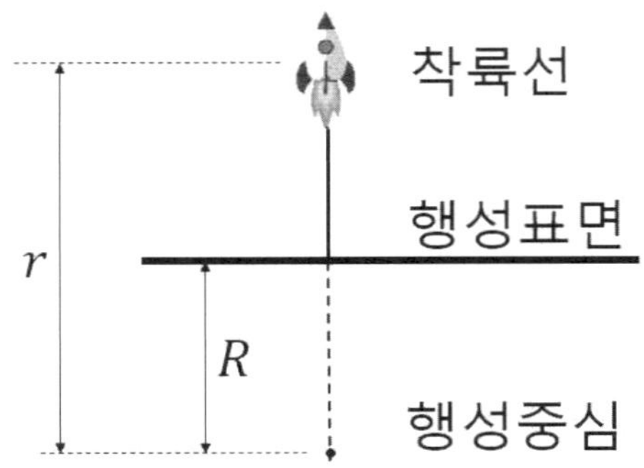

<그림16-12>

착륙선 속력이 v가 될 때 역추진 로켓을 작동시켜 행성 표면에 가장 안전하게 착륙하기 위해 행성 표면에서 얼마만큼 떨어져 있는 거리 r(높이)에서 역추진 로켓을 작동시켜야 하는가?

착륙선이 행성 표면에 연직 방향으로 안전하게 착륙하기 위해서는 행성 표면에서 속력이 0이 되어야 함을 의미하며 착륙선에 작용하는 힘은 만유인력($G\frac{Mm}{r^2}$)과 역 추진력(ma_D)이 있다. a_D는 역추진가속도이다.

이 힘들을 가지고 착륙선의 운동 방향을 +로 했을 경우 운동방정식을 세우면

$$G\frac{Mm}{r^2} - ma_D = -ma \quad \cdots\cdots\cdots\cdots \text{<식16-12>}$$

가 되고, 착륙선의 질량 m을 제거하면 $a = a_D - G\frac{M}{r^2}$이 되고 이는 다시

$$a = \frac{dv}{dt} = \frac{dv}{dr}\frac{dr}{dt} = a_D - G\frac{M}{r^2} \quad \cdots\cdots\cdots\cdots \text{<식16-13>}$$

이 된다. $\frac{dr}{dt} = v$이므로 최종적으로

$$v\frac{dv}{dr} = a_D - G\frac{M}{r^2} \quad \cdots\cdots\cdots\cdots \text{<식16-14>}$$

이 된다. 거리 r에 대한 특정한 값을 구하기 위해 $r = R$일 때 $v = 0$인 조건을 사용해 <식16-14>를 적분하면

$$\int_0^v v\,dv = \int_{r=R}^{r=r} (a_D - G\frac{M}{r^2})dr \quad \cdots\cdots\cdots\cdots \text{<식16-15>}$$

이 되고, <식16-15>를 최종적으로 구하면 다음과 같은 거리 r에 대한 이차방정식

$$a_D r^2 - (a_D R + \frac{GM}{R} + \frac{1}{2}v^2)r + GM = 0 \quad \cdots\cdots\cdots\cdots \text{<식16-16>}$$

이 된다.

이 식의 해는 $r_{1,}\,r_2$가 나오는데 $r_1 - R,\ r_2 - R$의 값 중 +값이 나오는 r이 해가 된다.

또 다른 방법으로 <식16-6>을 사용하면

r에서의 역학적 에너지$(E_K + E_P)$ = R에서의 역학적 에너지$(E_K' + E_P')$

+역 추진력이 한 일$[\,W_D = ma_D(r-R)]$

$$\frac{1}{2}mv^2 - G\frac{Mm}{r} = 0 - G\frac{Mm}{R} + ma_D(r-R) \quad \cdots\cdots\cdots\cdots \text{<식16-17>}$$

이 되고, 이 식을 정리하면 <식16-16>과 같은 식이 나온다.

4. 전기력에 의한 퍼텐셜 에너지

<그림16-13>처럼 전하량이 $+Q$인 곳에서 거리 $r=\infty$지점에 있는 전하 $+q$를 생각해 보자.

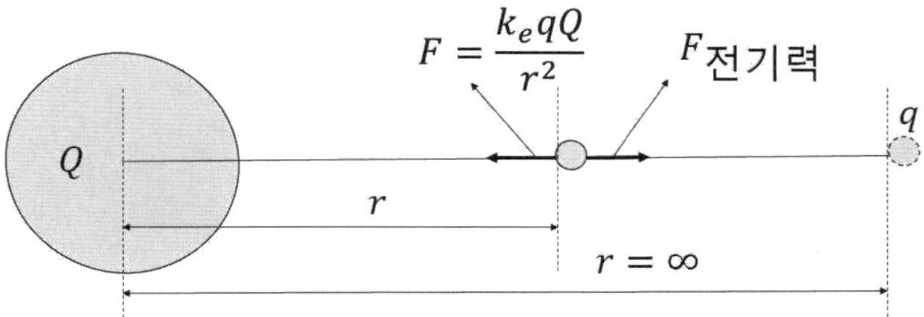

<그림16-13>

전하 $+q$를 $+Q$인 곳까지 옮기려고 하면 $F_{전기력}$ 반대 방향으로 힘 F를 가해 주어야 하며 r에 따라 F는 <그림16-14>와 같이 변한다.

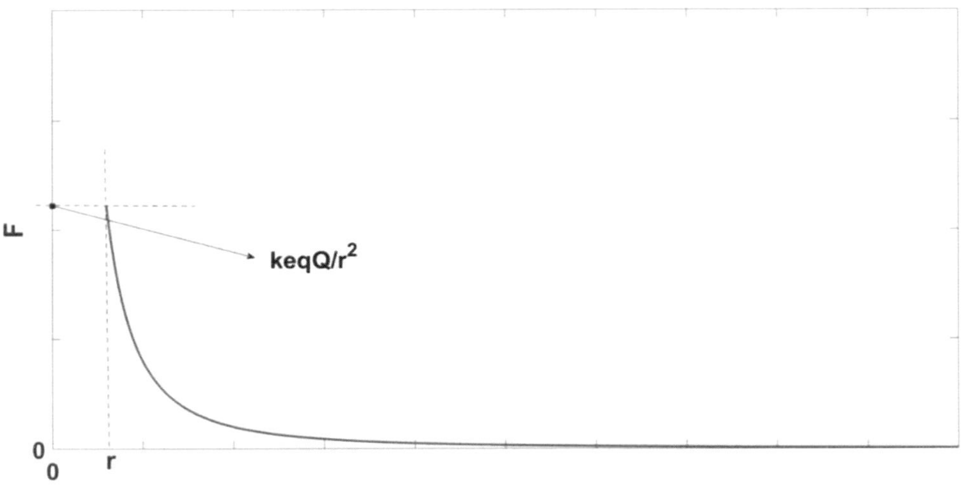

<그림16-14>

힘 F가 한 일은 <그림16-14> 그래프의 면적이 되므로 적분 형태로 표현되어야 한다.

$$W = \int_{r=\infty}^{r} -k_e \frac{Qq}{r^2} dr \quad \cdots\cdots\cdots\cdots \text{<식16-18>}$$

이 된다. 힘이 한 일이 전하가 가지는 전기적 위치에너지가 되고 <식16-18>를 풀면

$$W = E_P = k_e Qq\left[\frac{1}{r}\right]_{r=\infty}^{r} = \frac{k_e Qq}{r} \quad \cdots\cdots\cdots\cdots \text{<식16-19>}$$

가 된다. 또한 단위 전하가 가지는 전기적 위치에너지를 전위(V)라고 하고

$$V = \frac{E_P}{q} = k_e \frac{Q}{r} \quad \cdots\cdots\cdots\cdots \text{<식16-20>}$$

가 되고, <식16-19>는

$$W = qV \quad \cdots\cdots\cdots\cdots \text{<식16-21>}$$

로도 표현된다.

러더포드(1871~1937)는 1895년 영국의 캐번디시 연구소에 들어가 톰슨의 공동 연구자로서 원자의 구조를 밝히는데 큰 공헌을 하였다. 그는 <그림16-15>와 같이 금속의 얇은 막(금, $^{197}_{79}Au$)에 α 입자(헬륨의 원자핵, $^{4}_{2}He$)를 때려 줌으로써 원자의 내부 구조를 밝히는 데 기여하였다.

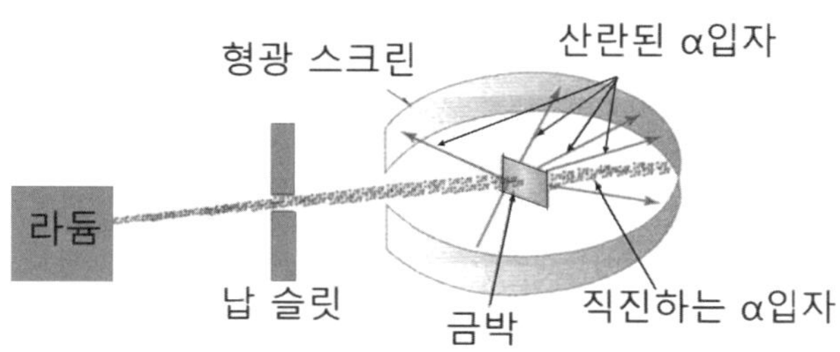

<그림16-15>

실험의 결과 러더포드는 원자의 질량이 거의 대부분 극소 부분에 집중되어 양전하의 원자핵을 이루고 있다는 결론을 내렸다.

가. 전자의 전하량을 e라고 할 때, 정지한 상태의 α입자를 V의 전압으로 가속 시켰을 때, α입자의 운동에너지(E_K)는 어떻게 표현될까?

전자 한 개가 받은 일(W)은 <식16-21>에 의해 $W = eV(q = e)$이고, α입자는 전하량이 $2e$이므로 받은 일은 $2eV$가 된다. α입자가 받은 일은 α입자의 운동에너지 변화량과 같으므로 $W = \Delta E_K$(처음 α입자의 운동 에너지 $E_K = 0$)에서 α입자의 운동에너지E_K는 $2eV$가 된다.

가. 정지한 상태의 α입자를 V의 전압으로 가속시켜 α입자가 금의 원자핵에 정면으로 충돌할 경우 처음 운동 방향과 반대 방향으로 돼 튕겨 나오는데 이 때 α입자가 금의 원자핵에 가장 가까이 접근할 수 있는 거리r_0(금 원자핵 중심으로 부터의 거리)는 어떻게 될까?(단, 중력에 의한 위치에너지는 전기적 위치 에너지에 비해 아주 작다.)

$2eV$의 운동에너지를 가진 α입자가 원자핵과 척력을 받으면서 진행하므로 가장 가까이 원자핵에 접근 하였을 경우 α입자의 E_K는 0이 된다. 이 때 α입자의 운동에너지E_K는 전기적 위치에너지 E_P ($E_P = k_e \frac{2e \times 79e}{r}$, k_e = 비례상수, r = 원자핵으로부터의거리)로 전환된다.

<식16-6>을 적용하면

$$E_K + E_P = E_K' + E_P' \Rightarrow 2eV + 0 = 0 + k_e \frac{2e \times 79e}{r_0}$$

가 성립하고 처음E_P는 원자핵으로부터 멀리 떨어져 있어 0이 되고 E_K'는 원자핵에 가장 가까이 갔을 때 $v = 0$이므로 0이 되어 $2eV = k_e \frac{2e \times 79e}{r_0}$ 에서

$$r_0 = 79k_e \frac{e}{V}$$

가 된다.

5. 정지한 물체의 위치에너지

<그림16-16>처럼 지표면에 정지한 물체가 있을 때의 물체의 위치에너지는 어떻게 될까?

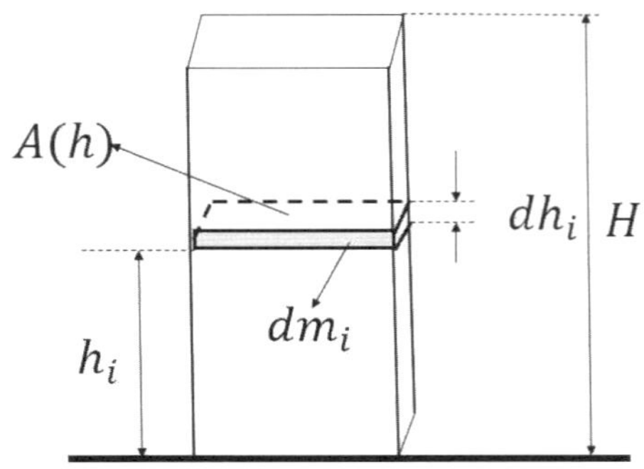

<그림16-16>

높이 H, 질량 m, 밀도가 ρ로 균일한 직사각형 기둥이 지면에 정지하고 있을 때 이 물체가 지면에 대해 가지는 중력에 의한 위치에너지는 $mg\frac{H}{2}$이다(이 때, g는 중력 가속도이다.). 이는 <식16-2>에서 h대신 물체의 무게 중심 $h=\frac{H}{2}$를 식에 대입한 것과 같다.

왜 위치에너지가 $mg\frac{H}{2}$인지를 계산해 보자.

높이 h_i인 지점에서 두께가 dh_i, 표면적이 $A_i(h)=A$인 미소 질량 dm_i의 위치에너지는 $dE_{pi}=gh_idm_i$이므로 직사각형 기둥의 위치에너지는

$$E_p=\sum_{i=1}^{N}dE_{Pi}=\sum_{i=1}^{N}gh_idm_i \quad \cdots\cdots\cdots\cdots \text{<식16-22>}$$

가 되고, $dm_i=\rho Adh_i$, $AH\rho=m$ 와 $N\to\infty$을 사용하면 <식16-22>은 적분 형태로 표현하면

$$E_p=\int_0^H A\rho ghdh=A\rho g\frac{H^2}{2}=mg\frac{H}{2}$$

가 된다.

6. 구각에 의한 물체의 위치에너지

<그림16-17>처럼 구 껍질에만 질량이 고루 분포(표면 밀도 $\sigma=\frac{M}{4\pi R^2}$)할 때 구각의 중심에서 거리 r만큼 떨어진 곳의 위치에너지는 어떻게 될까?

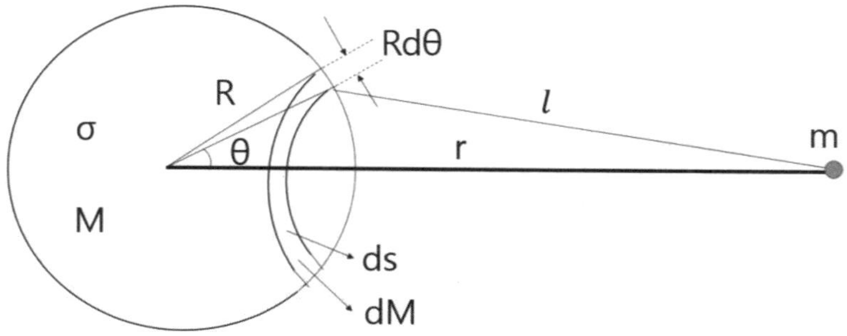

<그림16-17>

<식16-9>에서 물체 m의 위치에너지는 $E_P = -\frac{GMm}{r}$이 된다. 하지만 $r > R$인 경우는 값이 되지만 $r < R$ 인 경우는 $E_P = -\frac{GMm}{r}$에서 M이 없으므로 $E_P = 0$인가? 답은 '그렇지 않다' 이다. 그러면 E_P는 얼마인가?

구의 반지름 R, 구의 중심에서 질량 m이 있는 곳까지의 거리 r, 미소 질량 dM에서 질량 m 까지의 거리 l이 이루는 삼각형 <그림 16-18>을 생각하자.

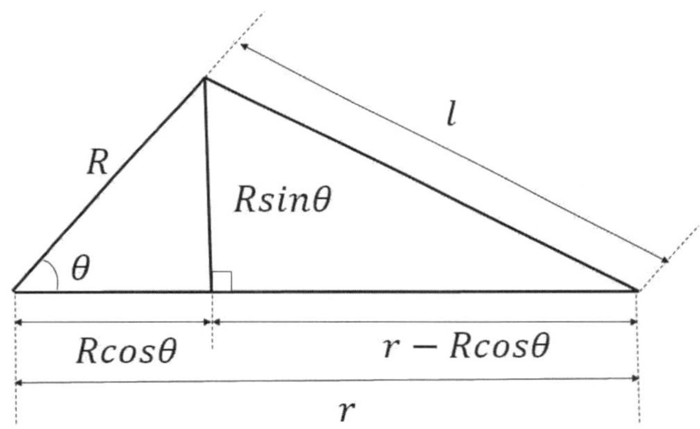

<그림 16-18>

<그림16-18>에서는 $l^2 = R^2\sin^2\theta + (r - R\cos\theta)^2$의 관계가 성립하여

$$l = \sqrt{R^2 + r^2 - 2rR\cos\theta} \quad \cdots\cdots\cdots\cdots \text{<식16-22>}$$

가 된다.

미소 질량에 의한 위치 에너지 dE_P를 구하면 <식16-9>에 의해

$$dE_P = -G\frac{mdM}{l} \quad \cdots\cdots\cdots\cdots \langle 식16\text{-}23 \rangle$$

가 된다. 식에 $dM = \sigma dS = \sigma 2\pi R\sin\theta Rd\theta$($dS$는 미소 면적)를 대입하면

$$dE_P = -G\frac{m\sigma 2\pi R\sin\theta Rd\theta}{l} \quad \cdots\cdots\cdots\cdots \langle 식16\text{-}24 \rangle$$

가 된다. 식에서 적분 변수 θ의 범위는 $0 \le \theta \le \pi$이고 식16-22를 대입하여 적분하면

$$\begin{aligned} E_P &= -Gm\int_0^{\pi}\frac{\sigma 2\pi R\sin\theta Rd\theta}{\sqrt{R^2+r^2-2rR\cos\theta}} \quad \cdots\cdots\cdots\cdots \langle 식16\text{-}25 \rangle \\ &= -Gm\sigma 2\pi R^2\int_0^{\pi}\frac{\sin\theta d\theta}{\sqrt{R^2+r^2-2rR\cos\theta}} \end{aligned}$$

가 된다. 이식은 또 다음과 같이 표현되어 어렵지 않게 적분할 수 있다.

$$E_P = -Gm\sigma 2\pi R^2\int_0^{\pi}\frac{1}{rR}\frac{d}{d\theta}\left(\sqrt{R^2+r^2-2rR\cos\theta}\right)d\theta \quad \cdots\cdots\cdots\cdots \langle 식16\text{-}26 \rangle$$

〈식16-26〉을 적분하면

$$E_P = -\frac{Gm\sigma 2\pi R}{r}[(R+r)-|r-R|] \quad \cdots\cdots\cdots\cdots \langle 식16\text{-}27 \rangle$$

가 된다.

$r > R$인 경우 〈식16-27〉은

$$E_P = -\frac{Gm\sigma 4\pi R^2}{r} = -\frac{GmM}{r} \quad \cdots\cdots\cdots\cdots \langle 식16\text{-}28 \rangle$$

이 되어 〈식16-9〉와 같아진다.

$r < R$인 경우 〈식16-27〉은

$$E_P = -\frac{Gm\sigma 2\pi R}{r}2r = -\frac{Gm\sigma 2\pi}{r}\frac{R^2}{R}2r = -\frac{GMm}{R} \quad \cdots\cdots\cdots\cdots \langle 식16\text{-}29 \rangle$$

이 되어, 구 껍질의 내부에 질량m이 위치하고 있을시 내부 어디에서나 위치 에너지가 일정함을 의미한다.

17장_도르래

<그림17-1>은 조선 정조 시대 수원 화성을 건설할 때, 실학자 정약용이 도르래의 원리를 이용하여 무거운 물건을 들어 올릴 때 사용하던 기계 거중기를 나타낸 것이다.

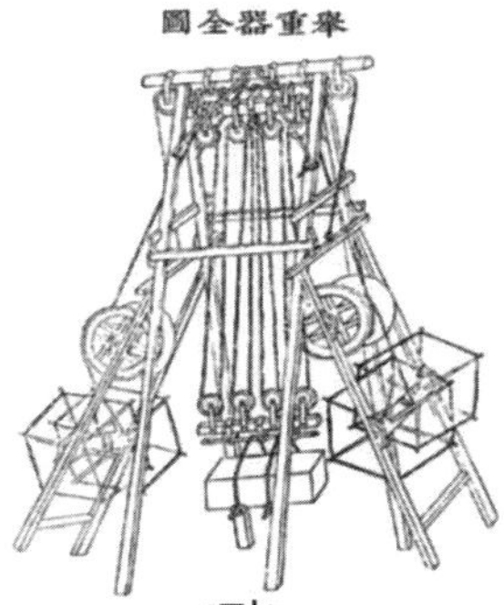

(가)

(나)

<그림17-1>

(가)는 화성성역의궤에 수록된 그림이며 (나)는 이를 현대에 복원한 그림을 나타낸다. 밧줄을 감아 돌릴 수 있는 장치로 밧줄을 잡아당기면 여러 개의 도르래로 연결된 무거운 물체를 쉽게 들어 올릴 수 있도록 되어 있다.

이 거중기는 고정도르래와 움직도르래를 함께 사용하는 복합도르래이다.

1. 고정도르래

고정도르래란 <그림17-2>처럼 회전축이 고정된 도르래를 말한다.

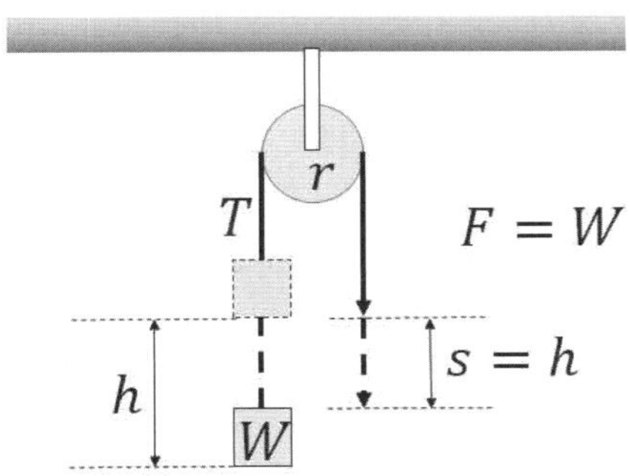

<그림17-2>

<그림17-2>는 천정에 고정된 반지름이 r인 고정도르래에 무게 w인 물체가 매달려 있고 사람이 힘 F로 등속으로 줄을 당기는 모습을 나타낸 것이다. 물체가 정지하고 있을 때 O점을 중심으로 도르래는 평형을 유지하고 있으므로 돌림힘(회전력=τ)의 합이 ($\sum_{i=1}^{N}\tau_i=0$)이 0이 되어야 한다. 회전력의 크기는 $|\vec{\tau}|=\vec{r}\times\vec{F}=|r||F|\sin\theta$로 정의된다.

물체에 의해 도르래가 반시계방향으로 회전하려는 돌림힘 크기는 rw와 힘 F에 의해 시계방향으로의 돌림힘 rF가 같아야 하므로 $rw=rF$가 되고 $F=w$가 되며 사람이 한 일(Fs)과 도르래가 한 일(Th)이 똑같아 일의 이득은 없다(T는 줄에 걸린 장력이다). 즉 도르래는 힘의 작용점을 바꾸는 역할만하고 물체를 그냥 들어 올리는 것과 똑같은 힘이 든다.

2. 움직도르래

움직도르래란 <그림17-3>처럼 회전축이 고정되지 않고 이동하는 도르래를 말한다.

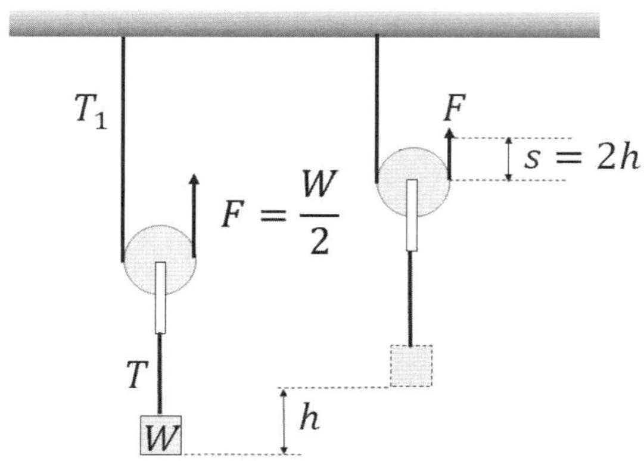

<그림17-3>

<그림17-3>은 반지름이 r인 도르래에 무게 w인 물체가 매달려 있고 사람이 힘 F로 등속으로 줄을 당기는 모습을 나타낸 것이다. 물체가 정지하고 있을 때 도르래는 평형을 유지하고 있으므로 돌림힘의 합과 힘들의 합($\sum_{i=1}^{N}F_i=0$)이 0이 되어야 한다.

O점을 중심으로 도르래가 반시계 방향으로의 회전하려는 돌림힘 크기 rF와 장력 T_1에 의해 시계 방향으로의 회전하려는 돌림힘 rT_1가 같아야 하므로 $rF=rT_1$이며, $F=T_1$이 되어 힘의 합도 0이 되어야 하므로 $T_1+F=w$이다. 여기서 $F=\frac{1}{2}w$가 되어 힘의 이득이 있다. 즉 물체를 직접 들어 올릴 때보다 힘의 크기가 반으로 줄어드는 이점이 있다. 그러나 물체가 이동하는 거리는 끌어당긴 줄의 길이의 반밖에 되지 않으므로 일에는 이득이 없다.

3. 복합도르래

<그림17-4>는 움직도르래와 고정도르래를 조합하여 만든 복합도르래이다.

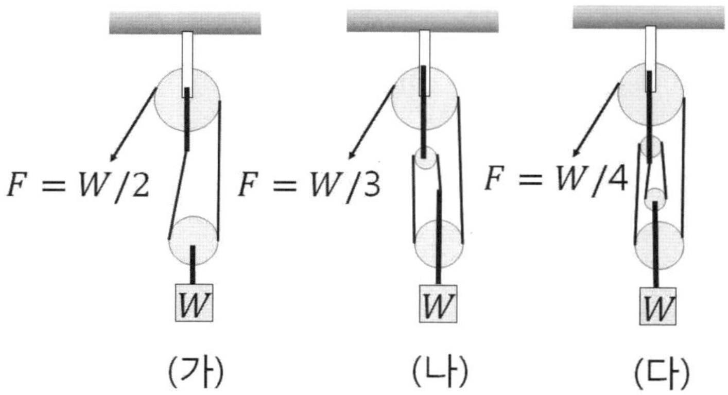

<그림17-4>

그림(가)에서 (다)까지 무게가 w인 물체를 들어 올리는데 필요한 힘 F_1, F_2, F_3는

각각 $F_1 = \frac{1}{2}w$ $F_2 = \frac{1}{3}w$ $F_3 = \frac{1}{4}w$ 이다.

움직도르래의 수가 늘어날수록 같은 무게의 물체를 들어 올리는 데 필요한 힘의 크기는 작아진다.

4. 애트우드 기계(Atwood machine)

<그림17-5>와 같은 애트우드 기계를 생각해 보자. 질량이 $m_2 > m_1$인 경우, m_2는 중력 방향으로 m_1은 그 반대 방향으로 운동한다. 이 경우 질량 m_1, m_2의 가속도 크기 a_1, a_2및 장력 T는 어떻게 될까?(실과 도르래의 질량은 무시한다).

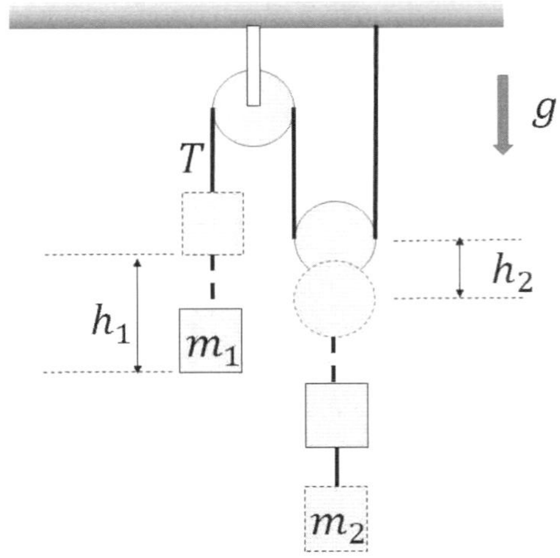

〈그림17-5〉

먼저 두 물체의 변위 관계식은

$$\overrightarrow{h_1} = -2\overrightarrow{h_2} \quad \cdots\cdots\cdots\cdots〈식17\text{-}1〉$$

가 성립한다. 또 $a_1 = \dfrac{d^2h_1}{dt^2}, a_2 = \dfrac{d^2h_2}{dt^2} = \dfrac{1}{2}\dfrac{d^2h_1}{dt^2} = \dfrac{1}{2}a_1$이 되는데 m_1의 가속도 크기가 m_2의 두 배

$$\overrightarrow{a_1} = -2\overrightarrow{a_2} \quad \cdots\cdots\cdots\cdots〈식17\text{-}2〉$$

가 된다.

또 두 물체에 작용하는 운동방정식을 세우면 관계식은

$$T - m_1 g = m_1 a_1,\ 2T - m_2 g = m_2 a_2 \quad \cdots\cdots\cdots\cdots〈식17\text{-}3〉$$

가 된다. 〈식17-2〉를 사용하여 정리하면

$$(m_2 - 2m_1)g = -(4m_1 + m_2)a_2$$

가 되어 가속도의 크기 a_1, a_2및 장력 T는

$$a_1 = \frac{2m_2 - 4m_1}{4m_1 + m_2}g,\ a_2 = \frac{2m_1 - m_2}{4m_1 + m_2}g, T = \frac{3m_1 m_2}{4m_1 + m_2}g \quad \cdots\cdots\cdots\cdots〈식17\text{-}4〉$$

가 된다.

만약 질량의 관계가 $m_2 = 2m_1$이면 $a_1 = a_2 = 0, T = m_1 g,\ m_2 \gg m_1$이면

$a_1 = 2g, a_2 = -g, T = 3m_1 g,\ m_1 \gg m_2$이면 $a_1 = -g, a_2 = \dfrac{1}{2}g, T = \dfrac{3}{4}m_2 g$가 된다.

5. <그림17-6>처럼 천장으로부터 실 γ로 매달린 고정도르래에 실 α를 걸고, 왼쪽에는 질량이 m인 물체 A를 오른쪽에는 질량이 m인 판을 매단다. A와 바닥 사이를 실 β로 잇고, 판 위에 질량이 M인 물체 B를 놓는다(실과 도르래의 질량은 무시한다).

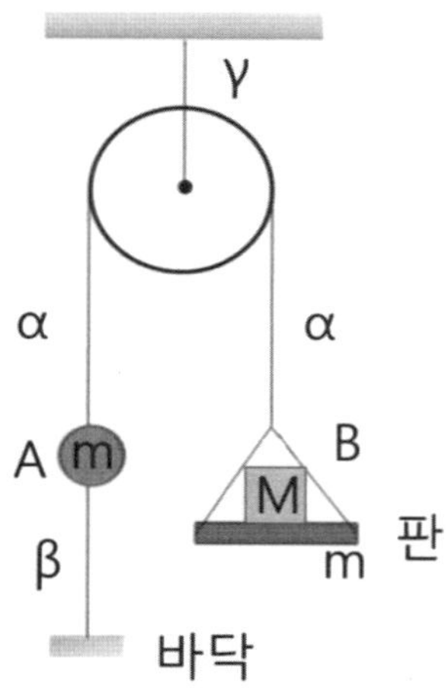

<그림17-6>

가. 실 α, β, γ의 장력은 각각 어떻게 되겠는가?

두 물체 A, B와 도르래가 실 α, β, γ에 연결되어 정지하고 있을 때, 각 실에 걸린 장력을 각각 T_α, T_β, T_γ라고 하면, A, B, 도르래 모두 정지해 있으므로 알짜힘은 모두 0이다. 이 때, 각 물체에 작용하는 힘들을 그림으로 나타내면 다음과 같다.

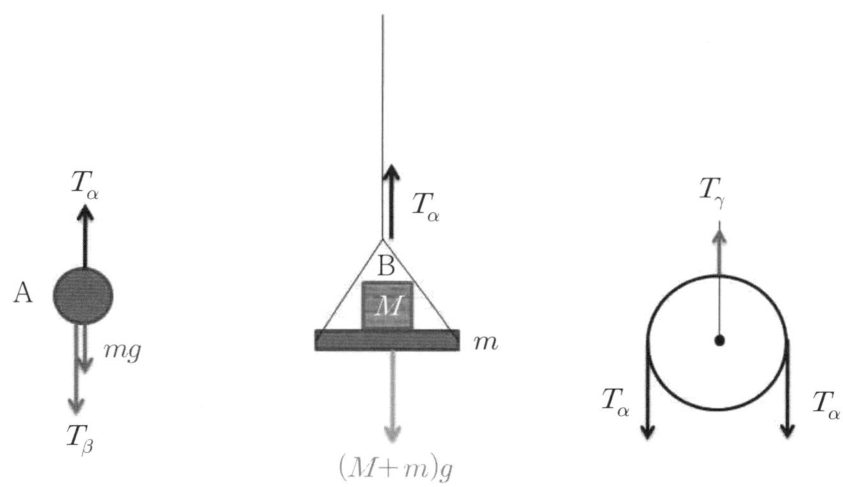

따라서, A, B, 도르래의 운동방정식을 나타내면

물체 A : $0 = mg + T_\beta - T_\alpha$ ············<식17-5>

물체 B : $0 = (M+m)g - T_\alpha$ ············<식17-6>

도르래 : $0 = 2T_\alpha - T_\gamma$ ············<식17-7>

가 된다.

각 물체의 운동 방정식 <식17-5~7>을 연립해서 풀면 각 실에 작용하는 장력은

$$T_\alpha = (M+m)g,\ \ T_\beta = Mg,\ \ T_\gamma = 2(M+m)g$$

가 된다.

나. 실 β를 잘랐더니 전체가 움직이기 시작할 경우

(1) A의 가속도와 A가 거리 h만큼 올라가는 데 걸리는 시간은 어떻게 되겠는가?

실 β를 자르면 물체에 작용하는 힘들은 다음 그림과 같다.

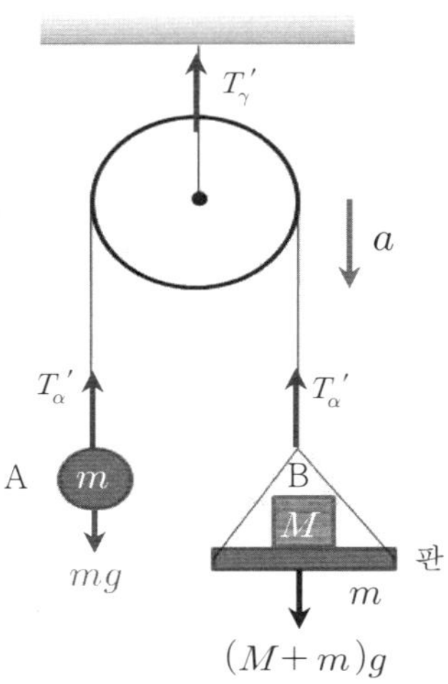

두 물체 A와 B는 실에 의해 연결되어 가속도 a로 함께 움직인다. 따라서 각 물체의 운동방정식은

물체 A : $ma = T_\alpha{}' - mg$ ············<식17-8>

물체 B : $(M+m)a = (M+m)g - T_\alpha{}'$ ············<식17-9>

도르래 : $T_\gamma{}' = 2T_\alpha{}'$ ············<식17-10>

가 된다.

<식17-8>과 <식17-9>를 연립하면 두 물체의 가속도는

$$a=\frac{Mg}{M+2m} \quad \cdots\cdots\cdots\cdots\text{<식17-11>}$$

와 같다

두 물체는 등가속도 운동을하므로 h만큼 올라가는 데 걸린 시간 t는

$$t=\sqrt{\frac{2h}{a}}=\sqrt{\frac{2h(2m+M)}{Mg}} \quad \cdots\cdots\cdots\cdots\text{<식17-12>}$$

이 된다.

(2) 실 γ의 장력은 어떻게 되겠는가?

실 γ에 작용하는 장력은 <식17-9>, <식17-10>, <식17-11>에 의해

$$T_\gamma'=2T_\alpha'=2(M+m)(g-a)=2(M+m)g(1-\frac{M}{M+2m})$$

$$T_\gamma'=\frac{4m(M+m)g}{M+2m}$$

가 된다.

(3) B가 판을 누르고 있는 힘의 크기는 어떻게 되겠는가?

물체 B가 낙하할 때, 받는 힘은 다음 그림과 같다.

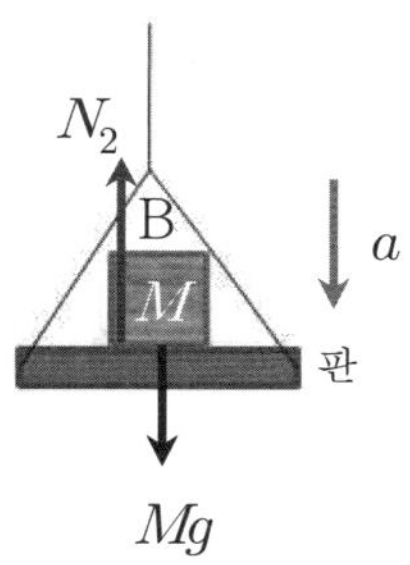

이 때, 물체 B의 운동방정식은

$$Ma=Mg-N_2$$

이고, N_2는 판이 B를 떠받치는 힘으로 B가 판을 누르는 힘과 작용•반작용 관계이므로 크기가 같다.

(1)에서 구한 a값을 대입하면 실이 끊어져서 B가 낙하하는 동안 판이 B를 떠받치는 힘의 크기는

$$N_2=M(g-a)=M(g-\frac{Mg}{2m+M})$$

$$N_2 = \frac{2mMg}{2m+M}$$

가 된다. 따라서, B가 판을 누르는 힘의 크기는 $\frac{2mMg}{2m+M}$ 이다.

6. <그림17-7>과 같이 질량이 m_1인 도르래, 질량이 M인 판 위에 질량이 m_2인 사람이 도르래에 걸린 줄을 당기는 모습이다. 도르래와 M은 줄로 연결되어 있다.

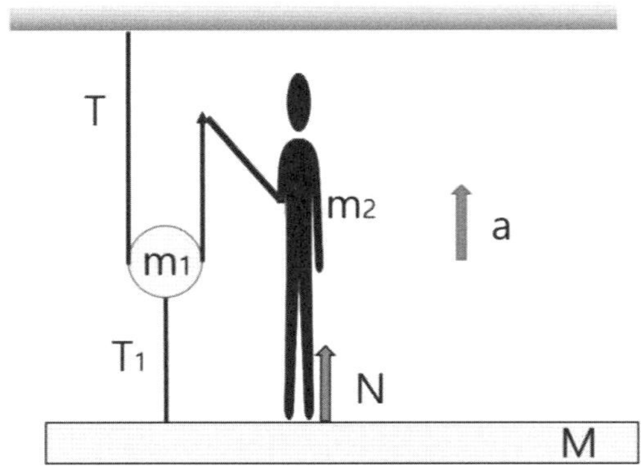

<그림17-7>

장치가 가속도 a로 운동하고 있을 때 장력 T, T_1, 수직 항력 N은 어떻게 될까?

먼저 m_1, m_2, M의 운동방정식을 세워보면

도르래 m_1 : $2T - T_1 - m_1 g = m_1 a$ …………< 17-13>

사람 m_2 : $N - T - m_2 g = m_2 a$ …………< 17-14>

물체 M : $T_1 - N - Mg = Ma$ …………< 17-15>

가 된다. 질량 m_1, m_2, M을 한 덩어리로 생각하여 운동 방정식을 세우면

$T - (M + m_1 + m_2)g = (M + m_1 + m_2)a$ …………< 17-16>

가 성립한다. <식17-13~16>을 연립하여 장력 T, T_1, N을 구하면

$$T = (M + m_1 + m_2)(a+g),\quad T_1 = (2M + m_1 + 2m_2)(a+g),\quad N = (M + m_1 + 2m_2)(a+g)$$

가 된다.

18장_빗면

마찰력(f)은 <그림18-1>처럼 물체가 어떤 면과 접촉하여 운동할 때 물체의 운동 방향과 반대 방향으로 물체의 운동을 방해하는 힘으로 그 크기는 접촉면의 거칠기, 물체의 무게에 따라 달라져 $f=\mu N$으로 표현되며 μ는 마찰계수, N은 수직 항력이다.

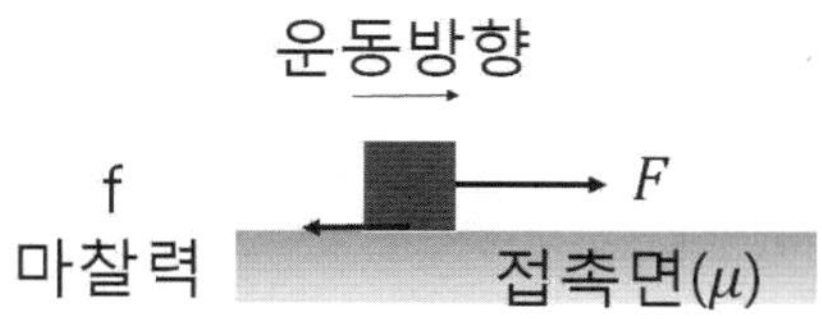

<그림18-1>

물체에 가해지는 외력(F)에 따라 물체에 작용하는 마찰력은 정지하고 있을 때와 운동할 때 <그림18-2>처럼 주어진다.

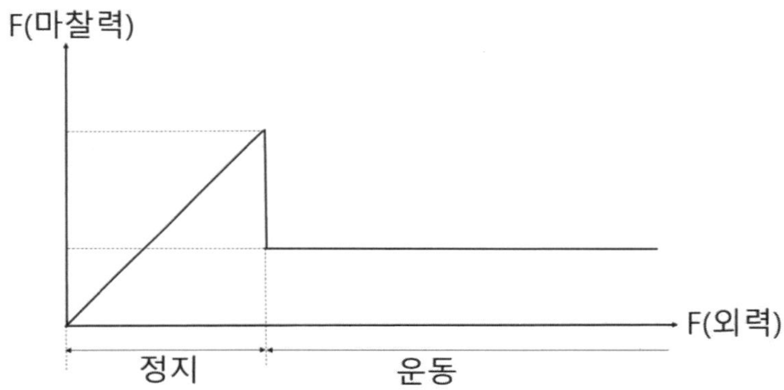

<그림18-2>

물체가 정지하고 있을 때 가해 주는 외력의 크기와 마찰력의 크기는 같고 운동하고 있을 때는 마찰력은 일정하다.

1. 마찰이 없는 빗면에서의 운동

<그림18-3>처럼 마찰이 없는 빗면($\mu=0$) 위에 놓인 물체가 빗면을 따라 내려오는 운동을 생각해 보자.

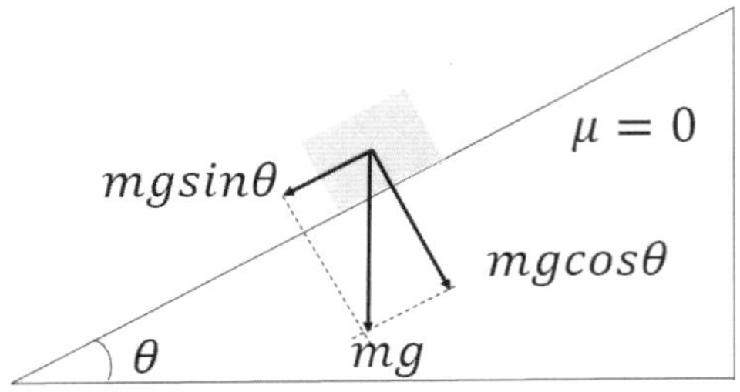

<그림18-3>

물체에 작용하는 힘은 중력 mg이고 이 힘을 빗면 방향과 나란한 힘과 빗면에 수직한 힘으로 분해하면 $F_{빗면} = mg\sin\theta$, $F_{수직} = mg\cos\theta$로 분해되며 빗면 방향으로의 운동 방정식을 세우면

$$F_{빗면} = mg\sin\theta = ma$$

가 되어 $a = g\sin\theta$로 가속도가 일정한 등가속도 운동을 한다.

만약 그림처럼 빗면의 각도 θ를 증가시켜 $\theta = 90^\circ$가 되면 운동방정식은

$$F_{빗면} = mg\sin 90^\circ = ma$$

가 되고, $a = g$로 자유낙하 하는 운동과 같아진다.

2. 마찰이 있는 빗면에서의 운동

<그림18-4>처럼 마찰이 있는 빗면($\mu \neq 0$) 위에 놓인 물체는 빗면을 따라 내려오는 운동을 생각해 보자.

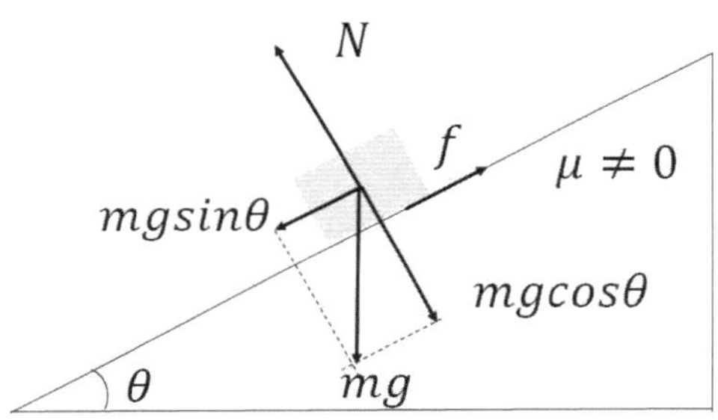

<그림18-4>

빗면 방향으로의 운동방정식을 세우면

$$mg\sin\theta - f = mg\sin\theta - \mu N = ma \quad \cdots\cdots\cdots\cdots \langle 식18\text{-}1 \rangle$$

가 된다. <식18-1>에 수직 항력 N은 $F_{수직} = mg\cos\theta$와 크기가 같으므로 대입해서 정리하면

$$a = g(\sin\theta - \mu\cos\theta) \quad \cdots\cdots\cdots\cdots \langle 식18\text{-}2 \rangle$$

가 된다. $\sin\theta \neq \mu\cos\theta$이면 가속도가 일정한 등가속도 운동을 한다.

만약 그림처럼 빗면의 각도 θ를 증가시켜 $\theta=90^\circ$가 되면 수직 항력은 $N=mg\cos 90^\circ=0$, 다시 말해 물체가 빗면을 누르는 힘이 0이 되어 $a=g[a=g(\sin 90^\circ-\mu\cos 90^\circ)]$로 자유낙하 하는 운동과 같아진다.

<식18-2>의 θ에 따른 가속도 a의 그래프를 그려보면 <그림18-5>와 같다. $\mu=1$일 때 $\theta=45^\circ$ 전후(A점)로 가속도 a의 부호가 변한다. 즉 $\theta>45^\circ$일 때 물체는 빗면 아래 방향으로 등가속도 운동을 한다.

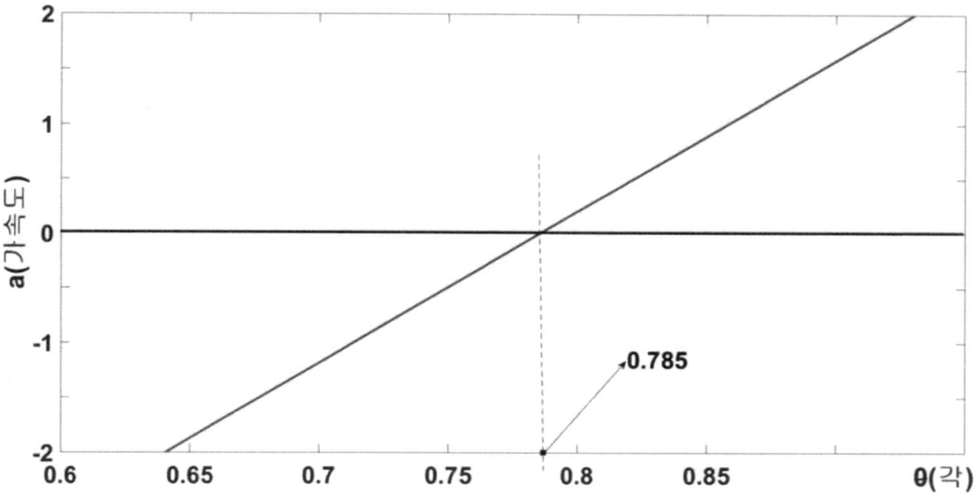

<그림18-5>

3. 마찰이 있는 빗면에서 물체가 정지하고 있을 때

<그림18-6>처럼 마찰이 있는 빗면에 놓인 질량 M인 물체에 수평면과 나란히 힘$F=Mg$를 가하고 있다. 이때 물체는 정지하고 있다고 생각해 보자.

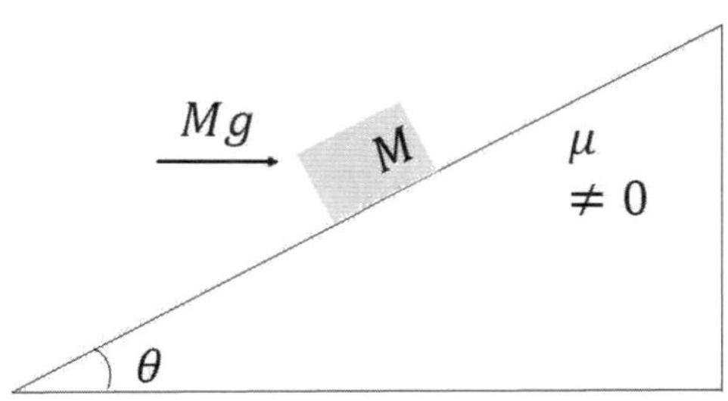

<그림18-6>

가. <그림18-6>에서 정지한 물체에 작용하는 마찰력의 크기와 방향은 어떻게 될까?

먼저 <그림18-6>의 물체에 작용하는 힘의 관계를 다시 그려보면 <그림18-7>과 같이 된다.

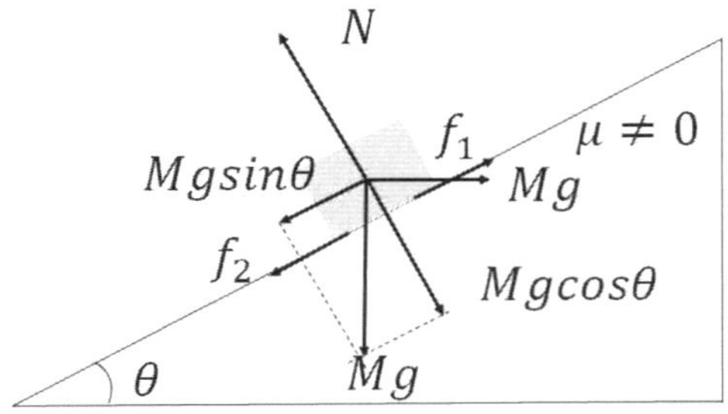

<그림18-7>

나. f_1, f_2는 물체에 작용하는 마찰력을 나타낸다. 마찰력의 방향은 f_1인가? f_2인가?

먼저 마찰력의 방향이 f_1이라고 두고 수평면과 나란히 가해진 힘 $F = Mg$를 분해하면

$$F_{빗면} = Mg\cos\theta,\ F_{수직} = Mg\sin\theta$$

가 되고, 중력 Mg를 분해하면

$$F_{빗면} = Mg\sin\theta,\ F_{수직} = Mg\cos\theta$$

가 된다. 빗면 방향에 대한 힘들의 운동방정식을 세워보면

$$Mg\cos\theta + f_1 - Mg\sin\theta = 0 \quad \cdots\cdots\cdots\cdots \langle 식18\text{-}3 \rangle$$

이고, 식을 정리하면

$$f_1 = Mg(\sin\theta - \cos\theta) \quad \cdots\cdots\cdots\cdots \langle 식18\text{-}4 \rangle$$

가 된다. f_1방향이 +가 되려면 $(\sin\theta - \cos\theta) > 0$이어야 하고 $\theta = \frac{\pi}{4}$보다 크면 된다. 즉 $\tan\theta > 1$이면 f_1방향이 되고, $\tan\theta < 1$이면 마찰력의 방향은 f_2가 된다.

다. 빗면의 각도가 $\theta = 0$에서 $\theta = \frac{\pi}{2}$까지 변할 때 물체가 정지하기 위한 마찰력과 그때의 수직 항력의 범위는 어떻게 될까?

$\sin(\theta - \frac{\pi}{4}) = \sin\theta\cos\frac{\pi}{4} - \cos\theta\sin\frac{\pi}{4}$이고 $\sqrt{2}\sin(\theta - \frac{\pi}{4}) = \sin\theta - \cos\theta$이므로

<식18-4>는

$$f_1 = \sqrt{2}\,Mg\sin(\theta - \frac{\pi}{4})$$

가 되고, $\theta = 0$이면 $f_1 = -Mg$, $\theta = \frac{\pi}{2}$이면 $f_1 = +Mg$가 되어 $-Mg \le f_1 \le Mg$이면 물체는 정지해

있다.

또한 물체는 빗면에 대해 수직 방향으로 정지하고 있으므로 물체에 작용한 수직 방향 힘들의 운동방정식을 세워보면

$$N - Mg\cos\theta - Mg\sin\theta = 0 \quad \cdots\cdots\cdots\cdots \langle 식18\text{-}5 \rangle$$

이 되고 식을 정리하면

$$N = Mg(\sin\theta + \cos\theta) \quad \cdots\cdots\cdots\cdots \langle 식18\text{-}6 \rangle$$

가 된다. $\sin(\theta+\frac{\pi}{4}) = \sin\theta\cos\frac{\pi}{4} + \cos\theta\sin\frac{\pi}{4}$이고 $\sqrt{2}\sin(\theta+\frac{\pi}{4}) = \sin\theta + \cos\theta$이므로

〈식18-6〉은

$$N = \sqrt{2}Mg\sin(\theta+\frac{\pi}{4})$$

가 되고, $\theta = 0$이면 $N = Mg$, $\theta = \frac{\pi}{4}$에서 수직 항력이 최대가 되므로 $N = \sqrt{2}Mg$가 되어 $\theta = 0$에서 $\theta = \frac{\pi}{2}$까지 변할 때 물체에 작용하는 수직 항력은 $Mg \le N \le \sqrt{2}Mg$의 범위에 있다.

라. 〈그림18-7〉에서 물체가 정지하기 위한 θ의 범위는 어떻게 될까?

$f = \mu N$에서 f의 방향이 변하므로

$$|f| = \mu N \quad \cdots\cdots\cdots\cdots \langle 식18\text{-}7 \rangle$$

이 성립한다. 〈식18-4〉와 〈식18-6〉을 이용하여 〈식18-7〉을 다시 쓰면

$$Mg|\sin\theta - \cos\theta| \le \mu Mg(\sin\theta + \cos\theta) \quad \cdots\cdots\cdots\cdots \langle 식18\text{-}8 \rangle$$

가 된다. $\tan\theta > 1$이면 〈식18-8〉은

$$\sin\theta - \cos\theta \le \mu(\sin\theta + \cos\theta)$$

가 되고, 이 식을 $\cos\theta$로 나누면 $\tan\theta - 1 \le \mu(\tan\theta + 1)$이고 $\tan\theta \le \frac{1+\mu}{1-\mu}$,

$\tan\theta < 1$이면 $1 - \tan\theta \le \mu(\tan\theta + 1)$이고 $\tan\theta \ge \frac{1-\mu}{1+\mu}$가 되어

$$\frac{1-\mu}{1+\mu} \le \tan\theta \le \frac{1+\mu}{1-\mu} \quad \cdots\cdots\cdots\cdots \langle 식18\text{-}9 \rangle$$

가 된다. 마찰이 없으면 즉$\mu = 0$이면 $\theta = \frac{\pi}{4}$에서 $\mu = 1$이면 $0 < \theta < \frac{\pi}{2}$에서 물체는 평형을 유지한다.

4. 마찰이 없는 빗면에서 물체가 운동할 때 물체의 수평 이동거리

가. <그림18-8>처럼 마찰이 없는 수평면에서 미끄러져 내려오는 물체의 수평 이동 거리 D만큼 이동 하는데 걸린 시간이 최소로 되는 빗면의 각 θ는 어떤 각일까?

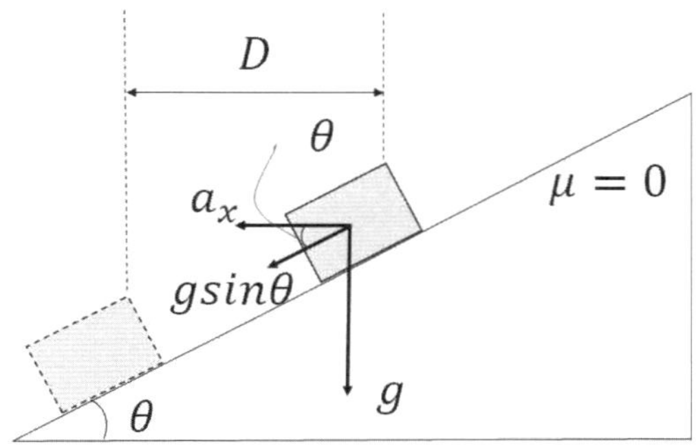

<그림18-8>

먼저 <그림18-8>에서 중력가속도의 빗면 성분은 $g\sin\theta$ 이다. 이동 시간이 최소가 된다는 말은 물체의 수평 방향 가속도 a_x가 최대로 된다는 말과 같으므로

$$a_x = g\sin\theta \cdot \cos\theta = \frac{g}{2}\sin 2\theta$$

가 최대가 되는 것은 $2\theta = \frac{\pi}{2}$일 때이다.

나. <그림18-9>처럼 마찰(f)이 있는 수평면에서 미끄러져 내려오는 물체의 수평 이동거리 D만큼 이동 하는데 걸린 시간이 최소로 되는 빗면의 각 θ는 어떤 각일까?

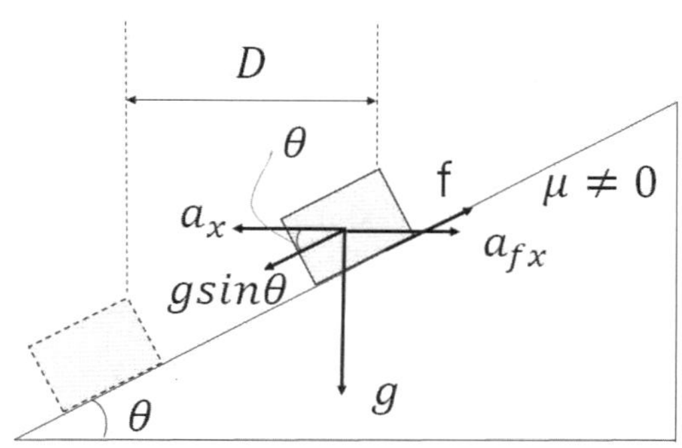

<그림18-9>

마찰력에 의한 수평 방향 가속도의 크기(a_{fx})는 $\mu g\cos\theta$ 이므로

$$a_x = g\sin\theta\cos\theta - \mu g\cos\theta\cos\theta = g(\cos\theta\sin\theta - \mu\cos^2\theta) \cdots\cdots\cdots\cdots \text{<식18-10>}$$

가 된다. <식18-10>을 다시 정리하면

$$a_x = g(\frac{1}{2}\sin2\theta - \mu\frac{1+\cos2\theta}{2}) = \frac{g}{2}(\sin2\theta - \mu\cos2\theta - \mu) \cdots\cdots\cdots\cdots \text{<식18-11>}$$

가 된다. 걸린 시간이 최소로 되는 빗면의 각 θ를 구하려면 $\frac{da_x}{d\theta}=0$인 조건을 사용하여 <식18-11>을 미분하면

$$2\cos2\theta + 2\mu\sin2\theta = 0 \Rightarrow \tan2\theta = -\frac{1}{\mu} \cdots\cdots\cdots\cdots \text{<식18-12>}$$

이 된다. 마찰이 없는 경우 ($\mu=0$)일 때 <식18-12>는 (가)에서 구한 값 $2\theta = \frac{\pi}{2}$와 같다.

5. 빗면과 도르래

<그림18-10>처럼 질량이 $3m$, m인 두 물체 A, B를 실로 연결한 후 B를 손으로 잡고 있다가 가만히 놓았더니 A는 $6h$만큼 낙하하고 B는 마찰이 없는 빗면을 따라 높이가 $3h$만큼 증가 하였다. (단, 실의 질량, 도르래의 마찰, 공기 저항은 무시한다. 중력가속도는 g이다.)

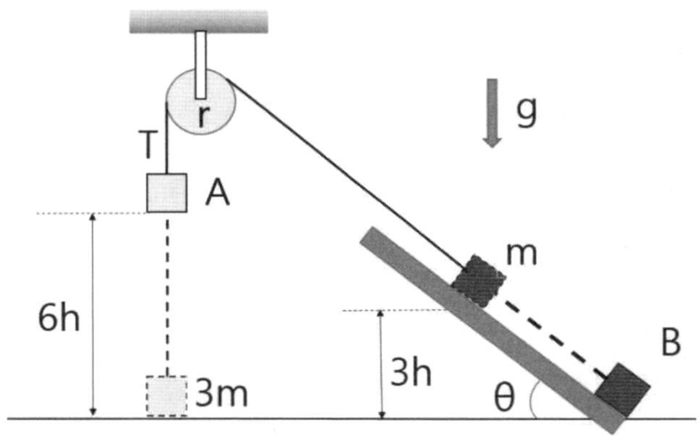

<그림18-10>

가. A가 $6h$만큼 이동 하는데 걸리는 시간은 어떻게 될까?

먼저 실에 걸린 장력을 T라고 두고 A, B의 운동 방정식을 세우면

$$A: 3mg - T = 3ma,\ B: T - mgsin\theta = ma$$

가 된다. A가 $6h$ 이동하는 동안 B는 $3h$ 높아지므로 빗면과 지평면이 이루는 각도 θ는 $\frac{\pi}{6}$이므로 $\sin\theta = \frac{1}{2}$가 되어 A, B의 운동 방정식은

$$A : 3mg - T = 3ma \quad \cdots\cdots\cdots\cdots \langle 식18\text{-}13 \rangle$$

$$B : T - mg\frac{1}{2} = ma \quad \cdots\cdots\cdots\cdots \langle 식18\text{-}14 \rangle$$

가 된다. 두 식을 연립해서 풀면 가속도 a는 $a = \frac{5}{8}g$가 된다. 두 물체는 등가속도 운동을 하므로 A에 대해 $6h = \frac{1}{2}(\frac{5}{8}g)t^2$ 식이 성립하고

$$t = 4\sqrt{\frac{6h}{5g}} \quad \cdots\cdots\cdots\cdots \langle 식18\text{-}15 \rangle$$

가 된다.

나. A가 바닥에 닿기 직전의 속력 v는 어떻게 될까?

A가 $6h$ 이동하는 동안 등가속도 운동을 하므로 $v = at$에서 $a = \frac{5}{8}g$와 <식18-5>를 사용하면

$$v = (\frac{5g}{8})(4\sqrt{\frac{6h}{5g}}) = \sqrt{\frac{15}{2}gh}$$

가 된다.

다른 방법으로는 역학적 에너지 보존 법칙을 쓰면 되는데 처음 상태는 A, B의 운동에너지가 0이고 A의 위치에너지만 존재하는 상태이고 나중 상태는 A, B의 운동에너지와 B의 위치에너지만 존재하는 상태이므로

$$(3m)g(6h) = mg(3h) + \frac{1}{2}(3m + m)v^2 \quad \cdots\cdots\cdots\cdots \langle 식18\text{-}16 \rangle$$

이 성립하고, 여기서 v를 구하면

$$v = \sqrt{\frac{15}{2}gh}$$

가 된다.

19장_단진동

1. 원운동의 기술

일정하게 회전하는 물체의 한 점을 보면 원을 그리면서 일정한 속력으로 회전하는 것을 볼 수 있다. <그림19-1>은 일정한 시간 간격으로 물체에 빛을 비추어 찍은 다중 섬광 모습과 이를 나타낸 모식도이다. 그림에서 공은 같은 운동을 주기적으로 반복하는 것을 알 수 있다.

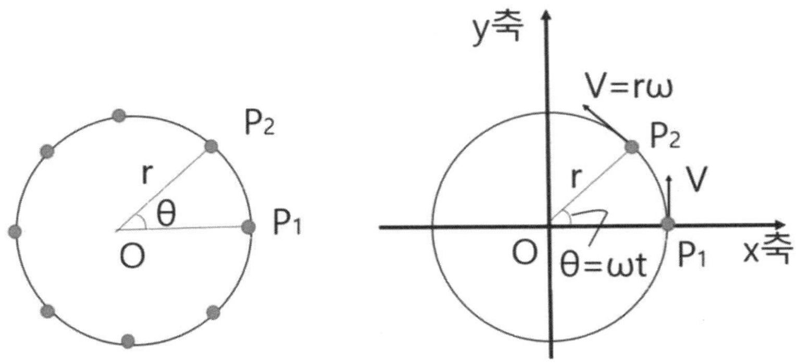

<그림19-1>

이와 같이 반지름이 일정한 원둘레를 일정한 속력으로 회전하는 운동을 등속 원운동이라고 하고, 등속 원운동을 하는 물체가 원둘레 주위를 한 번 회전하는 데 걸리는 시간을 주기(T)라고 하며, 단위 시간($1s$) 동안 회전하는 회전수를 진동수(f)라고 한다. 이 때 T와 f사이에는 $T=\frac{1}{f}$의 관계가 있다.

또, 등속 원운동하는 물체는 원둘레인 $2\pi r$만큼의 거리를 속력 v로 이동 하므로 한 바퀴 도는 데 걸리는 시간T는 $T=\frac{2\pi r}{v}$이다.

원운동하는 그 물체의 빠르기를 단위 시간에 회전한 각도로 나타낼 수 있는데. 어떤 물체가 시간 t 동안에 각 θ만큼 회전하였다면, 단위 시간당 회전한 각도를 가속도(ω)라고 하고 $\omega=\frac{\theta}{t}$가 되며, 그 단위는 rad/s이다.

또한 주기 T 동안 물체는 $2\pi(rad)$만큼 회전하였으므로 $v=\frac{2\pi r}{T}=\omega r$가 성립한다. 이 때 원운동을 하는 물체의 구심력은 물체의 질량과 구심가속도를 곱하면

$$F = ma = m\frac{v^2}{r} = mr\omega^2 = \frac{4\pi^2 mr}{T^2}$$

이다.

2. 단진동

<그림19-2>는 작은 구가 원점을 중심으로 반지름이 A인 등속원운동을 하는 것을 작은 구의 x축 상의 그림자를 변위 X와 시간 t 사이의 관계를 나타낸 것이다.

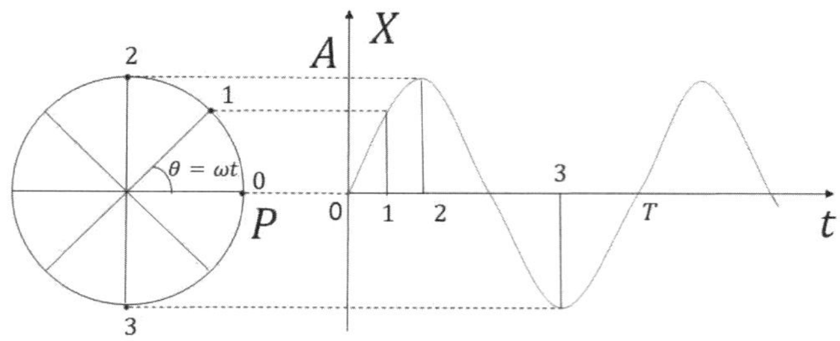

<그림19-2>

점 P에서 출발하여 각속도 ω로 시간 t 후에 각 θ만큼 회전하여 1의 위치까지 왔을 때의 그림자 Q의 변위 $\overrightarrow{X}$는

$$\overrightarrow{X} = A\sin\theta\hat{x} = A\sin\omega t\hat{x} \cdots\cdots\cdots\cdots \langle 식19\text{-}1 \rangle$$

이다. 이 때 Q의 속도는 $\overrightarrow{v_Q} = \frac{d\overrightarrow{X}}{dt}$를 사용하면

$$\overrightarrow{v_Q} = \omega A\cos\omega t\hat{x} \cdots\cdots\cdots\cdots \langle 식19\text{-}2 \rangle$$

이고, Q의 가속도는 $\overrightarrow{a_Q} = \frac{d\overrightarrow{v_Q}}{dt}$를 사용하면

$$\overrightarrow{a_Q} = -\omega^2 A\sin\omega t\hat{x} = -\omega^2\overrightarrow{X} \cdots\cdots\cdots\cdots \langle 식19\text{-}3 \rangle$$

가 된다.

운동하는 Q의 속력은 <식19-2>에서 진동의 중심을 지날 때 ωA로 가장 빠르며 양 끝으로 갈수록 작아져서 양 끝에서는 0이다. 가속도는 <식19-3>에서 변위 $\overrightarrow{X}$와 항상 반대 방향이며 항상 진동의 중심을 향하고, 크기는 진동의 중심에서 0이며 양 끝에서$\omega^2 A$로 가장 크다.

운동하는 물체의 질량을 m이라고 하면 물체가 받는 힘 F는 <식19-3>에 의해

$$\overrightarrow{F} = m\overrightarrow{a} = -m\omega^2\overrightarrow{X}$$

가 된다. 여기에서 $m\omega^2 = k$라고 놓으면

$$\vec{F} = -k\vec{X} \quad \cdots\cdots\cdots\cdots \langle 식19\text{-}4 \rangle$$

이다. 이와 같이 변위의 크기에 비례하고 변위의 방향과 반대 방향으로 복원력이 작용하는 주기적인 반복 운동을 단진동이라고 한다.

단진동 운동하는 물체의 주기 T는 <그림19-2>의 (가)에서 $T = \frac{2\pi}{\omega}$이고 $m\omega^2 = k$이므로 단진자의 주기 T는

$$T = 2\pi\sqrt{\frac{m}{k}}$$

이 된다.

3. 용수철 진자

<그림19-3>처럼 마찰이 없는 면 위에 평형을 이루고 있는 질량 m인 물체를 등속도로 A만큼 더 잡아당겼다가 놓으면 물체는 평형 위치 O를 중심으로 진동한다.

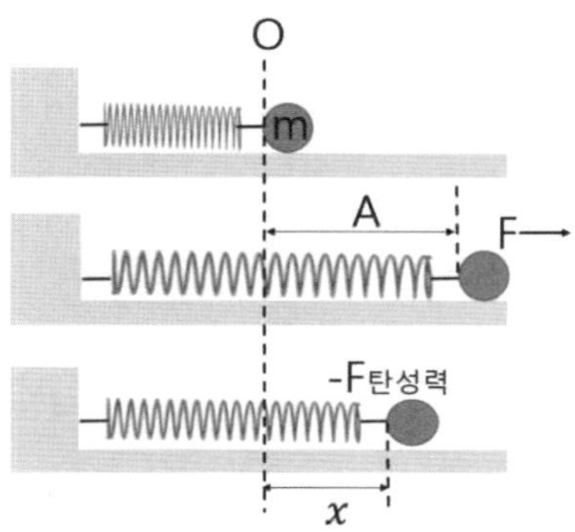

<그림19-3>

물체가 평형 위치에서 x만큼 떨어진 곳을 지날 때 받는 힘 F는 $\vec{F} = -k\vec{x}$이다. 그러므로 물체는 평형점으로부터 변위의 크기에 비례하고, 변위와 반대 방향인 복원력을 받아 운동하므로 이 운동은 단진동이다.

물체를 평형 위치에서 x만큼 떨어진 곳까지 외력 F_e가 한 일(W_e)는

$$W_e = \int_0^x \vec{F_e} \cdot \vec{dx} = \int_0^x kx dx = \frac{1}{2}kx^2 \quad \cdots\cdots\cdots\cdots \langle 식19\text{-}5 \rangle$$

이다. 왜냐하면 F_e를 작용하는 동안 복원력($-k\vec{x}$)의 크기도 외력과 함께 증가하기 때문에 물체에 해준 일은 적분하여 계산하여야 한다, 이때 물체에 가해준 일은 물체에 에너지로 저장되는데 이 에너지를 탄성력에 의한 위치에너지(E_P)라고 한다. <식19-5>는

$$E_P = W_e = \frac{1}{2}kx^2 \cdots\cdots\cdots\cdots \langle 식19\text{-}6 \rangle$$

이 된다.

가. <그림19-3>과 같이 용수철에 물체를 매달고 평형점 O로 부터 거리 A가 되는 곳까지 잡아 당겼다가 놓았다. 물체가 A에서 출발하여 탄성력에 의한 위치에너지(E_P)와 물체가 가진 운동에너지(E_K)가 같아지는 점의 위치(x)는 평형점 O로 부터 얼마나 떨어진 지점이 될까?

먼저 A에서의 역학적 에너지는

$$E = E_K + E_P = \frac{1}{2}mv + \frac{1}{2}kx^2 = 0 + \frac{1}{2}kA^2 \cdots\cdots\cdots\cdots \langle 식19\text{-}7 \rangle$$

이 되고, x점에서의 역학적 에너지는

$$E = E_{Kx} + E_{Px} = \frac{1}{2}mv_x^2 + \frac{1}{2}kx^2 = \frac{1}{2}kx^2 + \frac{1}{2}kx^2 \cdots\cdots\cdots\cdots \langle 식19\text{-}8 \rangle$$

이 되므로 역학적 에너지 보존 법칙에 의해 <식19-7>과 <식19-8>이 같으므로

$$x = \pm \frac{1}{\sqrt{2}}A$$

가 된다.

나. 마찰(속력의 크기에 비례하는 마찰력 $f = bv$)이 있을 경우의 운동

마찰이 없을 경우, <식19-4> $\vec{F} = -k\vec{X}$을 $m\omega^2 = k$을 사용하여 다시 쓰면

$$F = ma \Rightarrow \frac{d^2X}{dt^2} + \frac{k}{m}X = 0 \Rightarrow \frac{d^2X}{dt^2} + \omega^2 X = 0 \cdots\cdots\cdots\cdots \langle 식19\text{-}9 \rangle$$

이 된다. <식19-9>의 해는 $X(t) = A\sin\omega t$ or $A\cos\omega t$와 같은 삼각함수가 되는데 이 해는 <식19-1>과 같다.

그러나 <그림19-4>처럼 마찰이 존재하면 <식19-9>는 다음과 같이 표현된다.

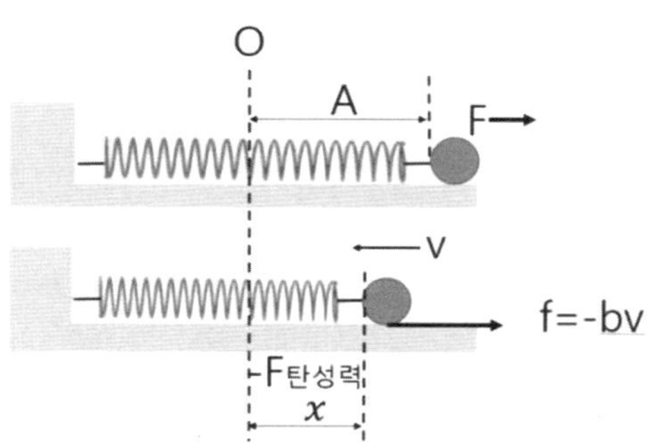

<그림19-4>

$$F = ma \Rightarrow -bv - kX = ma \Rightarrow \frac{d^2X}{dt^2} + \frac{b}{m}\frac{dX}{dt} + \frac{k}{m}X = 0 \quad \cdots\cdots\cdots\cdots 〈식19\text{-}20〉$$

이 된다($b = const$). $2\gamma = \frac{b}{m}, \omega^2 = \frac{k}{m}$라 두고 〈식19-20〉을 다시 정리하면

$$\frac{d^2X}{dt^2} + 2\gamma\frac{dX}{dt} + \omega^2 X = 0 \quad \cdots\cdots\cdots\cdots 〈식19\text{-}21〉$$

이 된다. 〈식19-21〉은 선형미분방정식이 되고 이 방정식의 해는 일반적으로 다음과 같이 주어진다.

$X(t) = Ae^{\alpha t}$이고, 이를 〈식19-21〉에 대입하여 정리하면 $\alpha^2 + 2\gamma\alpha + \omega^2 = 0$이 되고 $\alpha = -\gamma \pm \sqrt{\gamma^2 - \omega^2}$이므로 $\Omega = \sqrt{\gamma^2 - \omega^2}$라 두고 해를 구하면 $X(t) = Ae^{(-\gamma + \Omega)t}$ or $Ae^{-(\gamma + \Omega)t}$가 되는데 이 두 해의 선형결합이 일반적인 해가 되므로

$$X(t) = Ae^{-\gamma t}(e^{\Omega t} + e^{-\Omega t}) \quad \cdots\cdots\cdots\cdots 〈식19\text{-}22〉$$

가 된다.

우선, $\Omega^2 < 0(\gamma < \omega)$이면

$$X(t) = Ae^{-\gamma t}(e^{i\Omega t} + e^{-i\Omega t}) = 2Ae^{-\gamma t}\cos(\Omega t) \quad \cdots\cdots\cdots\cdots 〈식19\text{-}23〉$$

가 된다. $A = 5, \Omega = 2.1, \gamma = 0.2$로 두고, 〈식19-23〉의 그래프를 그려보면 〈그림19-5〉와 같이 되고

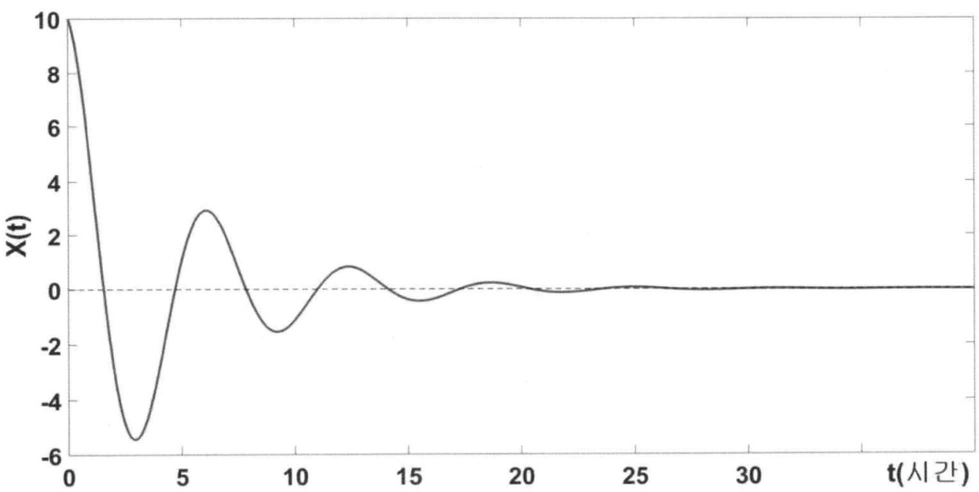

〈그림19-5〉

시간에 따라 진폭이 감소하면서 진동하는 형태의 그래프가 된다. $e^{-\gamma t}$항에 의해 시간에 따라 진폭은 감소하고, $\cos(\Omega t)$에 의해 진동하는 형태가 된다. 우리 주변에서 〈그림19-6〉처럼 반쯤 가려진 출입문을 밀고 들어가거나 나올 때 출입문이 앞뒤로 진동하면서 닫히는 경우가 이런 운동을 한다.

<그림19-6>

두 번째로 $\Omega^2 > 0(\gamma > \omega)$이면

$$X(t) = Ae^{-(\gamma-\Omega)t} + Ae^{-(\gamma+\Omega)t} \quad \cdots\cdots\cdots\cdots \text{<식19-24>}$$

가 되고, $\gamma \approx \omega$이면 $\Omega^2 = \gamma^2 - \omega^2$에서 $\Omega \approx 0$이 되어 <식19-24>는

$$X(t) \approx Ae^{-\gamma t} \quad \cdots\cdots\cdots\cdots \text{<식19-25>}$$

가 된다.

<식19-25>의 그래프를 그려보면 <그림19-7>과 같이 된다. 시간에 따라 진폭이 진동하지 않고 서서히 줄어드는 운동을 한다.

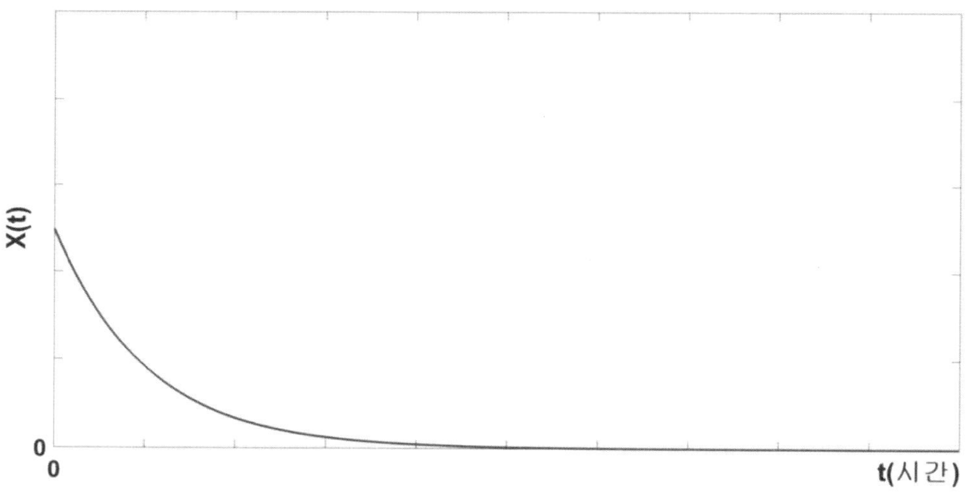

<그림19-7>

우리 주변에는 <그림19-7>과 같이 출입문을 밀고 나갈 때나, 열고 들어올 때 출입문이 진동하지 않고 서서히 닫히는 운동이 이런 운동이다.

4. 실에 매달린 추의 운동

<그림19-8>은 추를 실에 매달고 옆으로 θ가 크지 않게 당겼다가 가만히 놓으면 중력의 영향으로 좌우로 왕복 운동을 하는 모습을 나타낸 것이다.

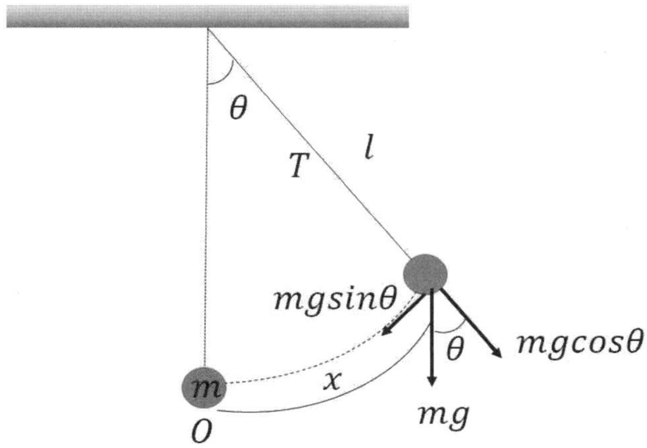

<그림19-8>

실에 매달린 추는 어떤 운동을 할까? 그림에서는 추에 작용하는 힘들을 모식적으로 과장되게 나타낸 것이다. 추가 평형 위치 O점에 있을 때에는 추에 작용하는 중력 mg는 실의 장력과 같고 실이 연직선과 θ의 각을 이루면 두 힘은 평형을 이루지 않는다. 이때의 중력은 그림에서와 같이 $mg\sin\theta$와 $mg\cos\theta$의 두 성분으로 나눌 수 있다.

중력의 $mg\cos\theta$ 성분은 실의 장력 T와 평형을 이루어 실을 팽팽하게 하고, $mg\sin\theta$ 성분은 추를 x방향으로 움직이게 하는 힘이다.

따라서 추에 작용하는 힘 F는 $-mg\sin\theta$이며, $-$부호는 O점에서부터 변위 x가 커지는 방향과 반대라는 것을 나타낸다.

각 θ가 아주 작으면 $\sin\theta \approx \frac{x}{l}$로 쓸 수 있으므로 추에 작용하는 힘 F는

$$F = -mg\sin\theta = -\frac{mg}{l}x$$

가 되며, 이 힘은 복원력임을 알 수 있다. 여기서 비례상수 k는 $k = \frac{mg}{l}$이므로 추에 작용하는 힘F는

$$F = -kx$$

로 표현되며, <식19-4>와 같은 식이므로 추의 운동은 단진동이다. 또한 이 진자의 주기 T는

$T = \dfrac{2\pi}{\omega}$이고, $m\omega^2 = k$이므로 $T = 2\pi\sqrt{\dfrac{m}{k}}$가 되고 $k = \dfrac{mg}{l}$를 대입하면

$$T = 2\pi\sqrt{\frac{l}{g}} \quad \cdots\cdots\cdots\cdots \langle 식19\text{-}26 \rangle$$

이 된다. <식19-26>의 의미는 단진자의 주기가 진자의 길이에만 관계가 있고, 진폭이나 추의 질량과는 관계가 없다는 것으로 이것을 진자의 등시성이라고 한다.

5. 지구를 관통하는 물체의 운동

<그림19-9>처럼 지구의 중력장은 지구의 외부와 마찬가지로 지구의 내부에도 존재한다. 지구 내부의 중력장을 알아보기 위하여 북극에서 남극으로 지구를 완전히 관통하는 긴 터널을 상상해보자. 지구내부의 여러 가지 조건들을 모두 무시하고 지구의 질량의 효과만 고려하면 북극에서 떨어지기 시작하면 지구 중심에 도달할 때까지 속력이 점점 증가하다가 중심을 통과하는 순간부터 속력이 감소하여 남극에 도달하게 된다. (단, 지구는 내부의 밀도가 균일한 구라고 가정하며, 지구 자전효과는 무시한다. 그림에서 질량 m인 물체에 작용하는 만유인력은 점선 내의 질량만이 작용한다. ρ는 지구의 평균 밀도이다)

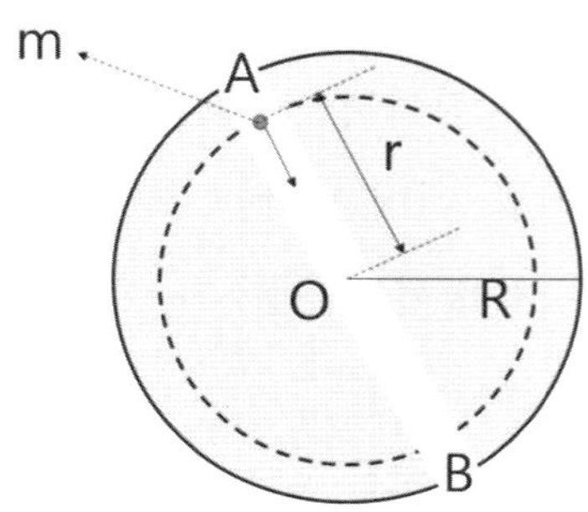

<그림19-9>

가. 거리 r지점에서 질량 m인 물체에 작용하는 만유인력(F)을 ρ가 포함된 식으로 어떻게 표현될까?

r지점에서 물체가 받는 만유인력의 크기는

$$F = G\frac{M'm}{r^2} = G\frac{m}{r^2}\left(\frac{4}{3}\pi r^3\rho\right) = \frac{4}{3}\pi G\rho m r \quad \cdots\cdots\cdots\cdots \langle 식19\text{-}27 \rangle$$

이다. 여기서 M'는 그림의 점선 속의 지구의 질량이다.

나. 질량m인 물체는 어떤 운동을 할까?

<식19-27>을 다시 표현하면 $F=(\frac{4}{3}\pi G\rho m)r=kx$가 되고 $k=\frac{4}{3}\pi G\rho m$이다. 즉 변위의 크기에 비례하는 힘을 받으므로 단진동운동을 하며 주기 T는 $T=2\pi\sqrt{\frac{m}{k}}$ 식을 사용하면

$$T=2\pi\sqrt{\frac{m}{\frac{4\pi G\rho m}{3}}}=2\pi\sqrt{\frac{3}{4\pi G\rho}}=2\pi\sqrt{\frac{R}{g}}\,(\because G=\frac{R^2}{M}g,\ \rho=\frac{M}{\frac{4}{3}\pi R^3})$$

이 되고 $R\fallingdotseq 6400000\mathrm{m}$, $g\fallingdotseq 10\mathrm{m/s^2}$, $\pi\fallingdotseq 3$을 대입해 계산하면 $T=4800$초$=80$분이 된다.

6. 지구 둘레를 원운동하는 물체의 운동

<그림19-10>처럼 지구 표면을 스칠 듯 속력 v로 지나가는 인공위성의 운동이 단진동운동이면 공전주기를 구하고 이 값이 앞 단원 5에서 구한 진동 주기와 어떤 관계가 있는지 알아보자

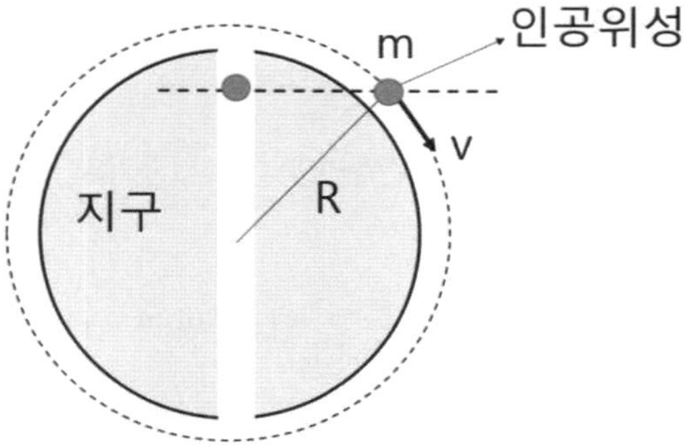

<그림19-10>

인공위성에 작용하는 힘은 지구 중력이 구심력의 역할을 하므로 인공위성에 작용하는 운동방정식을 세우면

$$F=ma \Rightarrow mg=m\frac{v^2}{R}$$

이 되고, $v=\sqrt{gR}$ 이므로 공전 주기(T)를 구하면

$$T=\frac{2\pi R}{v}=\frac{2\pi R}{\sqrt{gR}}=2\pi\sqrt{\frac{R}{g}}$$

이 되어, 앞 단원 5에서 구한 진동 주기와 같다. 즉 지구를 관통하는 터널에 떨어뜨린 물체와 주기와 같고 이는 <그림19-2>처럼 단진동이 등속 원운동하는 물체의 그림자 운동이라는 것을 알 수 있다.

20장_유체

유체는 고체와는 달리 담겨 있는 그릇의 형태에 따라 모양이 변하며 <그림20-1>처럼 유체 속에 잠겨진 물체는 유체로부터 물체 표면에 접선 방향의 힘은 받을 수가 없고 수직 방향으로는 힘을 받을 수 있다.

유체에서는 압축에 의해 힘이 전달되기 때문에 유체의 특성을 서술할 때는 압력의 개념을 사용한다.

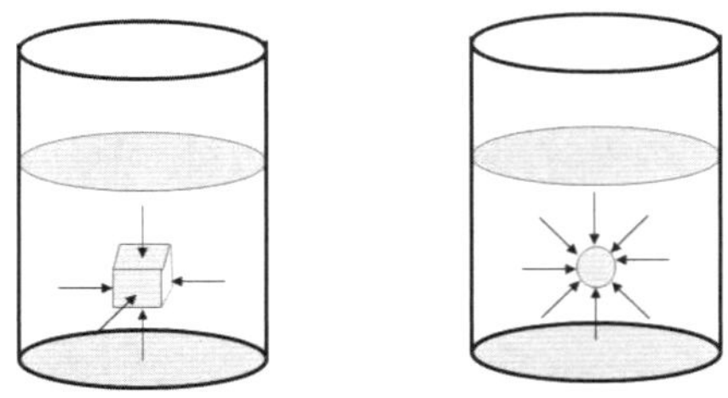

<그림20-1>

압력(P)은 단면에 수직하게 작용하는 힘(F)와 그 힘을 받는 단면적(A)의 비로 나타낸다.

$$P = \frac{F}{A}$$ (압력 : Pa , N/m^2, 1 N/m^2 =1 Pa) ············<식20-1>

1. <그림20-2>와 같이 두께를 무시할 수 있는 넓이가 A인 얇은 판이 액체 표면으로부터 h인 깊이에 잠겨있을 때 액체가 판에 미치는 힘은 어떻게 될까?

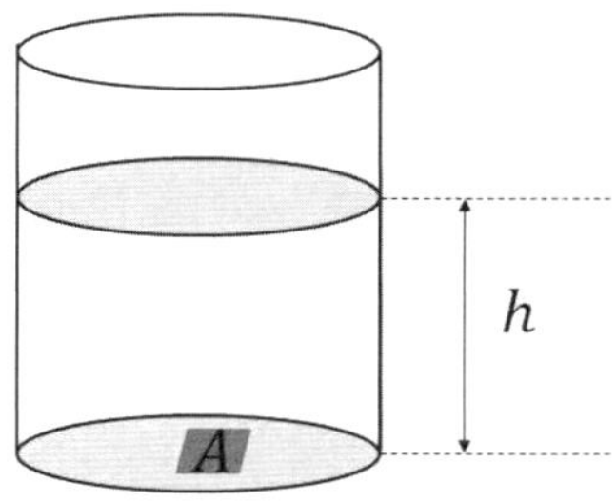

<그림20-2>

먼저 액체가 판에 미치는 힘은 판 위 액체의 중력의 크기는

$$F = mg \ (g = 9.8\mathrm{m/s^2},\ m\text{=판 위 유체질량})$$

와 같다. 이 때, 액체 밀도를 ρ, 판 위 액체 부피 $V(=Ah)$라고 하면 액체가 판에 미치는 힘은 $m=\rho V=\rho Ah$을 사용하면

$$F=\rho Ahg$$

가 된다. 액체에 의해 판위에 가해지는 압력은 <식20-1>에 의해

$$P=\frac{F}{A}=\rho gh \quad \cdots\cdots\cdots\cdots \text{<식20-2>}$$

가 된다.

2. <그림20-3>처럼 큰 계곡 같은 곳에 산사태로 인한 피해를 줄이거나 방지하고자 토사가 흘러 내려가는 것을 방지하기 위해서 만드는 사방댐(가), 혹은 협곡에 물을 저장하는 댐(나)의 모습이다.

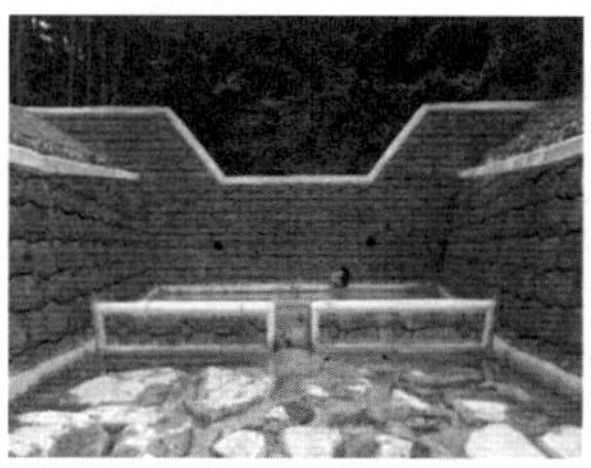
(가)

(나)

<그림20-3>

이런 댐들 안쪽에 물이 저장 되었을 때 이 댐이 받는 힘은 어떻게 될까?

먼저 <그림20-4>와 같이 댐의 높이가 100m, 아랫면의 폭이 50m, 윗면의 폭이 100m, 댐에는 물이 최대 높이의 50%가 저장되었다고 하자.

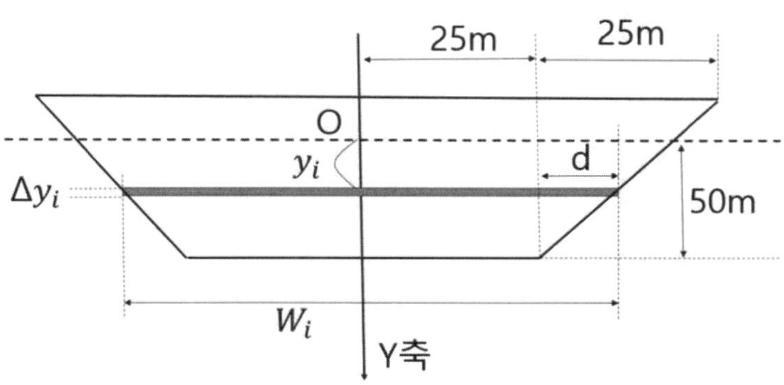

<그림20-4>

댐의 중심을 y축으로 정하고 물의 표면을 O, 댐의 물 표면에서 깊이가 y_i인 지점의 면적은 빗금 친 부분의 면적은

$$\Delta A_i = w_i \times \Delta y_i \quad \cdots\cdots\cdots\cdots \text{<식20-3>}$$

가 된다. 빗금 친 부분의 가로 길이 w_i는 $w_i = 2(25+d_i)$가 되고 오른쪽 직각삼각형에서

$$25 : 50 = d_i : (50-y_i)$$

가 성립하고, d_i를 구하여 <식20-3>에 대입하면

$$\Delta A_i \fallingdotseq (100-y_i)\Delta y_i \quad \cdots\cdots\cdots\cdots \text{<식20-4>}$$

가 된다. y_i지점의 압력은 <식20-2>에 의해

$$P_i = \rho g y_i = 1000 g y_i (\text{물의 밀도 } \rho = 1000\,\text{kg/m}^3) \quad \cdots\cdots\cdots\cdots \text{<식20-5>}$$

이다. y_i인 지점에 작용하는 힘 $\Delta F_i = \Delta A_i \times P_i$에 <식20-4>와 <식20-5>를 대입하여 정리하면

$$\Delta F_i = 1000 g y_i (100-y_i)\Delta y_i \quad \cdots\cdots\cdots\cdots \text{<식20-6>}$$

가 되어, 모든 면적에 댐이 받는 힘을 합치면

$$F = \lim_{n\to\infty}\sum_{i=1}^{n} 1000 g y_i (100-y_i)\Delta y_i \text{가 되며 } n\to\infty \text{이므로}$$

$$F = \int_0^{50} 1000 g y (100-y) dy \fallingdotseq 81.7\times 10^7 \text{N}$$

이 된다.

3. <그림20-5>와 같이 반지름이 3m인 원기둥 형태의 드럼통이 깊이가 10m인 물 속에 잠겨 바닥에 닿아 있다. 이 때, 드럼통의 한쪽 끝부분(반지름이 3m인 원의 면적)이 받는 힘의 크기는 어떻게 될까?(단, 물의 밀도는 ρ이며 중력가속도는 g이다.)

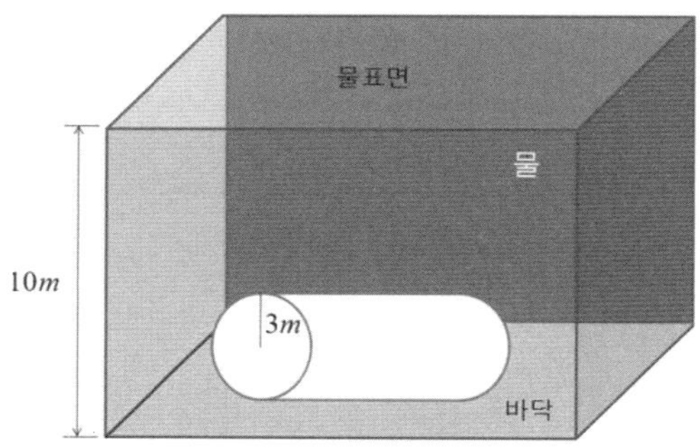

<그림20-5>

먼저 드럼통의 한쪽 면을 모식적으로 나타내면 <그림20-6>과 같다.

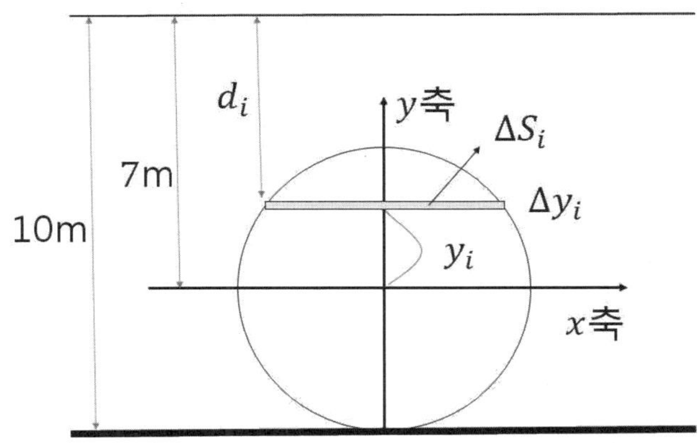

<그림20-6>

드럼통의 중심을 원점으로 하는 좌표축을 설정하면 드럼통의 단면적은 $x^2+y^2=3^2$인 원의 방정식이 된다.

중심에서 i번째 떨어진 단면적 ΔS_i는

$$\Delta S_i = 2\sqrt{9-y_i^2}\ \Delta y_i \quad \cdots\cdots\cdots\cdots \langle 식20\text{-}7\rangle$$

이고, i번째 단면적이 받는 압력P_i는

$$P_i = \rho g d_i [= \rho g(7-y_i)] \quad \cdots\cdots\cdots\cdots \langle 식20\text{-}8\rangle$$

가 된다.

i번째 단면적에 받는 힘 $\Delta F_i = \Delta S_i \times P_i$이므로 여기에 <식20-7>과 <식20-8>을 대입하여 정리하면

$$\Delta F_i = \rho g(7-y_i)2\sqrt{9-y_i^2}\,\Delta y_i$$

가 된다.

모든 면적에 작용하는 힘을 다 합치면

$$F=\sum_{n=1}^{N}\rho g(7-y_i)2\sqrt{9-y_i^2}\,\Delta y_i$$

가 되며, $N\to\infty$이면

$$F=\rho g 2\int_{-3}^{3}(7-y)\sqrt{9-y^2}\,dy$$
$$=\rho g 2\int_{-3}^{3}7\sqrt{9-y^2}\,dy - \rho g 2\int_{-3}^{3}y\sqrt{9-y^2}\,dy$$

가 된다. 식의 두 번째 항의 적분은 기함수이므로 0이 되고

$$F=\rho g2\int_{-3}^{3}7\sqrt{9-y^2}\,dy=14\rho g\int_{-3}^{3}\sqrt{9-y^2}\,dy \quad \cdots\cdots\cdots\cdots \langle 식20\text{-}9\rangle$$

이며, <식20-9>를 적분하려면 $y=3\sin\theta$로 두고 식을 다시 정리하면

$$252\rho g\int_{0}^{\frac{\pi}{2}}\cos^2\theta=252\rho g\frac{\pi}{4}=63\rho g\pi$$

가 된다.

4. <그림20-7>과 같이 반원형 물통이 물속에 잠겨 바닥에 놓여 있을 때 물통 표면에 작용하는 압력을 생각해 보자

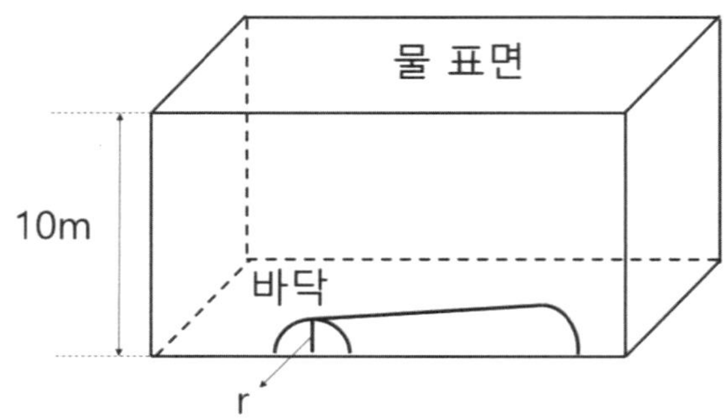

<그림20-7>

가. 반원형 물통의 앞과 뒷면의 반원을 제외한 반원형 물통 표면이 받는 힘의 합력의 방향은 어떻게 될까?

물속에 들어 있는 반원형 물통의 표면에 수직 방향으로 힘이 작용하므로 <그림20-8>의 P점에 작용하는 힘은 원점을 향한다. 반원형 물통은 좌우 대칭적인 형태이므로, P점에 작용하는 힘을 x, y 성분으로 분해하였을 때 대칭성에 의해 x성분의 힘은 사라지고 y성분만 남아 결국 합력은 바닥에 수직인 방향으로 작용한다.

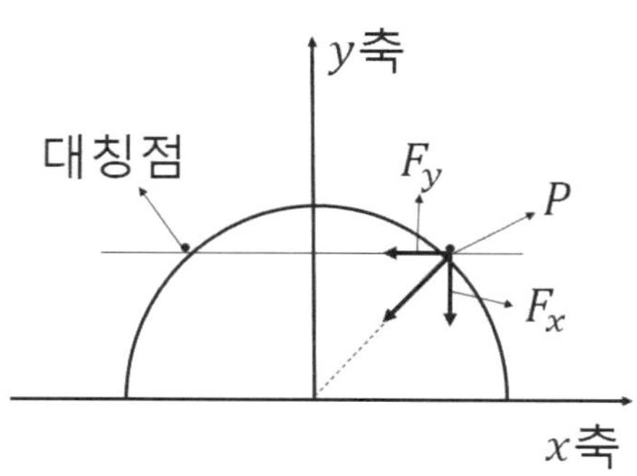

<그림20-8>

나. <그림20-7>에 나타나 있는 반원형 물통의 반지름을 $3m$, 길이를 $5m$라고 할 때 물통 표면(앞과 뒷면의 반원제외)이 받는 힘의 합력은 어떻게 될까?(중력가속도는 g이고, 물의 밀도를 ρ라 한다.)

우선 문제를 해결하기 위해 극좌표를 <그림20-9>와 같이 생각해 보자.

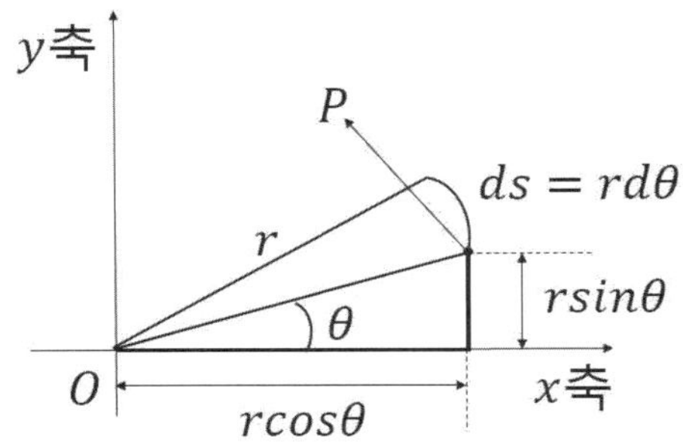

<그림20-9>

평면 위의 한 점 P의 위치는 원점(O)에서 P까지의 길이 r와 ∠XOP의 크기 θ로 나타낼 수 있다. 이 때 θ는 라디안으로 잰 값이다. 이와 같이 평면 위의 임의의 점 P의 위치를 r, θ로 나타낼 때 이것을 극좌표라 한다. 이때 호의 미소한 길이 ds는 $rd\theta$로 나타낼 수 있다.

문제를 해결하기 위해 <그림20-7>을 <그림20-10>과 같이 모식적으로 나타낸다.

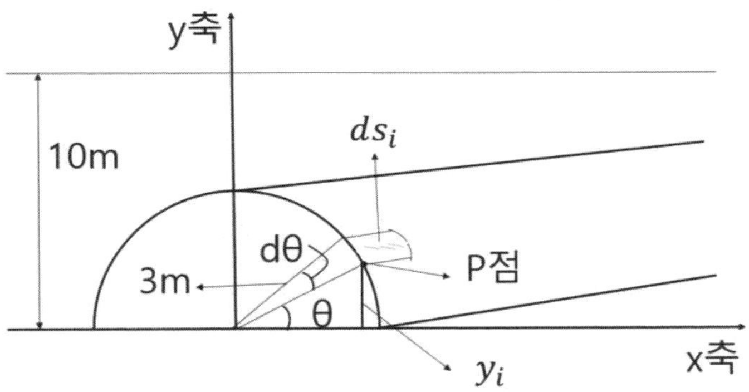

<그림20-10>

<그림20-10>의 한 점 P에서의 미소 면적(원통 길이 1m)은 $ds_i = 3d\theta$, 한 점 P에서 미소 면적에 작용하는 압력은 $y_i = 3\sin\theta$를 사용하면 $P_i = \rho g(10 - y_i) = \rho g(10 - 3\sin\theta)$가 되어

한 점 P에서 미소 면적에 작용하는 힘 ΔF_i는 $\Delta F_i = P_i \times ds_i = \rho g(10 - 3\sin\theta)3d\theta$,

한 점 P에서 미소 면적에 y축 방향으로 힘 ΔF_{iy}는 $\Delta F_{iy} = \rho g(10 - 3\sin\theta)3d\theta \cdot \sin\theta$가 된다.

총길이가 5m, 좌우 대칭이므로 합력 F는

$$F = \sum F_{iy} = 5 \times 2 \times \int_{0}^{\frac{\pi}{2}} 3\rho g(10-3\sin\theta)\sin\theta d\theta = \rho g(300 - \frac{90\pi}{4})$$

가 된다.

21장_베르누이 정리

물이 꽉 찬 병에는 압축을 가해도 더 이상 물이 들어 갈 수 없는 것과 같이 외부 압축에 의해 더 이상 압축이 되지 않는 비압축성 유체가 〈그림21-1〉과 같이 굵기가 일정하지 않은 관에 흐르고 있다.

위치 1인 곳에서의 관의 단면적을 A_1, 그곳을 흐르는 유체의 속력을 v_1, 밀도를 ρ_1, 위치 2인 곳에서의 관의 단면적을 A_2, 그곳을 흐르는 유체의 속력을 v_2, 밀도를 ρ_2라고 할 때 질량 보존의 법칙에 의해 단위 시간(Δt) 동안 단면적A_1, A_2를 통과한 유체의 질량은 같다.

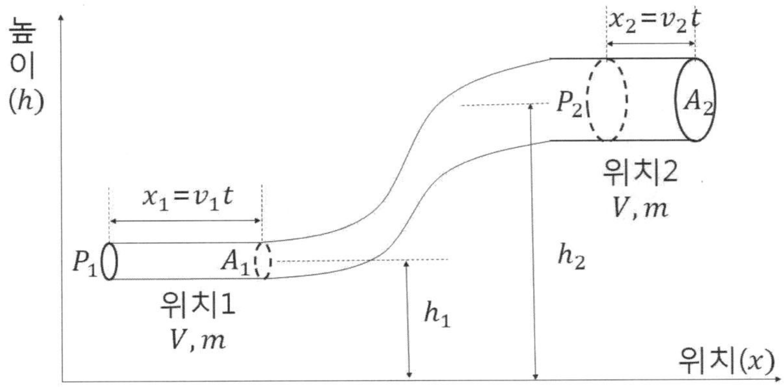

〈그림21-1〉

위치 1인 곳에서의 단위 시간(Δt) 동안 통과한 유체의 질량 $\rho_1 v_1 A_1 \Delta t$는 위치 2인 곳에서의 단위 시간(Δt) 동안 통과한 유체의 질량 $\rho_2 v_2 A_2 \Delta t$와 같으므로

$$\rho_1 v_1 A_1 \Delta t = \rho_2 v_2 A_2 \Delta t$$

와 같은 식이 성립한다. 비압축성 유체이므로 유체의 밀도는 위치 1, 2에서 변하지 않고 일정하므로 $\rho_1 = \rho_2 = \rho$가 되어 최종적으로

$$v_1 A_1 = v_2 A_2 \quad \cdots\cdots\cdots\cdots \text{〈식21-1〉}$$

가 성립한다.

〈식21-1〉을 비압축성 유체의 연속방정식이라고 하며 식은 유체의 흐름에서 단면적과 속력이 반비례함을 의미한다.

또한 비압축성 유체의 위치 1에서 밀도를 ρ, 압력을 P_1, 단면적을 A_1, 속력을 v_1이라고 하고 위치 2에서 밀도를 ρ, 압력을 P_2, 단면적을 A_2, 속력을 v_2라고 할 때 베르누이는 다음과 같은 식이 성립함을 알아내었다(g는 중력가속도).

$$P_1 + \rho g h_1 + \frac{1}{2}\rho v_1^2 = P_2 + \rho g h_2 + \frac{1}{2}\rho v_2^2 = \text{일정} \quad \cdots\cdots\cdots\cdots \langle \text{식}21\text{-}2\rangle$$

우리는 이식을 베르누이 법칙이라고 한다. 식은 유체의 위치에너지와 운동에너지의 합이 항상 일정함을 의미한다.

1. <그림21-2>와 같이 수평 하게 놓인 수축된 부분이 있는 호스에 물과 같이 비압축성 유체가 흐르고 있다. 이 때 P_1에서의 압력은 수축된 부분 P_2에서보다 얼마나 클까?(여기서, P : 압력, A : 단면적, v : 유체속력이다.)

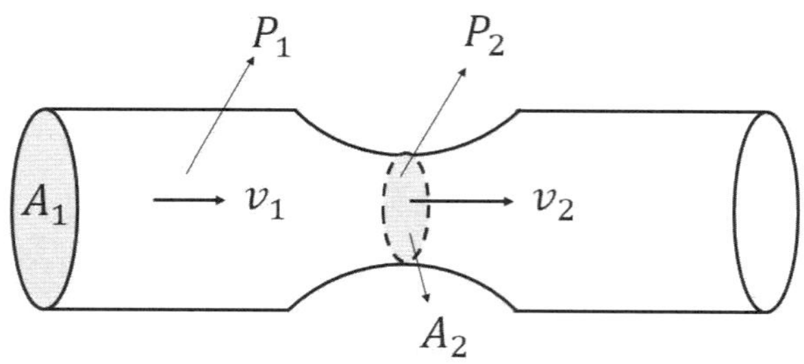

<그림21-2>

먼저 관의 각 부분의 높이가 같으므로 <식21-2>의 베르누이 식을 적용하면

$$P_1 + \rho g h_1 + \frac{1}{2}\rho v_1^2 = P_2 + \rho g h_1 + \frac{1}{2}\rho v_2^2 \quad \cdots\cdots\cdots\cdots \langle \text{식}21\text{-}3\rangle$$

이고, <식21-1>의 연속 방정식 $v_1 A_1 = v_2 A_2 (\because v_2 = \frac{A_1}{A_2} v_1)$를 <식21-3>에 적용하여 식을 정리하면

$$P_1 - P_2 = \frac{1}{2}\rho\left(\frac{A_1^2}{A_2^2} - 1\right)v_1^2 \quad \cdots\cdots\cdots\cdots \langle \text{식}21\text{-}4\rangle$$

이 된다.

<식21-4>에서 A_1이 A_2보다 크므로 우변 항이 양수가 되고 따라서 $P_1 > P_2$가 되어 P_1에서의 압력이 P_2에서 보다 $\frac{1}{2}\rho\left(\frac{A_1^2}{A_2^2} - 1\right)v_1^2$만큼 크게 된다.

2. <그림21-3>은 증기기관차와 증기기관차에 물을 공급하는 급수탑을 나타낸 것이다. 높이가 h인 급수탑에서 급수탑 아래에 있는 밸브를 통해 단면적 A인 관으로 물을 빼내기 위해 밸브를 열면 밸브 속의 압력이 줄어든다. 이 때 줄어든 압력은 얼마인가?(단, 급수탑 위의 물의 표면적은 관의 단면적 보다 훨씬 크고 급수 탱크의 물의 양은 항상 일정하다. 중력 가속도 g, 물의 밀도ρ, 밸브를 빠져나간 물에 대한 외부영향은 무시한다.)

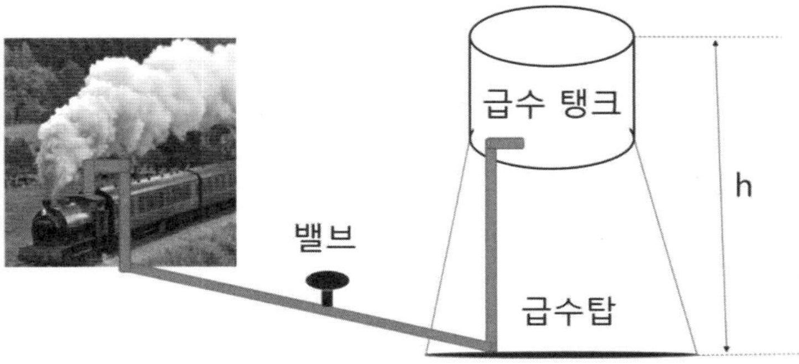

<그림21-3>

급수 탱크 표면의 대기압을 P_1, 밸브 속의 압력을 P_2라고 하고 밸브를 열었을 때 밸브를 빠져나가는 물의 속력을 v_2라고 할 때, <식21-2>의 베르누이 식을 적용하면 (밸브를 통과하는 관의 높이h를 기준점으로 설정하면 $h=0$)

$$P_1+\rho gh+0=P_2+0+\frac{1}{2}\rho v_2^2 \Rightarrow P_1+\rho gh=P_2+\frac{1}{2}\rho v_2^2 \quad \cdots\cdots\cdots\cdots \text{<식21-5>}$$

이 된다. 밸브를 열기 전 $v_2=0$이므로 $P_1+\rho gh=P_2$가 성립하고 밸브를 열면 $v_2\neq 0$이므로 <식21-5>를 다시 정리하면

$$P_2=P_1+\rho gh-\frac{1}{2}\rho v_2^2$$

이 된다. 그러므로 밸브 속의 압력은 $\frac{1}{2}\rho v_2^2$만큼 감소한다.

3. <그림21-4>와 같이 큰 물통의 수면에서 밑으로 거리 h인 곳에 작은 관을 달아 물을 뽑아낸다. (단, 물통의 단면적은 작은 관의 단면적 보다 훨씬 크고 급수 탱크의 물의 양은 항상 일정하다. 중력 가속도 g, 물의 밀도 ρ이다. 물통의 높이에 따른 대기압은 일정하다.)

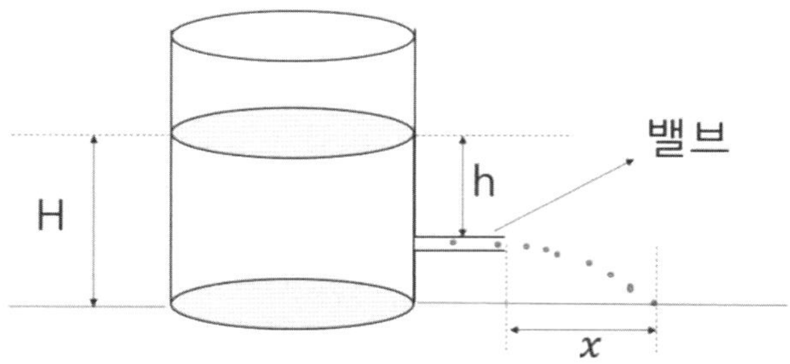

<그림21-4>

물이 지면에 닿는 x를 최대로 크게 하기 위해 작은 관을 어디에 달아야 할까?

높이 $H-h$인 곳에서 밸브를 빠져나온 물은 바닥에 닿을 때까지 중력의 영향만 받는다면 떨어지는 물의 운동은 <그림21-5>와 같이 지면에서 높이 h만큼 떨어진 곳에서 수평 방향으로 던진 물체에 수평 방향으로는 힘을 받지 않고 등속도 운동을 하고, 연직 아래 방향으로는 중력이 작용하므로 중력 가속도 g로 등가속도 운동을 하고, t초 후 지면에 닿을 때 높이 $h=\frac{1}{2}gt^2$의 관계가 성립하는 것과 같은 운동을 하게 된다.

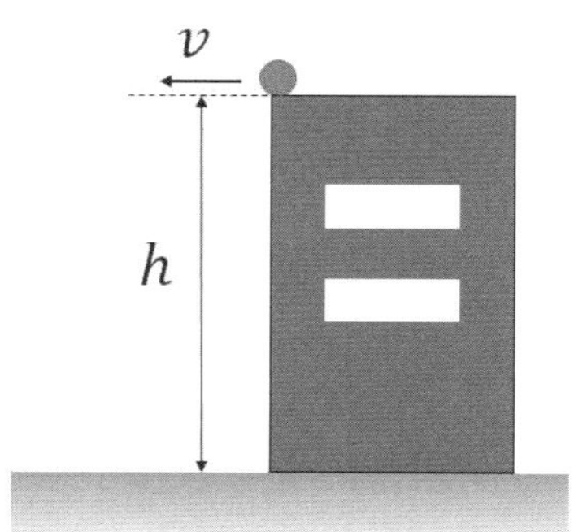

<그림21-5>

그러므로 떨어지는 물이 바닥에 닿을 때까지 걸린 시간은 등가속도 운동을 하므로

$$t=\sqrt{\frac{2(H-h)}{g}}$$

가 되고, 수평거리 x는

$$x = v_h \times \sqrt{\frac{2(H-h)}{g}} \text{ (}v_h\text{: 밸브에서 빠져 나가는 물의 속력)} \cdots\cdots\cdots\cdots \langle\text{식21-6}\rangle$$

가 된다. <식21-6>에서 v_h를 구하기 위해 <식21-2>의 베르누이 식을 적용하면

$$P_H + \rho g h + \frac{1}{2}\rho v_H^2 = P_h + \rho g h_h + \frac{1}{2}\rho v_h^2 \cdots\cdots\cdots\cdots \langle\text{식21-7}\rangle$$

이고, 여기서 $P_H = P_h =$ 대기압, $v_H = 0 =$ 물통표면에서의 물의 속력, $h_h = 0$(기준점)을 <식21-7>에 대입하고 다시 정리하면

$$\rho g h = \frac{1}{2}\rho v_h^2 \cdots\cdots\cdots\cdots \langle\text{식21-8}\rangle$$

이 된다. <식21-8>에서 구한 v_h를 <식21-6>에 대입하면

$$x = \sqrt{2gh} \times \sqrt{\frac{2(H-h)}{g}} = \sqrt{4h(H-h)} \cdots\cdots\cdots\cdots \langle\text{식21-9}\rangle$$

가 된다. <식21-9>에서 $4h(H-h)$가 최대가 될 때 x가 최대로 되므로

$$\frac{d(4hH - 4h^2)}{dh} = 0$$

이 되는 $h = \frac{1}{2}H$에서 x가 극대가 된다. 즉 물통의 중간에 밸브를 설치하여야 한다.

4. 벤츄리 관(venturi pipe)

벤츄리 관이란 <그림21-2>처럼 관의 굵기가 서서히 줄어들거나 늘어나는 관을 말한다. <그림21-6>처럼 높이가 같고, 굵기가 다른 관 속에 밀도가 ρ로 균일한 유체가 일정하게 흐르고 있다.

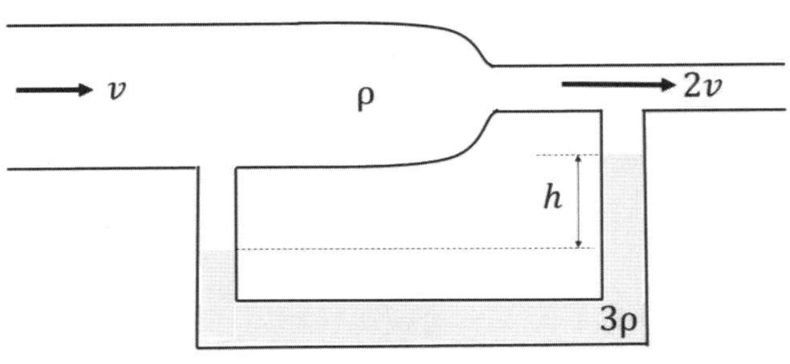

<그림21-6>

유체의 속력은 굵은 관에서 v이고 가는 관에서 $2v$이다. 관에 연결된 U자관 유리관에는 밀도가 3ρ인 액체가 담겨 있다. 이때 h는 어떻게 될까?

관이 넓은 곳의 압력을 P_1, 좁은 곳을 P_2라 두고 <식21-2>의 베르누이 법칙을 적용하면

$$P_1 + \rho gh + \frac{1}{2}\rho v^2 = P_2 + \rho gh + \frac{1}{2}\rho(2v)^2 \quad \cdots\cdots\cdots\cdots \langle\text{식}21\text{-}10\rangle$$

이 된다. 식을 정리하면

$$P_1 - P_2 = \frac{3}{2}\rho v^2 \quad \cdots\cdots\cdots\cdots \langle\text{식}21\text{-}11\rangle$$

이 된다. P_1, P_2인 곳의 압력 차에 의해 U자관 속 유체는 $\frac{3}{2}\rho v^2 = 3\rho gh - \rho gh$만큼 상승한다. 즉 $h = \frac{3v^2}{4g}$이다.

22장_원자모형

고대 그리스 원자론자들은 물질이 매우 작은 개별원자들로 이루어져 있고 이 원자들은 크기와 모양이 차이가 난다고 하였다. 이런 원자들이 자연법칙에 따라 결합과 분리를 하면서 물질세계의 변화를 일으킨다고 생각하였다.

이 장에서는 18세기 이후의 원자 모형에 대해 알아보도록 하겠다.

1. 돌턴의 원자설

돌턴(1766~1844)이 살던 시대에는 기체의 부피와 압력 사이에 반비례 관계가 있다는 보일의 법칙, 화학 반응 전후에 질량이 일정하다는 질량 보존의 법칙, 화합물이 형성되는 방법에 관계없이 어떤 화합물의 조성비가 같아야 한다는 일정 성분비의 법칙이 이미 알려져 있었다.

이를 설명하기 위해 돌턴은 원자론을 1808년 그의 『화학철학의 새 체계 *New System of Chemical Philosophy*』에서 처음으로 주장하였다.

『화학 철학의 새 체계』에서는 원자론에 대한 다음 다섯 가지 사항을 가정하고 있다.

첫째, 물질은 개별 원자들로 구성되어 있다.

둘째, 각 원소들은 하나의 특징적인 성질을 갖는 동일한 원자들로 구성되어 있다.

셋째, 원자들은 변하지 않는다.

넷째, 서로 다른 원자들이 결합하여 화합물을 만들 때 화합물의 최소 단위는 각 원소에 해당하는 일정수의 원자들의 집합으로 이루어져 있다.

다섯째, 화학 반응이 일어날 때 원자는 새로 만들어지거나 소멸되지 않으므로 단지 재배열될 뿐이다.

이 돌턴의 원자론에는 물질의 궁극적인 요소는 원자이고 이는 더 이상 쪼갤 수 없는 것이다.

2. 톰슨의 원자모형

톰슨(1856~1940)은 <그림 22-1>과 같은 음극선 실험 장치를 통하여 음극선이 전기장과 자기장 사이에 작용하는 힘에 의해 휘어지는 것을 발견하고 음극선이 음의 전하를 띤 입자들의 흐름이라고 생각하고 1897년 전기 입자라는 이름으로 전자의 발견을 발표했다. 그가 알아낸 것은 전자의 전하와 질량의 비를 실험적으로 결정하였던 것이고 전자의 전하(e)와 질량(m_e)을 알아내기 위해서는 둘 중의 하나를 알아야 했었다. 이후 미국의 밀리칸이 기름방울 실험을 통하여 전자의 전하를 측정하였다.

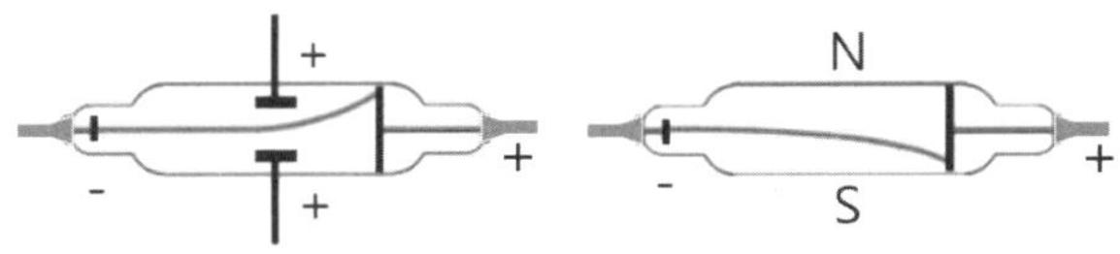

<그림 22-1>

음극선 실험의 결과를 바탕으로 톰슨은 전자와 수소 이온을 바탕으로 <그림22-2>와 같은 원자모형을 제안하였다.

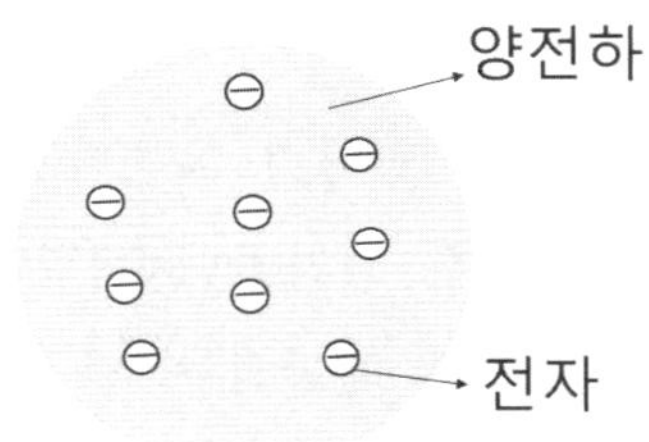

<그림22-2>

수소 원자는 양전하들 사이에 음전하를 띤 전자가 박혀있고 그 모양이 호박떡과 같다고 하여 호박떡 모형(plum pudding model)이라고 한다.

그러면 톰슨 모형의 문제점은 무엇인가?

양전하를 띤 것이 음전하를 띤 전자와 결합하지 않는 이유를 설명할 수 없다.

3. 러더포드의 원자모형

러더포드(1871~1937)는 금속의 얇은 막에 α입자를 때려주는 α입자 산란실험을 통해 <그림22-3>과 같이 원자의 질량이 거의 대부분이 극소 부분에 집중되어 있고 양전하의 원자핵을 이루고 있고 음전하를 가진 전자가 전기력에 의해 원자핵 주위를 회전한다고 가정하였다.

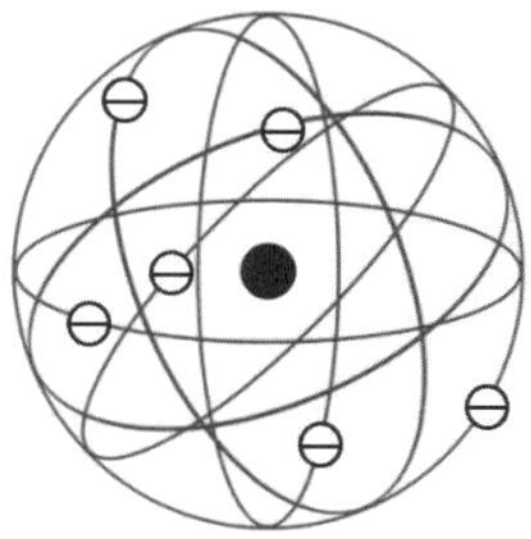

<그림22-3>

당시의 고전 역학과 전자기 이론에 의하면 전자가 핵 주위를 등속 원운동하면 전자는 끊임없는 가속운동을 하기 때문에 전자기파를 방출하고 에너지를 잃어 <그림22-4>처럼 전자의 궤도는 감소하고 그 결과 전자는 순간적으로 핵으로 떨어져 원자는 붕괴하게 된다. 그런데 원자는 순간적으로 붕괴되지 않고 존재하고 있으며 당시의 기체 원자의 선 스펙트럼 현상도 설명할 수 없는 문제가 있었다.

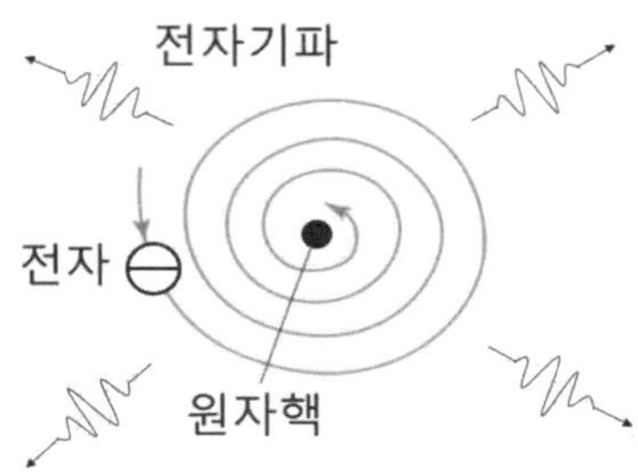

<그림22-4>

가. 수소 원자에 대한 러더포드 원자 모형에서 전자가 원자핵 속으로 떨어지는데 걸리는 시간은 얼마나 될까?

먼저 원자핵과 전자 사의의 중력의 효과는 무시하고 전자에 작용하는 원자핵($+q$)과 전자($-q$) 사이의 전기력이 구심력이므로 전자에 작용하는 힘(F)은

$$F = ma \Rightarrow k_e \frac{q^2}{r^2} = m\frac{v^2}{r} (k_e = \frac{1}{4\pi\epsilon_0}) \quad \cdots\cdots\cdots\cdots \langle 식22\text{-}1 \rangle$$

이 된다. <식22-1>에서 속도 v는

$$v = \sqrt{\frac{1}{4\pi\epsilon_0}\frac{q^2}{mr}} \quad \cdots\cdots\cdots\cdots \langle 식22\text{-}2 \rangle$$

이 된다.

가속도 운동 하면서 시간당 방출하는 전자기파 에너지(P)는

$$P = \frac{\mu_0 q^2}{6\pi c}(\frac{v^2}{r})^2$$

이 되는데, 이식은 그냥 받아들이기로 하고 <식22-2>를 대입하여 정리하면

$$P = \frac{\mu_0 q^2}{6\pi c}(\frac{1}{4\pi\epsilon_0}\frac{q^2}{mr^2})^2 \quad \cdots\cdots\cdots\cdots \langle 식22\text{-}3 \rangle$$

이 된다.

한편 원운동하는 전자의 총에너지(E)는

$$E = E_K + E_P = \frac{1}{2}mv^2 - \frac{1}{4\pi\epsilon_0}\frac{q^2}{r} \quad \cdots\cdots\cdots\cdots \langle 식22\text{-}4 \rangle$$

이며, <식22-2>를 <식22-4>에 대입하여 정리하면

$$E = \frac{1}{2}(\frac{1}{4\pi\epsilon_0}\frac{q^2}{r}) - \frac{1}{4\pi\epsilon_0}\frac{q^2}{r} = -\frac{1}{8\pi\epsilon_0}\frac{q^2}{r} \quad \cdots\cdots\cdots\cdots \langle 식22\text{-}5 \rangle$$

이 되며, <식22-3>과 <식22-5>를 사용하여 전자가 시간당 잃어버리는 에너지는

$$P = -\frac{dE}{dt} \quad \cdots\cdots\cdots\cdots \langle 식22\text{-}6 \rangle$$

이다. 전자가 원자핵 속에 떨어지는 시간을 구하기 위해 <식22-6>을 조금 변형하여 다시 쓰면

$$P = \frac{\mu_0 q^2}{6\pi c}(\frac{1}{4\pi\epsilon_0}\frac{q^2}{mr^2})^2 = -\frac{dE}{dr}\frac{dr}{dt} = -\frac{1}{8\pi\epsilon_0}\frac{q^2}{r^2}\frac{dr}{dt} \quad \cdots\cdots\cdots\cdots \langle 식22\text{-}7 \rangle$$

이며, 진공에서 빛의 속력 c는 $c = \frac{1}{\sqrt{\mu_0\epsilon_0}}$를 사용하면

$$\frac{dr}{dt} = -\frac{1}{3c}(\frac{q^2}{2\pi\epsilon_0 mc})^2\frac{1}{r^2} \quad \cdots\cdots\cdots\cdots \langle 식22\text{-}8 \rangle$$

이 된다. 전자의 처음 위치(r_0)는 원자핵에서 5.3×10^{-11}m에 있고 전자는 매 순간 가속도 운동을 한다고 가정하고 <식22-8>을 풀어 보면

$$\int_0^t dt = \int_{r_0}^0 -3c\left(\frac{2\pi\epsilon_0 mc}{q^2}\right)^2 r^2 \Rightarrow t = c\left(\frac{2\pi\epsilon_0 mc}{q^2}\right)^2 r_0^3 \quad \cdots\cdots\cdots\cdots \text{<식22-9>}$$

이 된다. <식22-9>에 $c=3\times10^8\text{m/s}$, $\epsilon_0=8.85\times10^{-12}\text{F/m}$, $m=9.11\times10^{-31}\text{Kg}$, $q=1.6\times10^{-19}\text{C}$, $r_0=5.3\times10^{-11}\text{m}$를 대입하면 $t \fallingdotseq 1.3\times10^{-11}\text{s}$가 된다.

러더퍼드 원자 모형이 맞는다면 전자들은 원자핵으로 아주 빠른 시간 내에 충돌하고 원자는 사라질 것이다. 하지만 그런 일은 일어나지 않는다.

나. 톰슨 원자모형에 의한 α입자 산란실험에서의 산란각은 어떻게 될까?

러더포드의 α입자 산란실험에서 얇은 막을 이루는 금속 원자가 톰슨 원자 모형을 따른다고 가정하였을 때 α입자의 산란각을 계산하기 위해 <그림22-5>와 같은 충돌을 생각해 보자.

<그림22-5>

질량이 M_α인 α입자가 속도 v로 질량 m_e인 정지한 전자에 충돌한다고 하면 충돌 후 α입자 속도 v로 질량 m_e인 전자는 $2v$로 진행한다. 충돌 후 전자의 속도가 $2v$인 것은 α입자의 질량이 전자질량보다 크고($M \gg m_e$) <식13-9>를 이용하면

$$v_2' = \frac{1}{m_2}\left[m_1v_1 + m_2v_2 - m_1\frac{(m_1-m_2)v_1 + 2m_2v_2}{m_1+m_2}\right]$$

$$= \frac{(m_2-m_1)v_2 + 2m_1v_1}{m_1+m_2}$$

이 되고, 식에 $v_2' = v_e'$, $m_1 = M$, $m_2 = m_e$, $v_1 = v$, $v_2 = 0$을 대입하면

$$v_e' = \frac{(m_e - M)0 + 2Mv}{M + m_e} \fallingdotseq 2v$$

가 된다. 한편 충돌후의 α입자의 운동량 변화량은 α입자의 운동량 변화량 ($\Delta\overrightarrow{P_\alpha} = \overrightarrow{P'}_\alpha - \overrightarrow{P}_\alpha$)에 대한 그림을 그려보면 <그림22-6>과 같다.

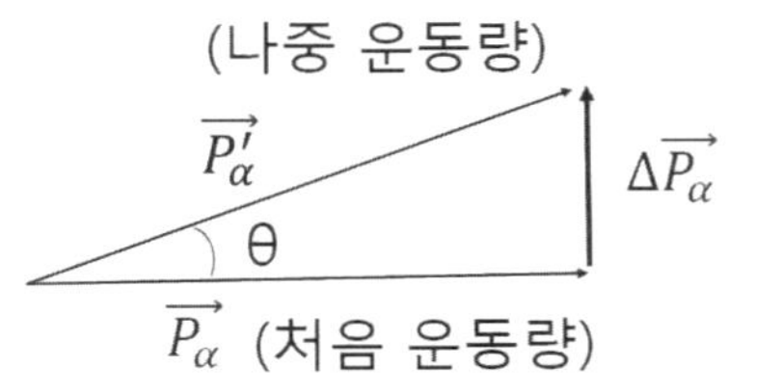

〈그림22-6〉

〈그림22-6〉에서 θ는 전자와의 충돌로 인한 α입자의 산란각이며 α입자의 운동량 변화량($\Delta\overrightarrow{P_\alpha}$)는 전자의 운동량 변화량($\Delta\overrightarrow{P_e}=2m_e v$)과 같으므로 $\tan\theta=\dfrac{\Delta P_\alpha}{P_\alpha}=\dfrac{2m_e v}{Mv}$에서 α입자가 전자 1개와 충돌 시 최대 산락각은 $\theta \fallingdotseq 0.016^\circ$ 정도 된다. α입자가 충돌하는 얇은 막이 두께가 10^{-7}m되는 금박이고 여러 변수들을 고려하여 계산하면 총산란각 θ_t는 $\theta_t \fallingdotseq 0.8^\circ$ 정도 된다.

〈그림22-3(가)〉의 경우 α입자는 대부분 진행 방향에 직진하지만 많은 입자들이 10° 이내에서 약간씩 휘거나 $\dfrac{1}{20000}$의 확률로 심지어 후방산란(180°)도 관측됨으로써 톰슨 모형이 틀렸다는 것을 알 수 있었다.

4. 보어 원자모형

'전자가 등속 원운동(가속도 운동)을 하고 있다.'라는 러더포더 원자 모형이 갖고 있는 문제의 실마리를 찾은 사람은 덴마크의 물리학자 보어(1885~1962)였다.

보어는 〈그림22-7〉과 같은 원자모형에서 정상 상태(stationary state)를 가정(정상 상태 가설)함으로써 러더포드의 모형에서 제기된 전자기파 복사에 의한 원자의 붕괴를 막을 수 있었다.

그림에 나타난 전자의 궤도는 양자화된 궤도로 불연속적이고 전자는 특정 궤도에서 다른 특정궤도로 옮겨갈 수 있다는 것이다. 양자화된 특정한 궤도란 그 궤도에서는 등속원운동 하여도 전자파를 복사하지 않는다는 것이며 전자가 더 낮은 에너지 궤도로 떨어지게 되면 복사 에너지를 방출하게 되고 더 높은 궤도로 이동하려면 전자기파를 흡수해야 된다는 것이다. 이때 방출되는 복사 에너지의 진동수(f)는 양지화된 전자 궤도들 사이의 에너지 차이$\left|E_n-E_m\right|$를 프랑크 상수(h)로 나눈 것과 같다(진동수 가설).

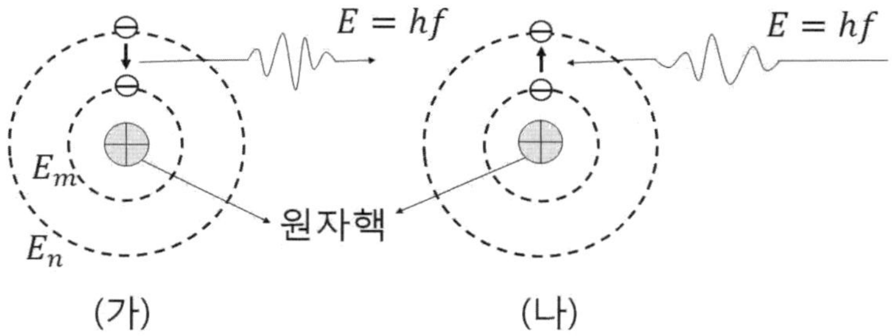

<그림22-7>

정상상태 가설을 좀 더 살펴보면 먼저, 원자핵 주위를 회전하는 전자는 물질파로 정상파를 이루며 정상파를 이루려면 전자궤도의 원둘레가 전자의 물질파 파장의 정수배가 되어야 전자의 물질파는 안정하게 존재할 수 있다는 것이다. 이를 식으로 나타내면

$$2\pi r_n = n\lambda = n(\frac{h}{mv})\,(n = 1, 2, 3, \bullet\ \bullet\ \bullet) \cdots\cdots\cdots\cdots \text{<식22-10>}$$

가 된다. 이 조건을 양자 조건이라 하며 n을 양자수라고 한다. 바닥 상태(ground state) $n=1$ 보다 더 낮은 에너지 상태는 없으며 전자가 방출하는 에너지는 언제나 양자화되어 있다는 것이다.

만약 <그림22-8>처럼 전자의 물질파 파장의 정수배가 전자궤도의 원둘레와 일치하지 않으면 상쇄간섭이 일어나 전자의 물질파는 존재할 수 없게 된다.

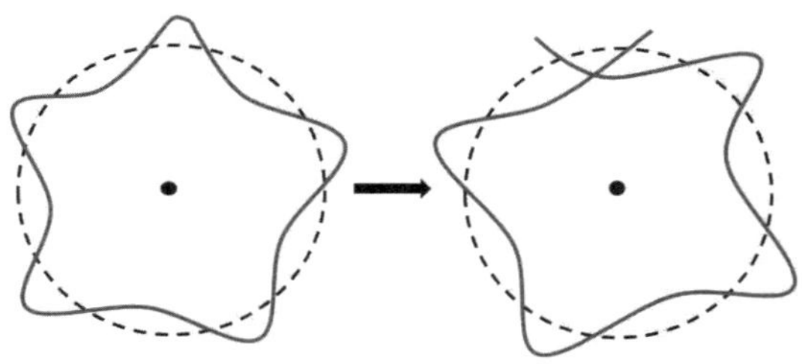

<그림22-8>

n이 증가함에 따라 각 궤도에서의 전자의 물질파 파장(λ_n)과 반지름(r_n)에 대한 것이 <그림22-9>에 나타나 있다.

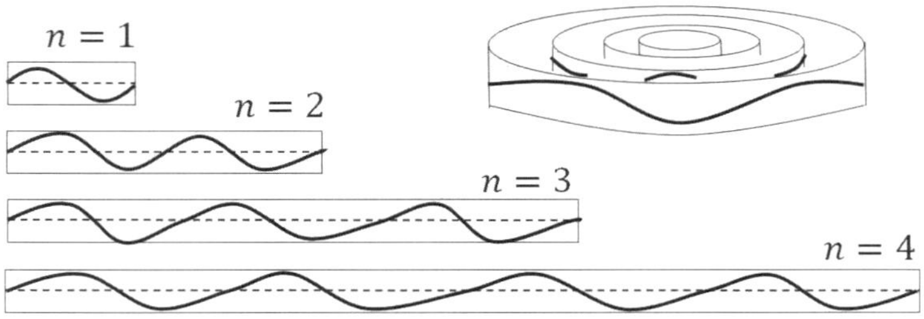

n=1에서 n=4까지 전자 궤도를 펼친 모양

<그림22-9>

n이 증가함에 따라 각 궤도에서의 전자의 물질파 파장과 반지름은 달라진다.

가. 보어 모형에서 수소 원자의 에너지는 어떻게 될까?

먼저 수소 원자핵 주위를 회전하는 전자에 작용하는 전기력이 원운동에서 구심력으로 작용하므로 <식22-1>을 사용하면

$$F = ma \Rightarrow k_e \frac{q^2}{r^2} = m_e \frac{v^2}{r} \left(k_e = \frac{1}{4\pi\epsilon_0} = \text{쿨롱상수}, m_e = \text{전자질량}, q = \text{전자 전하량}\right) \cdots\cdots\cdots\cdots \text{<식22-11>}$$

이 되고, <식22-10>에서 구한 전자의 속력 $v = \dfrac{nh}{2\pi m_e r_n}$를 <식22-11>에 대입하여 궤도 반지름을 구하면

$$r_n = \frac{h^2}{4\pi^2 k_e m_e e^2} n^2 = a_0 n^2 (n = 1, 2, 3, \cdot\cdot\cdot) \cdots\cdots\cdots\cdots \text{<식22-12>}$$

가 된다. a_0를 보어 반지름이라고 한다.

양자수 n인 정상 상태에 놓여 있는 전자의 총에너지는 위치에너지와 운동에너지의 합이므로 <식22-4>와 <식22-5>를 사용하면

$$E_n = -k_e \frac{e^2}{2r_n} \left(k_e = \frac{1}{4\pi\epsilon_0}, q = e\right) \cdots\cdots\cdots\cdots \text{<식22-13>}$$

이 된다. 여기서 에너지가 r_n에 따라 달라지므로 E도 E_n으로 표현된다. 이 식에 <식22-12>를 대입하면

$$E_n = -\frac{2\pi^2 k_e^2 m_e e^4}{h^2}\frac{1}{n^2}(n=1, 2, 3, \cdots)$$

이 되며 각각의 물리 상수값을 넣고 정리하면

$$E_n = -13.6\frac{1}{n^2}(eV)(n=1, 2, 3, \cdots) \quad \cdots\cdots\cdots\cdots \text{<식22-14>}$$

가 된다. 가장 낮은 에너지 상태는 E_1이며 에너지는 불연속적인 값을 가지며 우리는 이를 에너지가 양자화되었다고 한다.

보어 모형은 정확하지는 않지만 원자 궤도에 대한 개념을 이해하는 데 어느 정도 장점이 있어 널리 사용될 뿐만 아니라 러더포드의 모형에서 설명할 수 없었던 모순을 해결하고 수소 원자의 선스펙트럼 등을 설명할 수 있었지만 왜 전자가 정상 상태에 있을 때 전자기파를 방출하지 못하는지를 설명할 수 없었고 수소 원자보다 원자번호가 큰 원소는 잘 설명하지 못하였다.

<식22-14>에 대한 그림을 그려보면 <그림22-10>과 같다.

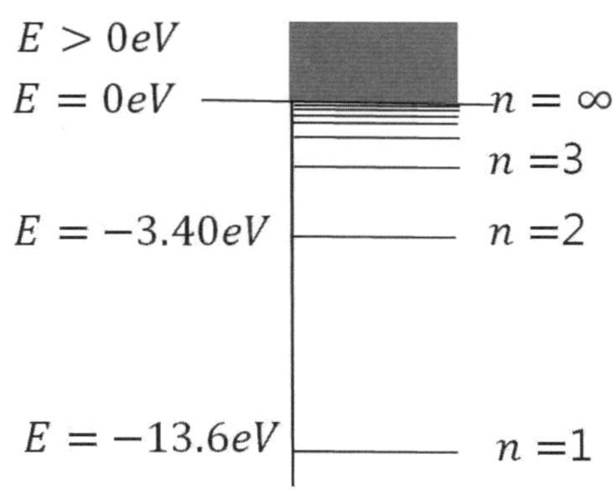

<그림22-10>

나. 보어 모형에서 전자가 다른 궤도로 전이할 때 방출하는 빛의 파장은 어떻게 될까?

전자가 양자수 n인 궤도에서 $m(n>m)$인 궤도로 전이할 때 방출하는 빛의 파장은 진동수 가설에 의해 $c=f\lambda$의 관계식을 이용하면

$$E_n - E_m = hf = \frac{hc}{\lambda} = -\frac{2\pi^2 k_e^2 m_e e^4}{h^2}\frac{1}{n^2} + \frac{2\pi^2 k_e^2 m_e e^4}{h^2}\frac{1}{m^2}$$

이 되고, 이를 정리하면 다음과 같은 식이 나온다.

$$\frac{1}{\lambda} = \frac{2\pi^2 k_e^2 m_e e^4}{h^3 c}\left(\frac{1}{m^2} - \frac{1}{n^2}\right) = R\left(\frac{1}{m^2} - \frac{1}{n^2}\right) \quad \cdots\cdots\cdots\cdots \text{<식22-15>}$$

이 된다. 이 식은 수소 원자의 선 스펙트럼을 통해 리드베리가 종합한 경험적인 식이며 식에

표현된 R은 리드베리 상수로 $R = \frac{2\pi^2 k_e^2 m_e e^4}{h^3 c}$이며 그 값은 $1.097 \times 10^7 \mathrm{m}^{-1}$이다.

<식22-15>에 대한 그림을 그려보면 <그림22-11>과 같다.

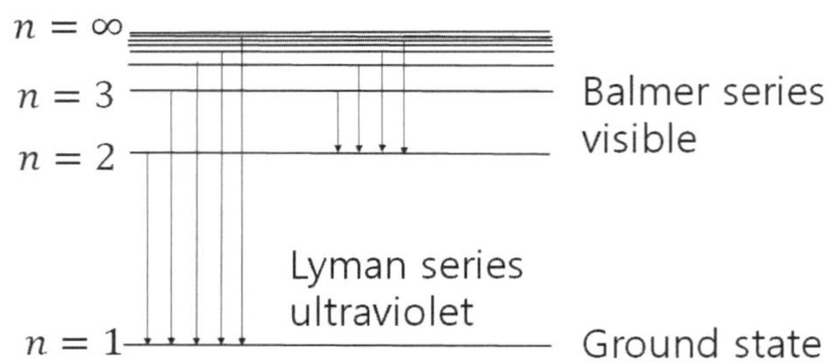

<그림22-11>

$n = 2, 3, 4,$ • • • 의 높은 에너지 상태에서 $n = 1$인 상태로 전이할 때는 자외선 영역의 빛을 , $n = 3, 4, 5,$ • • • 의 높은 에너지 상태에서 $n = 2$인 상태로 전이할 때는 주로 가시광선 영역의 빛을 방출함을 나타낸다.

다. <그림22-12>와 같은 보어의 수소 원자 모형에서

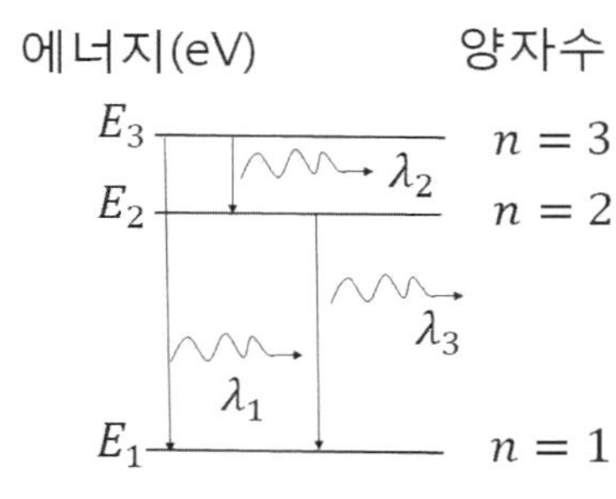

<그림22-12>

전자가 양자수 $n = 3$인 상태에서 $n = 1$인 상태로, $n = 3$인 상태에서 $n = 2$인 상태로, $n = 2$ 인 상태에서 $n = 1$인 상태로 전이하면서 진공에서의 파장이 각각 λ_1, λ_2, λ_3인 빛을 방출할 때 λ_1, λ_2, λ_3사이의 관계식은 어떻게 될까?

$E_3 - E_2 = hf_2$, $E_2 - E_1 = hf_3$, $E_3 - E_1 = hf_1$의 관계식에서

$$hf_1 = hf_2 + hf_3$$

가 성립하고 $f = \dfrac{c}{\lambda}$를 사용하면

$$\frac{1}{\lambda_1} = \frac{1}{\lambda_2} + \frac{1}{\lambda_3}$$

의 관계식이 성립한다.

라. <그림22-13>과 같이 간격이 L인 두 벽면 사이에 갇힌 전자의 물질파가 정상파를 이루는 상태로만 존재하고 있다.(전자의 질량은 m, 전자의 속력은 v, 운동하는 동안 전자기파는 발생하지 않고 중력의 영향도 무시한다.)

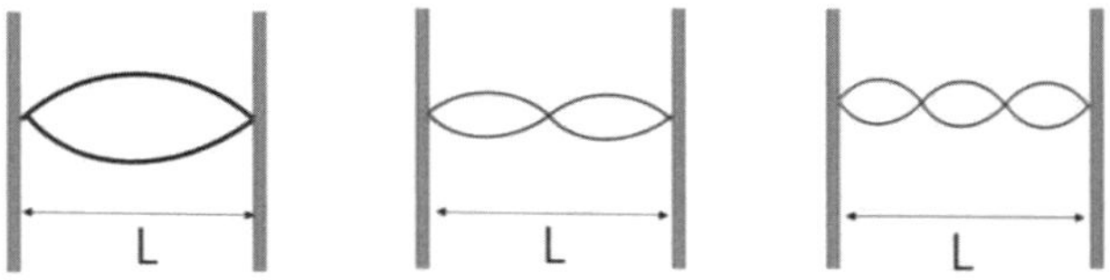

<그림22-13>

전자가 물질파 상태로 존재할 때 가질 수 있는 최소 에너지는 어떻게 될까?

<그림22-13>에서 물질파의 파장(λ)은 각각 $\lambda_1 = 2L, \lambda_2 = L, \lambda_3 = \dfrac{2}{3}L$이 되며, $v = f\lambda$를 사용하면

$E = hf = h\dfrac{v}{\lambda}$이므로 파장이 가장 클 때 에너지($E$)가 최소가 되므로 $\lambda = \lambda_1$일 때이다.

즉 $E = h\dfrac{v}{2L}$이다.

23장_슈뢰딩거(Schrödinger) 방정식

오스트리아의 빈에서 태어난 슈뢰딩거(1887~1961)는 전자를 파동으로 다루어 전자의 상태를 나타내는 파동함수를 구할 수 있는 슈뢰딩거 방정식을 찾아내었다.

질량이 m인 입자가 운동에너지E_K, 운동량 p를 가지고 자유공간에서 움직이면 이 입자의 물질파 파장(λ)과 진동수(f)는 각각 $\lambda = \frac{h}{p}$, $f = \frac{E_K}{h}$이 되어야 하며 이를 기술하는 방정식이 다음과 같이 기술 되어야 한다고 생각하였다.

$$i\hbar \frac{\partial \Psi(x,t)}{\partial t} = -\frac{\hbar^2}{2m}\frac{\partial^2 \Psi(x,t)}{\partial x^2} + V(x)\Psi(x,t) \quad \cdots\cdots\cdots\cdots 〈식23\text{-}1〉$$

여기서 $\hbar = \frac{h}{2\pi}$, $V(x)$는 퍼텐셜 에너지를 나타내며 3차원 공간[$\vec{r} = (x, y, z)$] 대신 일차원(x)에서만 표현 하였다. 〈식23-1〉에는 입자들은 파동성을 가지며 파동적인 성질로 인해 물체의 위치는 불확실하며 어떤 위치에 존재하는 확률만을 구할 수 있다는 의미가 있다.

슈뢰딩거 파동방정식의 해는 시간과 공간의 함수$\Psi(x,t)$로 〈식23-1〉의 방정식
구조상 $\Psi(x,t)$는 시간$T(x)$과 공간$U(x)$의 두 함수의 곱

$$\Psi(x,t) = T(t)U(x) \quad \cdots\cdots\cdots\cdots 〈식23\text{-}2〉$$

로 나타낼 수 있어, 〈식23-2〉을 〈식23-1〉에 대입하여 정리하면

$$i\hbar \frac{\partial[T(t)U(x)]}{\partial t} = -\frac{\hbar^2}{2m}\frac{\partial^2[T(t)U(x)]}{\partial x^2} + V(x)[T(t)U(x)] \quad \cdots\cdots\cdots\cdots 〈식23\text{-}3〉$$

가 된다. 식의 양변을 $T(t)U(x)$로 나누고 정리하면

$$i\hbar \frac{1}{T(t)}\frac{\partial T(t)}{\partial t} = \frac{1}{U(x)}[-\frac{\hbar^2}{2m}\frac{\partial^2 U(x)}{\partial x^2} + V(x)U(x)] \quad \cdots\cdots\cdots\cdots 〈식23\text{-}4〉$$

가 된다. 〈식23-4〉의 양변은 각각 시간과 공간의 독립적인 변수의 항들로만 이루어져 있어 식이 성립하기 위해서는 양변의 값이 특정한 상수(E)이면 된다. 즉

$$i\hbar \frac{1}{T(t)}\frac{dT(t)}{dt} = E \quad \cdots\cdots\cdots\cdots 〈식23\text{-}5〉$$

$$\frac{1}{U(x)}[-\frac{\hbar^2}{2m}\frac{d^2 U(x)}{dx^2} + V(x)U(x)] = E \quad \cdots\cdots\cdots\cdots 〈식23\text{-}6〉$$

$$\Rightarrow -\frac{\hbar^2}{2m}\frac{d^2 U(x)}{dx^2} + V(x)U(x) = EU(x)$$

와 같이 되고, 〈식23-5〉는

$$\int \frac{dT(t)}{T(t)} = \int \frac{1}{i\hbar} Edt \Rightarrow T(t) = Ce^{-i\frac{E}{\hbar}t}$$

가 되고, C는 적분할 때 발생하는 상수이다.

<식 23-6>을 시간에 의존하지 않는 슈뢰딩거 방정식이라고 하며 E는 입자의 전체 에너지이며 이 식을 통해 입자의 에너지 상태와 관련된 파동의 공간적인 변화에 대한 정보를 얻을 수가 있다. 또한 파동함수 $\Psi(x) = U(x)$는 실측 가능한 물리량은 아니며 $|\Psi(x)|^2$이 특정 위치에서의 입자를 발견할 확률이 된다.

1. 1차원 무한 네모 우물(Infinite potential well)속 입자

다음 <그림23-1>과 같이 길이L인 1차원 상자 속에 갇힌 입자를 생각해 보자.

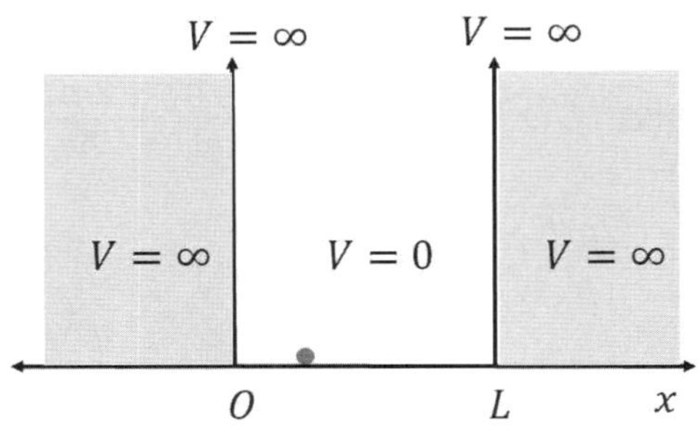

<그림23-1>

$0 < x < L$에서는 $V(x) = 0$, $x \le 0, x \ge L$에서는 $V(x) = \infty$이 경우 상자 속의 입자는 어떤 파동함수를 나타내며 입자가 가질 수 있는 에너지는 어떻게 될까?

$V(x) = \infty$란 것은 $x = 0, x = L$에서 $U(0) = 0, U(L) = 0$임을 의미하는데 다시 말해 $x \le 0, x \ge L$인 곳에서는 파동함수가 존재하지 않는다는 것이다.

그러면 $0 < x < L$에서의 슈뢰딩거 방정식은 $V(x) = 0$을 사용하여 <식23-6>을 적용 시키면

$$-\frac{\hbar^2}{2m}\frac{d^2U(x)}{dx^2} = EU(x) \quad \cdots\cdots\cdots\cdots \text{<식23-7>}$$

가 된다. $k = \frac{\sqrt{2mE}}{\hbar}$로 두고 식을 조금 변형하면

$$\frac{d^2U(x)}{dx^2} + k^2U(x) = 0 \quad \cdots\cdots\cdots\cdots \text{<식23-8>}$$

이 된다. 식의 해는 $U(x) = A\sin kx$ or $B\cos kx$가 된다. $x = 0$에서 $U(0) = B\cos(0) = 0$ 되어야 하므로 $B\cos kx$에서 $B = 0$이 되고 해는

$$U(x) = A\sin kx \quad \cdots\cdots\cdots\cdots \text{<식23-9>}$$

만 남게 된다.

또한 $x=L$에서 $U(L)=A\sin(kL)=0$이어야 하므로 $kL=n\pi$, $n=1,2,3,$ • • • (자연수)이 되어야 하고 $k=\frac{n\pi}{L}$의 조건이 생기고 $k=\frac{\sqrt{2mE}}{\hbar}$에서

$$E_n=\frac{\pi^2\hbar^2}{2mL^2}n^2=\frac{h^2}{8mL^2}n^2 \quad \cdots\cdots\cdots\cdots \text{<식23-10>}$$

이 되며, n을 양자수라고 한다. 에너지 준위의 간격은 n^2에 비례하므로 양자수가 증가함에 따라 에너지 준위의 간격은 점점 더 커지며, 상자 속의 길이L^2에 반비례한다. 입자의 에너지가 가장 낮은 기저상태($n=1$, ground state)에서는 $E_1=\frac{h^2}{8mL^2}$의 값을 가지는데 고전적인 관점에서 물체가 정지한 상태에서는 에너지가 0이 되어야 함에도 불구하고 에너지는 0이 되지 않는다. 양자역학에서는 기저상태의 에너지를 영점에너지(zero point energy)라고 부른다.

입자의 파동함수를 구하기 위해서는 $U(x)=A\sin kx$ 에 $k=\frac{\sqrt{2mE}}{\hbar}$를 대입하면

$$U_n(x)=A\sin\left(\frac{\sqrt{2mE_n}}{\hbar}x\right)=A\sin\left(\frac{n\pi}{L}\right)x \quad \cdots\cdots\cdots\cdots \text{<식23-11>}$$

가 된다. $0<x<L$에서 입자가 발견될 확률을 모두 더하면 $\int_0^L |U(x)|^2dx=1$이므로

$$\int_0^L A^2\sin^2(\frac{n\pi x}{L})dx=1$$

dl 되고, 적분하면 $\frac{A^2}{2}[\int_0^L dx-\int_0^L\cos\left(\frac{2n\pi x}{L}\right)dx]=1$이고 $A=\sqrt{\frac{2}{L}}$가 구해져 이를 <식23-11>에 대입하면 파동함수는

$$U_n(x)=\sqrt{\frac{2}{L}}\sin\left(\frac{n\pi}{L}\right)x \quad \cdots\cdots\cdots\cdots \text{<식23-12>}$$

가 된다. 파동함수 $U(x)$와 위치x 주위에서 입자를 발견할 수 있는 확률 $|U(x)|^2$에 대한 그래프를 <그림23-2>에 나타내었다.

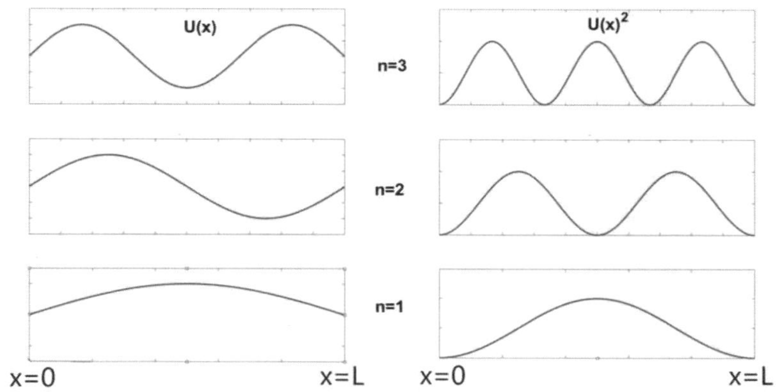

<그림23-2>

2. 1차원 유한 네모 우물(Finite potential well)속 입자

퍼텐셜 에너지가 무한대가 되는 현상은 실제 세상에서는 없다. 하지만 유한한 퍼텐셜 에너지를 가지는 현상은 실제 세계에서는 존재한다. 그러면 <그림23-3>처럼 너비가 L인 네모 퍼텐셜 우물 ($0 < x < L$에서는 $V(x) = 0$, $x \leq 0, x \geq L$에서는 $V(x) = V$)과 그 속에서 퍼텐셜 에너지(V)보다 적은 에너지(E)를 가진 입자를 생각해 보자.

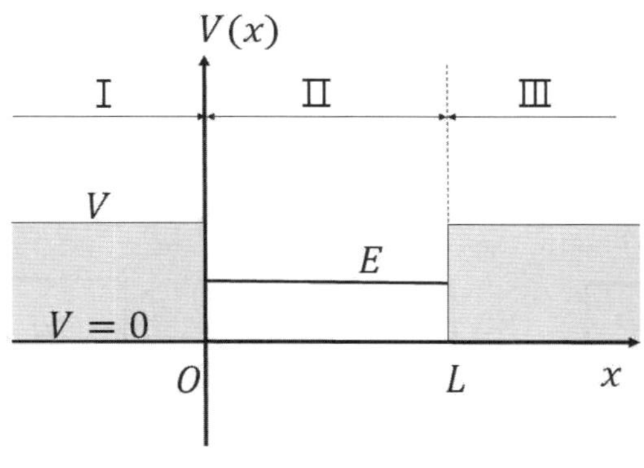

<그림23-3>

Ⅰ, Ⅲ영역에서의 슈뢰딩거 방정식을 <식23-6>을 이용하여 세우면

$$\frac{d^2 U(x)}{dx^2} = \frac{2m}{\hbar^2}(V - E)U(x)$$

이고, $\kappa^2 = \dfrac{2m(V-E)}{\hbar^2} > 0$를 사용하여 정리하면

$$\frac{d^2 U(x)}{dx^2} - \kappa^2 U(x) = 0 \quad \cdots\cdots\cdots\cdots \langle 식23\text{-}13 \rangle$$

이 된다. <식23-13>의 해는 $Ce^{\pm\kappa x}$와 같은 해이므로 Ⅰ, Ⅲ영역에서의 $U_{\mathrm{I}}(x)$, $U_{\mathrm{III}}(x)$는

$$U_{\mathrm{I}}(x)=Ce^{\kappa x}+De^{-\kappa x} \quad \cdots\cdots\cdots\cdots \langle 식23\text{-}14\rangle$$

$$U_{\mathrm{III}}(x)=Fe^{\kappa x}+Ge^{-\kappa x} \quad \cdots\cdots\cdots\cdots \langle 식23\text{-}15\rangle$$

와 같으며, $U_{\mathrm{I}}(x)$, $U_{\mathrm{III}}(x)$은 모든 곳에서 유한한 값을 가지고 있어야 하므로 $x\to-\infty$에서 유한한 값을 가질려면 <식23-14>에서 $De^{-\kappa x}$는 발산하므로 $D=0$, $x\to\infty$에서 유한한 값을 가질려면 <식23-15>에서 $Fe^{\kappa x}$는 발산 하므로 $F=0$이 되어

$$U_{\mathrm{I}}(x)=Ce^{\kappa x} \quad \cdots\cdots\cdots\cdots \langle 식23\text{-}16\rangle$$

$$U_{\mathrm{III}}(x)=Ge^{-\kappa x} \quad \cdots\cdots\cdots\cdots \langle 식23\text{-}17\rangle$$

가 되어야 한다.

파동함수는 연속적이어야 하므로 Ⅱ영역에서는 $x=0$에서 $U_{\mathrm{II}}(0)=U_{\mathrm{I}}(0)=C$, $x=L$에서 $U_{\mathrm{II}}(L)=U_{\mathrm{III}}(L)=Ge^{-\kappa L}$가 되며, Ⅱ영역에서는 해는 $A\sin kx$, $B\cos kx$ 모두 해가 되므로

$$U_{\mathrm{II}}(x)=A\sin\left(\frac{\sqrt{2mE}}{\hbar}x\right)+B\cos\left(\frac{\sqrt{2mE}}{\hbar}\right)x \quad \cdots\cdots\cdots\cdots \langle 식23\text{-}18\rangle$$

가 된다.

A, B, C, G의 값은 여러 조건을 사용하여 복잡한 과정을 거쳐 구할 수 있는데 여기서는 생략하도록 한다. <식23-16~18>을 이용하여 파동함수 $U(x)$와 위치x 주위에서 입자를 발견할 수 있는 확률 $|U(x)|^2$에 대한 그래프를 <그림23-4>에 나타내었다.

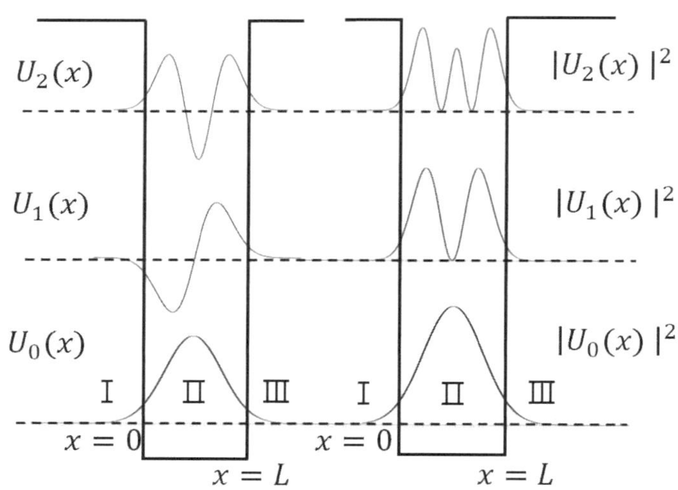

<그림23-4>

<그림23-2>와 비교해보면 $U_{\mathrm{I}}(x)$의 경우 파장이 더 길어져 $\lambda = \frac{h}{p} = \frac{h}{\sqrt{2mE}}$ 식에서 보면 에너지 준위 E_n도 더 낮아지며 Ⅰ, Ⅲ영역에서 $V > E$라고 하더라도 Ⅰ, Ⅲ영역에서 파동함수가 존재한다. 즉, 퍼텐셜 장벽 속에서도 입자가 발견될 확률이 있다.

3. 조화진동자(Harmonic oscillator)

19장에서 단진동하는 물체가 가지는 에너지는

$$E = E_K + E_P = \frac{1}{2}mv + \frac{1}{2}kx^2 = 0 + \frac{1}{2}kA^2$$

이고, 특정 위치x에서의 퍼텐셜 에너지는 $E_P (= V(x)) = \frac{1}{2}kx^2$이었다. 이와 같은 퍼텐셜 속에서의 슈뢰딩거 방정식을 알아보자.

에너지가 $E (= \frac{1}{2}kA^2)$, $-A \le x \le A$사이에서 진동하는 진동자에 대한 슈뢰딩거 방정식을 <식23-6>을 사용하여 세워보면

$$-\frac{\hbar^2}{2m}\frac{d^2U(x)}{dx^2} + \frac{1}{2}kx^2U(x) = EU(x)$$

이고, 식을 정리하면

$$\frac{d^2U(x)}{dx^2} + \frac{2m}{\hbar^2}(E - \frac{1}{2}kx^2)U(x) = 0 \quad \cdots\cdots\cdots\cdots \text{<식23-19>}$$

이 된다. 식을 간단히 하기 위해 $\omega = \sqrt{\frac{k}{m}}$, $\epsilon = \frac{2E}{\hbar\omega}$, $y = \sqrt{\frac{m\omega}{\hbar}}x$로 두고

$\frac{d}{dx} = \sqrt{\frac{m\omega}{\hbar}}\frac{d}{dy}$, $\frac{d^2}{dx^2} = \frac{m\omega}{\hbar}\frac{d^2}{dy^2}$를 사용하면

$$-\frac{\hbar^2}{2m}(\frac{m\omega}{\hbar})\frac{d^2U(y)}{dy^2} + \frac{1}{2}(m\omega^2)\frac{\hbar}{m\omega}y^2U(y) = \frac{1}{2}\hbar\omega\epsilon U(y) \quad \cdots\cdots\cdots\cdots \text{<식23-19>}$$

$$\frac{d^2U(y)}{dy^2} + (\epsilon - y^2)U(y) = 0$$

이 된다. 식에서 ϵ는 차원이 없는 양이다. 직접 파동함수를 구하지는 않겠지만 전공간에 대해서 입자가 발견될 확률 $\int_{-\infty}^{+\infty}|U(y)|^2dy = 1$, $y \to \pm\infty$ 파동함수는 유한해야 한다는 조건을 사용하면

$\epsilon = 2n + 1 (n = 0, 1, 2, 3, \cdot\cdot\cdot)$ 조건이 나오고 $\epsilon = \frac{2E}{\hbar\omega}$에서

$$E_n = (n + \frac{1}{2})\hbar\omega (n = 0, 1, 2, 3, \cdot\cdot\cdot) \quad \cdots\cdots\cdots\cdots \text{<식23-20>}$$

가 된다. 에너지 준위의 간격은 양자수 증가에 관계 없이 일정하며, 19장의 스프링에 매달려 단진동 운동하는 물체는 최소 에너지가 0이 될 수 있지만 <식23-20>에서 최소 에너지는 $n=0$일 때 $E_0 = \frac{1}{2}\hbar\omega$이고 이를 조화 진동자에서의 영점에너지라고 한다.

여기서는 $U(x)$를 구하지는 않았지만 파동함수 $U(x)$와 위치x 주위에서 입자를 발견할 수 있는 확률 $|U(x)|^2$에 대한 그래프를 각각 <그림23-5>와 <그림23-6>에 나타내었다.

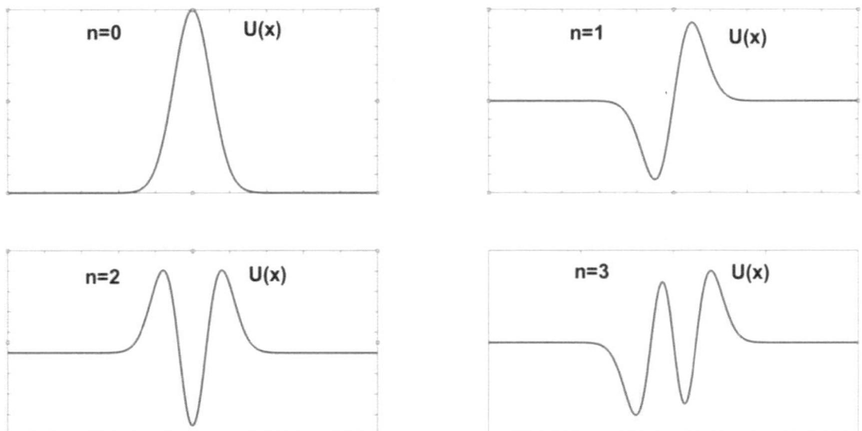

<그림23-5>

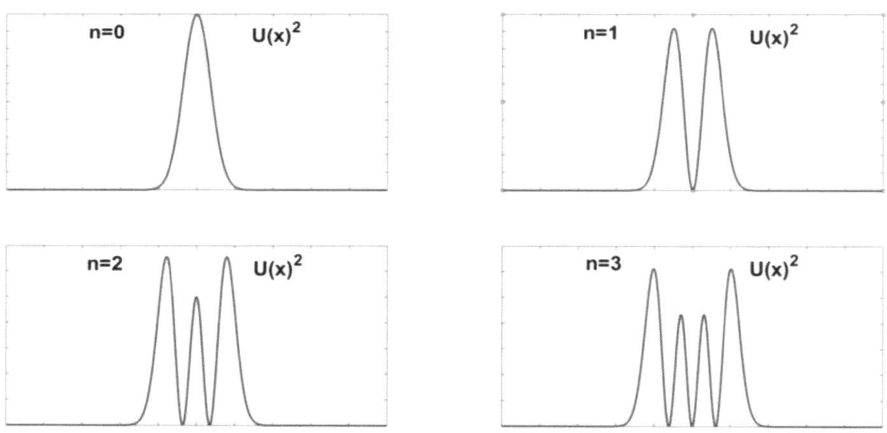

<그림23-6>

고전적으로 입자의 운동이 가장 느린 양끝점 $x=\pm A$에서 입자가 발견될 확률이 최대가 되지만 <그림23-5>에선 $n=0$일 때 $x=0$에서 가장 최대가 된다. 하지만 n이 증가할수록 <그림23-7>에서 보는 바와 같이 입자가 발견될 확률은 양 끝점 $x=\pm A$ 근처에서 높아진다. 조화진동자를 발견할 확률은 진폭 A보다 큰 위치에서도 존재한다.

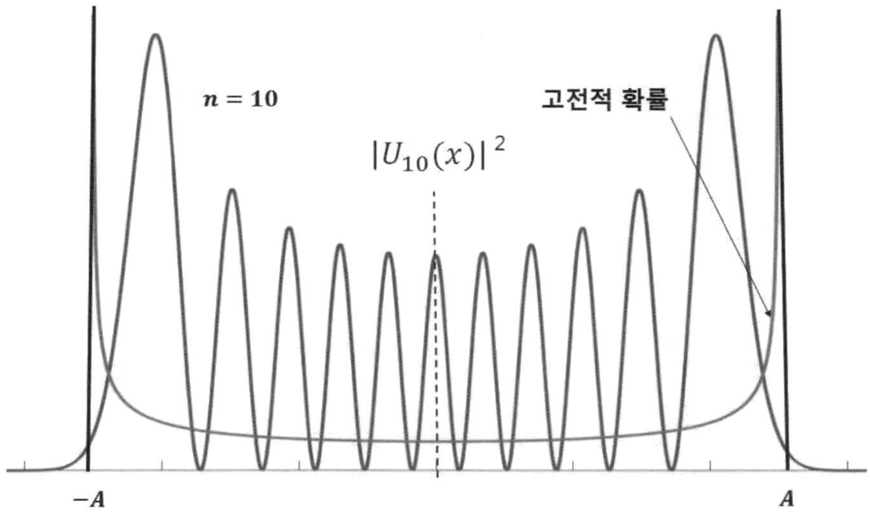

<그림23-7>

4. 여러 가지 양자역학 문제

앞에서 구한 파동함수로부터 정보는 어떻게 얻을까? 먼저 파동함수로 기술되는 입자들의 위치에 대한 정보는 위치에 대한 기댓값을 구하면 되는데 이때 기댓값은 어떤 순간 t에서 여러 번 측정한 값의 평균값과 같다. 하지만 기대값이 측정값을 의미하지는 않는다. 측정 하였을 때 기대값이 측정값이 될 수도 있고, 아닐 수도 있다.

위치x에 대한 기댓값$\langle x \rangle$을 식으로 표현하면

$$\langle x \rangle \;=\int_{-\infty}^{\infty} x|U(x)|^2 dx \quad \cdots\cdots\cdots\cdots \text{<식23-21>}$$

와 같다.

가. <그림23-1>과 같은 퍼텐셜 에너지가 무한 네모 우물일 경우에 입자의 파동함수는 <식23-12>와 같이 $U_n(x)=\sqrt{\frac{2}{L}}\sin\left(\frac{n\pi}{L}\right)x$ 와 같이 주어진다. $n=1$일 때 이 파동함수가 전공간에서 발견될 확률은 1이 되는가?

먼저 파동함수는 $U_1(x)=\sqrt{\frac{2}{L}}\sin\left(\frac{\pi}{L}\right)x$ 가 되고 $\int_{-\infty}^{\infty}|U_1(x)|^2dx$의 값을 계산하면 되는데 파동함수가 존재하는 구간은 $0<x<L$이므로 $\int_0^L\left|\sqrt{\frac{2}{L}}\sin(\frac{\pi}{L}x)\right|^2dx$를 계산하면 된다.

$\sin^2x=\frac{1-\cos2x}{2}$ 를 사용하여 식을 다시 표현하면

$$\frac{2}{L}\int_0^L\frac{1-\cos(2\frac{\pi}{L}x)}{2}dx$$

이고, 적분하면 $\frac{2}{L}[\frac{1}{2}x-L\frac{\sin\frac{2\pi x}{L}}{4\pi}]_0^L=1$이 된다.

나. <그림23-1>과 같은 퍼텐셜 에너지가 무한 네모 우물일 경우 입자가 n번째 상태에 있을 때 $x_1\le x\le x_2$구간에서 입자가 발견될 확률은 얼마인가?

먼저 $U_n(x)=\sqrt{\frac{2}{L}}\sin\left(\frac{n\pi}{L}\right)x$ 에 대한 발견 확률을 구하는 식을 표현하면

$$\int_{x_1}^{x_2}\left|\sqrt{\frac{2}{L}}\sin(\frac{n\pi x}{L})\right|^2dx$$

이고, 적분하면

$$[\frac{1}{L}x-\frac{1}{2n\pi}\sin\frac{2n\pi x}{L}]_{x_1}^{x_2} \quad \cdots\cdots\cdots\cdots \text{<식23-22>}$$

이다. 그러면 $n=1$일 경우 $0\le x\le\frac{L}{2}$구간에서 입자가 발견될 확률은 <식23-22>에서 $x_1=0, x_2=\frac{L}{2}$을 대입하면 $[\frac{1}{L}x-\frac{1}{2\pi}\sin\frac{2\pi x}{L}]_0^{\frac{L}{2}}=\frac{1}{2}$가 된다. 기대한 바와 같이 파동함수가 대칭적이고 $0\le x\le\frac{L}{2}$이 전공간의 반이므로 확률은 $\frac{1}{2}$이 된다.

다. <그림23-1>과 같은 퍼텐셜 에너지가 무한 네모 우물일 경우 우물 속에 갇힌 입자의 위치 x에 대한 기댓값 $\langle x\rangle$는 얼마나 될까?

<식23-21>에 의해

$$\langle x\rangle\ =\int_0^L x|U_n(x)|^2dx=\frac{2}{L}\int_0^L x\sin^2\frac{n\pi x}{L}dx \quad \cdots\cdots\cdots\cdots \text{<식23-23>}$$

가 된다. 식에 $\int x\sin^2 x dx = \int (\frac{1}{2}x - \frac{1}{2}x\cos 2x)dx = \frac{x^2}{4} - \frac{1}{4}x\sin 2x - \frac{1}{8}\cos 2x$를 사용하면 <식23-23>의 적분은

$$< x > \ = \frac{2}{L}[\frac{1}{4}x^2 - \frac{L}{4n\pi}x\sin(\frac{2n\pi x}{L}) - \frac{1}{8}(\frac{L}{n\pi})^2\cos(\frac{2n\pi x}{L})]_0^L = \frac{2}{L}\frac{L^2}{4} = \frac{L}{2}$$ …………<식23-24>

이 된다. 모든 양자상태 n에 대하여 입자의 평균 위치가 네모 우물 중심이라는 것이다.

라. <그림23-8>과 같은 파동함수가 $0 < x < \frac{L}{2}$에서 $U(x) = C\frac{x}{L}$이고, $\frac{L}{2} < x < L$에서 $U(x) = C(1 - \frac{x}{L})$에서 상수 C값은 어떻게 구할까?

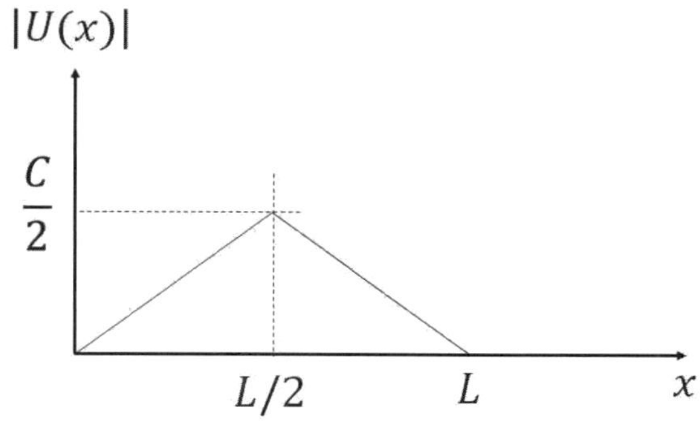

<그림23-8>

전공간에서 $\int_{-\infty}^{+\infty} |U(x)|^2 dx = 1$이고 함수가 대칭이므로 $\int_0^{\frac{L}{2}} \left| C\frac{x}{L} \right|^2 dx = \frac{1}{2}$ 이 되므로 $C = \sqrt{\frac{12}{L}}$ 가 된다.

24장_현수선

우리는 도시 속에 살면서 각종 편의를 위해 건설되어있는 다리(현수교)들을 보게 된다. 특히 주탑 사이를 줄로 연결된 다리를 보면 다리에 걸쳐져 있는 줄의 모양이 수학 시간에 배우는 포물선 그래프와 닮은 모양을 하고 있다고 생각을 많이 한다. 하지만 주탑 사이 걸쳐진 선의 모양은 포물선 형태가 아니라 〈그림24-1〉과 같은 현수선 형태이다.

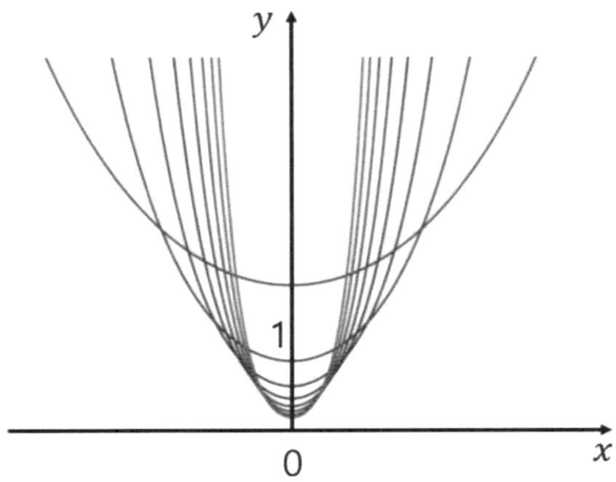

〈그림24-1〉

이 그래프의 함수 형태는

$$y(x)=\frac{1}{2a}(e^{ax}+e^{-ax}) \quad \cdots\cdots\cdots\cdots \text{〈식24-1〉}$$

이다. 그림에 나타나 있는 여러 형태의 곡선들은 〈식24-1〉의 상수 a값에 따라 달라진다. 우리가 직접 측정할 수 없는 현수교는 사진을 통해서 그 다리의 현수교 형태가 어떠한지를 알아보고 실험실에서 각종 줄을 이용하여 어떤 현수선들이 이루어지는지를 알아보자

1. 사진을 통한 현수교 형태

실제 현수교들이 나타내는 형태를 알아보기 위해, 우리나라의 현수교 중 하나인 광안대교를 아래 사진을 통해 가로 세로의 길이를 측정하고 이 다리의 현수선들이 어떤 모양의 함수를 나타내는지 알아보자(단 현수선 아래에 수직으로 걸쳐진 줄들의 영향은 무시한다).

먼저 선의 최저점을 중심으로 하고 중심에서 떨어진 거리를 x좌표, 높이를 y좌표(A~R)로 하여 사진속의 길이를 <표24-1>과 같이 측정한다. 사진을 통한 길이 측정에서의 오차와 완전한 정면 사진이 아닐 경우 발생하는 오차는 생각하지 않기로 한다.

(x, y)(cm)			(x, y)(cm)	
A	(-15, 0.8)		J	(15, 0.8)
B	(-20, 1.7)		K	(20, 1.7)
C	(-25, 2.3)		L	(25, 2.3)
D	(-30, 3)		M	(30, 3)
E	(-35, 4)		N	(35, 4)
F	(-40, 5)		O	(40, 5)
G	(-45, 6.5)		P	(45, 6.5)
H	(-50, 8)		Q	(50, 80
I	(-55, 10)		R	(55, 10)

<표24-1>

<표24-1>에 나타난 좌표들을 이용하여 <식24-1>의 함수식을 써서 그래프를 그리면 다음 <그림24-2>와 같다.

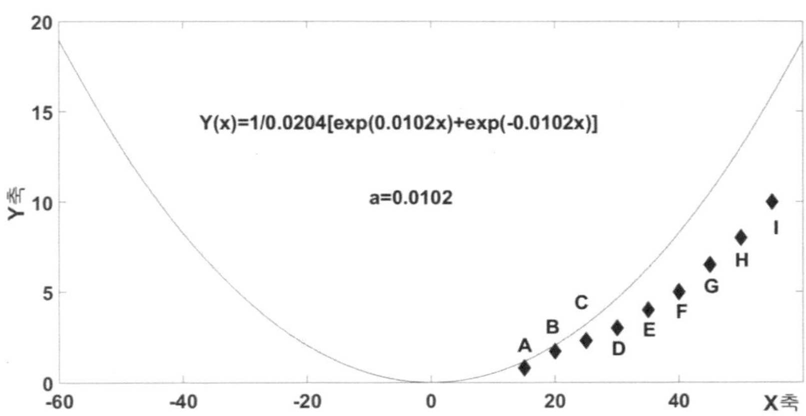

<그림24-2>

〈그림24-2〉는 〈식24-1〉에 들어 있는 a값이 대략 0.0102 정도에서의 그림이고 y축의 최저점을 0으로 하였다. 광안대교를 이루는 현수선의 함수식은

$$y(x) = \frac{1}{2(0.0102)}(e^{0.0102x} + e^{-0.0102x})$$

가 된다.

2. 실험을 통한 현수선 형태

길이가 같은 다양한 종류의 실을 중앙경간의 폭을 달리하였을 때 걸쳐진 선의 모양이 어떤 현수선 형태를 이룰 것인지를 알아보자.

실의 종류는 마사, 일반 실, 리본 끈으로 하고, 실의 길이는 415cm로 일정하게 정했다.

가. 중앙경간의 폭이 80cm일 경우

중심에서 떨어진 거리를 x좌표 높이를 y좌표(A~E)로 하여 〈표24-2〉와 같이 측정 한다.

실의 종류 / 중앙 경간	마사		일반 실		리본	
	(x, y)cm		(x, y)cm		(x, y)cm	
80cm	A	(0, 1)	A	(0, 1)	A	(0, 1)
	B	(10, 5)	B	(10, 6)	B	(10, 5)
	C	(20, 22)	C	(20, 21)	C	(20, 19)
	D	(30, 78)	D	(30, 82)	D	(30, 75)
	E	(40, 198)	E	(40, 196)	E	(40, 198)

<표24-2>

〈표24-2〉에 나타난 y좌표들의 값은 측정 오차로 인하여 조금 다를 뿐 모두 비슷하므로 마사실을 선택해 〈식24-1〉의 함수식을 써서 그래프를 그리면 〈그림24-3〉과 같다.

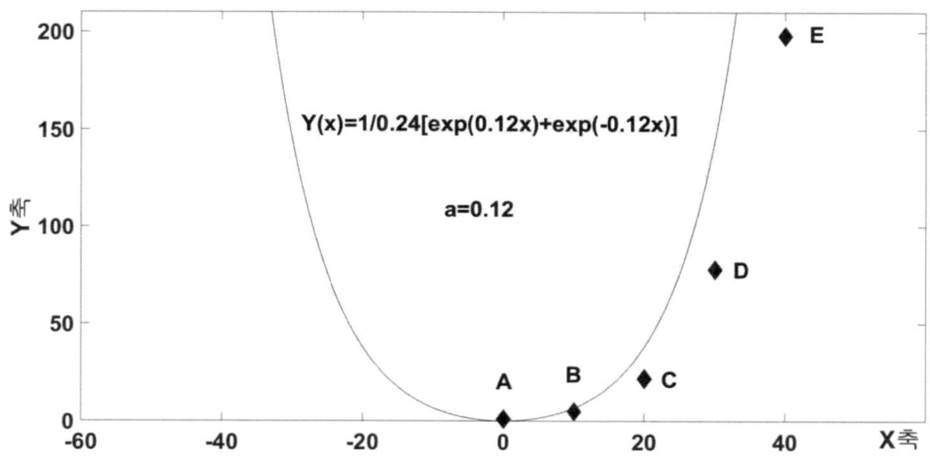

<그림24-3>

<그림24-3>에서 a값은 대략 0.12 정도이고 그림에서 y축의 최저점을 0으로 하였다. 중앙경간이 80cm인 실의 현수선의 함수식은

$$y(x) = \frac{1}{2(0.12)}(e^{0.12x} + e^{-0.12x})$$

가 된다.

나. 중앙경간의 폭이 160cm일 경우

중심에서 떨어진 거리를 x좌표 높이를 y좌표(A~I)로 하여 <표24-3>과 같이 측정한다.

실의 종류 / 중앙 경간	마사		일반 실		리본	
	(x, y)cm		(x, y)cm		(x, y)cm	
160cm	A	(0,1)	A	(0,1)	A	(0,1)
	B	(10,3)	B	(10,4.5)	B	(10,2.5)
	C	(20,7.5)	C	(20,8.5)	C	(20,7)
	D	(30,18)	D	(30,18.5)	D	(30,17.5)
	E	(40,31.5))	E	(40,34)	E	(40,31)
	F	(50,51.5)	F	(50,56)	F	(50,54.5)
	G	(60,82.5)	G	(60,79.5)	G	(60,89.5)
	H	(70,125.5)	H	(70,119.5)	H	(70,126.5)
	I	(80,181.5)	I	(80,177.5)	I	(80,180.5)
	<표24-3>					

<표24-3>에 나타난 y좌표들의 값은 측정 오차로 인하여 조금 다를 뿐 모두 비슷하므로 일반실을 선택해 <식24-1>의 함수식을 써서 그래프를 그리면 <그림24-4>와 같다.

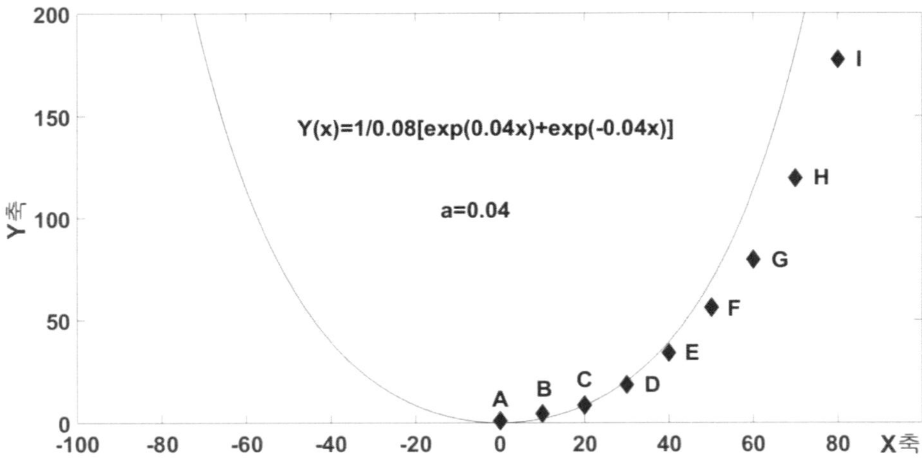

<그림24-4>

<그림24-4>에서 a값은 대략0.04 정도이고 그림이고 y축의 최저점을 0으로 하였다. 중앙경간이 160cm인 실의 현수선의 함수식은

$$y(x) = \frac{1}{2(0.04)}(e^{0.04x} + e^{-0.04x})$$

가 된다.

다. 중앙경간의 폭이 240cm일 경우

중심에서 떨어진 거리를 x좌표 높이를 y좌표(A~M)로 하여 <표24-4>와 같이 측정한다.

실의 종류 / 중앙 경간	마사		일반 실		리본	
	(x,y)cm		(x,y)cm		(x,y)cm	
240cm	A	(0,1)	A	(0,1)	A	(0,1)
	B	(10,2)	B	(10,5)	B	(10,2)
	C	(20,4)	C	(20,9)	C	(20,3.5)
	D	(30,8)	D	(30,13)	D	(30,7)
	E	(40,14)	E	(40,18.5)	E	(40,12.5)
	F	(50,22)	F	(50,26)	F	(50,20.5)
	G	(60,31)	G	(60,34.5)	G	(60,29.5)
	H	(70,43)	H	(70,47.5)	H	(70,41.5)
	I	(80,58)	I	(80,65.5)	I	(80,56.5)
	J	(90,78)	J	(90,82.5)	J	(90,76.5)
	K	(100,97)	K	(100,103.5)	K	(100,95.5)
	L	(110,120)	L	(110,121.5)	L	(110,121.5)
	M	(120,155)	M	(120,156.5)	M	(120,155.5)
	<표24-4>					

<표24-3>에 나타난 y좌표들의 값은 측정 오차로 인하여 조금 다를 뿐 모두 비슷하므로 리본실을 선택해 <식24-1>의 함수식을 써서 그래프를 그리면 <그림24-5>와 같다.

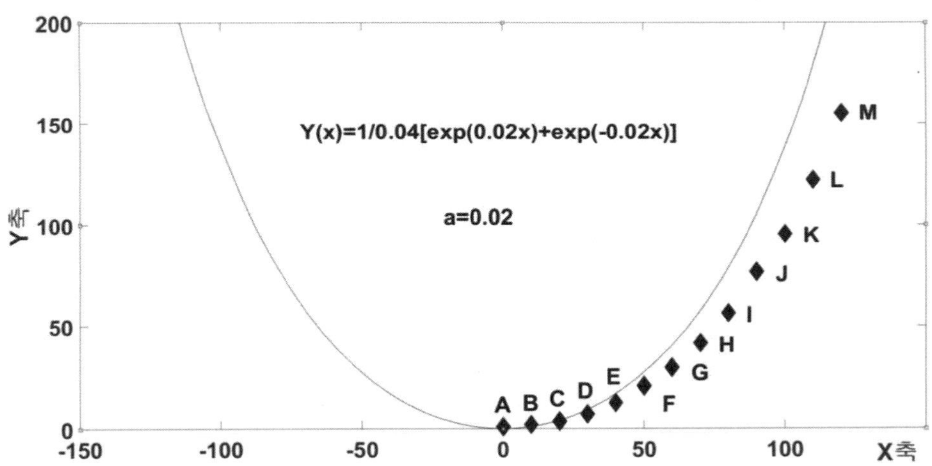

<그림24-5>

<그림24-5>에서 a값은 대략 0.02 정도이고 그림이고 y축의 최저점을 0으로 하였다. 중앙경간이 240cm인 실의 현수선의 함수식은

$$y(x)=\frac{1}{2(0.02)}(e^{0.02x}+e^{-0.02x})$$

가 된다.

라. 중앙경간의 폭이 320cm일 경우

중심에서 떨어진 거리를 x좌표 높이를 y좌표로 하여 사진 속의 길이를 〈표24-5〉와 같이 측정한다.

실의 종류 / 중앙 경간	마사		일반 실		리본	
	(x, y)cm		(x, y)cm		(x, y)cm	
320cm	A	(0,1)	A	(0,1)	A	(0,1)
	B	(10,1.5)	B	(10,1.5)	B	(10,1.5)
	C	(20,2.5)	C	(20,2.5)	C	(20,2.5)
	D	(30,4.5)	D	(30,4.5)	D	(30,4)
	E	(40,7.5)	E	(40,7)	E	(40,7)
	F	(50,10.5)	F	(50,10.5)	F	(50,10)
	G	(60,15.5)	G	(60,14)	G	(60,15)
	H	(70,20.5)	H	(70,20)	H	(70,21)
	I	(80,26.5)	I	(80,26)	I	(80,27)
	J	(90,34.5)	J	(90,33.5)	J	(90,35)
	K	(100,42.5)	K	(100,42)	K	(100,43)
	L	(110,51.5)	L	(110,51)	L	(110,54)
	M	(120,61.5)	M	(120,60.5)	M	(120,64)
	N	(130,73)	N	(130,72.5)	N	(130,75)
	O	(140,85.5)	O	(140,84)	O	(140,89)
	P	(150,98.5)	P	(150,97)	P	(150,103)
	Q	(160,118.5)	Q	(160,112)	Q	(160,117)

<표24-5>

〈표24-5〉에 나타난 y좌표들의 값은 측정 오차로 인하여 조금 다를 뿐 모두 비슷하므로 일반실을 선택해 〈식24-1〉의 함수식을 써서 그래프를 그리면 〈그림24-6〉과 같다.

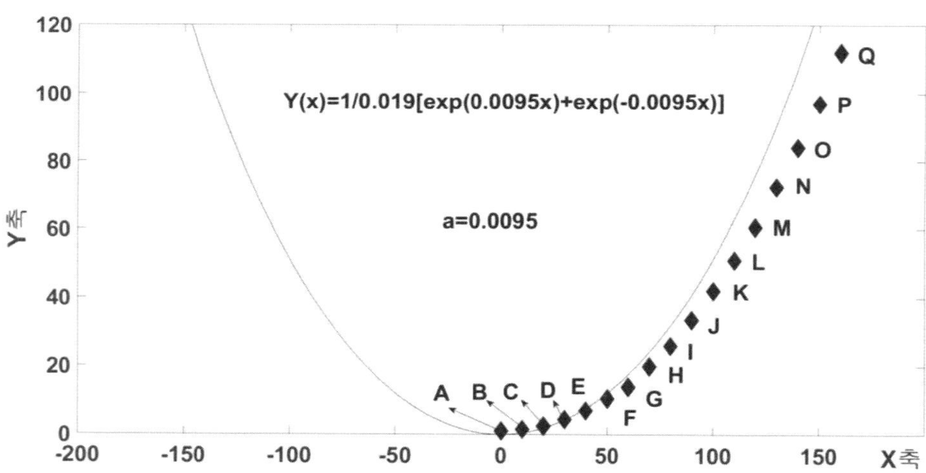

〈그림24-6〉

<그림24-6>에서 a값은 대략 0.0095 정도이고 그림에서 y축의 최저점을 0으로 하였다. 중앙경간이 320cm인 실의 현수선의 함수식은

$$y(x) = \frac{1}{2(0.0095)}(e^{0.0095x} + e^{-0.0095x})$$

가 된다.

<그림24-3~6>을 보면 같은 줄 길이를 사용하였을 때 중앙경간이 증가할수록 <식24-1>의 함수식 $y(x) = \frac{1}{2a}(e^{ax} + e^{-ax})$에서 a 값은 줄어들고 있다.

저자 김성태

부산대학교 사범대학 물리교육과 졸업

부산대학교 대학원 박사과정 수료

현 동래여자고등학교 물리 교사

물리학, 수식으로 표현해 보자

초판발행 | 2020년 9월 20일
초판1쇄인쇄 | 2020년 9월 30일
2쇄인쇄 | 2021년 8월 15일

지은이 | 김성태
펴낸이 | 성종규
펴낸곳 | 잼난인연
주소 | 부산시 금정구 금강로 285 (46286)
전화 | 051) 581-0213
팩스 | 051) 581-2103
E-mail | dall5724@naver.com
등록 | 제251-2007-1호(2007년 2월 1일)

ISBN 979-11-87315-14-8
979-11-87315-13-1 (세트)

- 이 책은 (주)지구와 저작자의 지적 재산으로서 무단 전재와 복제를 금합니다.

- 세상에 꼭 있어야 할 가치로운 책이라면 이익에 구애치 않는다는 마음으로 책을 만듭니다.